设计学考研唐师说

唐智 编著

名校排名
Ranking

题经分析
Examiuation

研究常识
Research

東華大學出版社·上海

图书在版编目（CIP）数据
设计学考研唐师说 / 唐智编著. —上海：东华大学出版社，2024.4
ISBN 978-7-5669-2344-8
I. ①设… II. ①唐… III. ①设计学－研究生－入学考试－自学参考资料 IV. ① TB21
中国国家版本馆CIP数据核字（2024）第052379号

设计学考研唐师说
SHEJIXUE KAOYAN TANGSHISHUO

责任编辑：张力月
装帧设计：上海碧悦制版有限公司

出　　版：东华大学出版社（上海市延安西路 1882 号，200051）
本社网址：http://dhupress.dhu.edu.cn
天猫旗舰店：http://dhdx.tmall.com
销售中心：021-62373056　62193056　62379558

印　　刷：上海盛通时代印刷有限公司
开　　本：889 mm×1194 mm　1/16
印　　张：25
字　　数：640千字
版　　次：2024 年 4 月第 1 版　2024 年 4 月第 1 次印刷

书　　号：ISBN 978-7-5669-2344-8
定　　价：98.00 元

试题获取方式

第一步　扫描本书试题激活码

第二步　激活成功，免费获取试题

YMH01392963

刮开涂层，微信扫码后按提示操作

PREFACE

前言

2022 年对设计学来说是一个不平凡的年份，因为设计学的身份发生了巨大的变化。

遥想 2011 年，在国务院学位委员会、教育部新修订的《学位授予和人才培养学科目录（2011 年）》中，艺术成为新的第 13 个学科门类即艺术学门类。具体下设艺术学理论（1301）、音乐与舞蹈学（1302）、戏剧与影视学（1303）、美术学（1304）、设计学（可授艺术学、工学学位）(1305)5 个一级学科。 近年间，很多高校也趁着这股东风纷纷拿到了设计学一级学科博士点。但是设计学本身的特点也让这个学科有了很多值得讨论的地方，首先很多学校的设计学分别设立在不同的学院，有的在艺术学院，有的在机械学院，有的在计算机学院，总之关于这个学科的内涵建设大家都有很多不同的看法，除了设计学，还有很多其他学科也有类似的问题，所以就如我们看到的，国务院学位委员会、教育部推出了一个新的学科门类——交叉学科。

印发的《研究生教育学科专业目录（2022 年）》，将从 2023 年起正式实施。新版目录新增了第 14 个学科门类——交叉学科，该门类下设智能科学与技术、设计学等 8 个一级学科，设计学的学科代码是 1403。设计学被定义为是一门理、工、文相结合，融机电工程、艺术学、人机工效学和计算机辅助设计于一体的科技与艺术相融合的新型交叉学科。这对学科的发展当然是一次前所未有的机遇，但同时对设计学的广大师生来说也是一次前所未有的挑战。

现在每年都有大量的艺术设计类本科生希望通过考研的方式成功地进入到下一个学习阶段，但是随着推免生数量的逐年增加，想成功在世界知名高校或国内双一流高校“上岸”正变得更难，考试难、择校难、面试难，各个环节都让我们几十万学子要不停地做选择题，当然这本书的目的并不是希望学生们变成应试的机器，而是希望学生们在选择的过程中可以从更高、更好的角度重新看待一些问题。这将有助于节省同学们宝贵的时间，从而将更多的精力投入到将来研究生学习的过程中。

全书没有任何预设观点，更多的只是将现有的信息通过梳理，及时地呈现在大家面前，作者将过去海量的信息通过本书汇集起来，帮助同学们在最短的时间内对目前设计学相关信息的全貌做一个归纳性的了解，这些信息涉及设计学国内外排名、海内外高校信息、历届考研题目与分析等大量关键的内容。

很多学生在面试的过程中都表现出了对学科了解不深、研究目的和能力缺失等问题，本书也按照一定的逻辑顺序对研究生阶段的研究课题、研究工具以及基础的研究常识进行了整理，同学们在阅读消化之后必定会对未来的学习目标有新的认识和理解，这将帮助大家在面对未来面试组和导师的提问时，更加游刃有余，胸有成竹。

希望这本书可以成为设计学考研学子们的一本工具书，帮助大家在考研和研究生阶段随风而舞，不负韶华。设计学之路艰难，望大家心有猛虎，细嗅蔷薇，未来在山顶相见。

唐　智

2023 年 12 月 31 日

CONTENTS

目录

第一章 国内设计学高校研究生教育发展

第二章

国际设计学高校研究生教育发展

第三章

目前国内外高校设计研究类型与发展路径

第四章

设计学高校研究生教育发展的机构组织与体系构建

第五章

研之有物

第一章

国内设计学高校研究生教育发展

一、国内高校设计学教育体系

1. 国内高校设计学学科排名榜单

（1）学科评估

学科评估（China Discipline Ranking，CDR）是教育部学位与研究生教育发展中心对全国具有博士或硕士学位授予权的一级学科开展的整体水平评估。评估的目的是：服务大局、服务高校、服务社会。此项工作于 2002 年首次在全国开展，平均四年一轮，截至 2023 年已完成五轮评估。

第四轮学科评估首次采用“分档”方式公布评估结果，不公布得分、不公布名次，不强调单位间精细分数差异和名次前后，根据“学科整体水平得分”的位次百分位，将前 70% 的学科分为 9 档公布：前 2%（或前 2 名）为 A+，2% ~ 5% 为 A（不含 2%，下同），5% ~ 10% 为 A−，10% ~ 20% 为 B+，20% ~ 30% 为 B，30% ~ 40% 为 B−，40% ~ 50% 为 C+，50% ~ 60% 为 C，60% ~ 70% 为 C−。本书按照第四轮学科评估“分档”方式折算第三轮设计学学科评估结果（因第三轮、第四轮学科评估结果展现形式不同，第三轮调整评级仅供参考），共统计出 9 所高校的设计学学科在第三、第四轮学科评估结果中位居 A 级学科层次（包括 A、A+、A−）；28 所高校位居 B 级学科层次（包括 B、B+、B−）；38 所高校位居 C 级学科层次（包括 C、C+、C−）。

在第四轮学科评估中，设计学学科全国具有“博士授权”的高校共 16 所，第四轮参评 16 所；部分具有“硕士授权”的高校也参加了评估；参评高校共计 94 所。第三轮学科评估中，设计学学科全国具有“博士一级”授权的高校共 12 所，第三轮有 10 所参评；还有部分具有“博士二级”授权和硕士授权的高校参加了评估；参评高校共计 54 所。

第五轮、第四轮、第三轮学科评估结果对比如表 1.1 所示（第五轮学科评估结果统计截止到 2023 年 2 月已公布的院校）。

表 1.1　第五轮、第四轮、第三轮学科评估结果对比

第四轮排名	学校名称	第五轮学科评估结果	第四轮学科评估结果	第四轮位次百分位	第三轮学科评估结果	第三轮位次百分位
1	清华大学	A+	A+	2.10%	92	1.90%
1	中国美术学院	A+	A+	2.10%	83	5.60%
3	中央美术学院	—	A	4.30%	85	3.70%
3	同济大学	—	A	4.30%	78	14.80%
5	苏州大学	—	A-	9.60%	77	22%
5	江南大学	A+	A-	9.60%	80	9.30%
5	南京艺术学院	—	A-	9.60%	80	9.30%
5	浙江大学	—	A-	9.60%	78	14.80%
5	湖南大学	—	A-	9.60%	74	31.50%
10	北京服装学院	—	B+	19.10%	—	—
10	中国传媒大学	—	B+	19.10%	77	22%
10	上海交通大学	—	B+	19.10%	74	31.50%
10	东华大学	—	B+	19.10%	78	14.80%
10	景德镇陶瓷大学	A-	B+	19.10%	77	22%
10	武汉理工大学	—	B+	19.10%	—	—
10	广州美术学院	—	B+	19.10%	—	—
10	四川美术学院	—	B+	19.10%	—	—
10	西安美术学院	—	B+	19.10%	—	—
19	北京理工大学	—	B	29.80%	72	55.60%
19	鲁迅美术学院	—	B	29.80%	77	—
19	哈尔滨工业大学	—	B	29.80%	74	31.50%
19	上海大学	—	B	29.80%	74	31.50%
19	东南大学	—	B	29.80%	69	88.90%
19	湖北美术学院	—	B	29.80%	73	42.60%
19	广西艺术学院	—	B	29.80%	—	—
19	四川大学	—	B	29.80%	73	42.60%

（续表）

第四轮排名	学校名称	第五轮学科评估结果	第四轮学科评估结果	第四轮位次百分位	第三轮学科评估结果	第三轮位次百分位
19	山东工艺美术学院	—	B	29.80%	—	—
19	广东工业大学	—	B	29.80%	—	—
29	北京印刷学院	—	B-	39.40%	73	42.60%
29	天津美术学院	—	B-	39.40%	73	42.60%
29	南京师范大学	—	B-	39.40%	74	31.50%
29	浙江工业大学	—	B-	39.40%	73	42.60%
29	华东理工大学	—	—	—	72	55.60%
29	华东师范大学	—	—	—	72	55.60%
29	浙江理工大学	—	B-	39.40%	72	55.60%
29	华中科技大学	—	B-	39.40%	—	—
29	武汉纺织大学	B	B-	39.40%	72	55.60%
29	湖北工业大学	—	B-	39.40%	72	55.60%
29	西北工业大学	—	B-	39.40%	73	42.60%
40	北京林业大学	—	C+	50%	—	—
40	大连工业大学	—	C+	50%	69	88.90%
40	哈尔滨工程大学	—	—	—	69	88.90%
40	吉林艺术学院	—	C+	50%	—	—
40	南京理工大学	—	C+	50%	—	—
40	福州大学	—	C+	50%	—	—
40	杭州师范大学	—	—	—	69	88.90%
40	浙江工商大学	—	—	—	69	88.90%
40	福建师范大学	—	—	-	69	88.90%
40	河南大学	C	—	—	69	88.90%
40	中国地质大学	—	C+	50%	69	88.90%
40	深圳大学	—	C+	50%	—	—
40	西南交通大学	—	C+	50%	72	55.60%
40	陕西科技大学	—	C+	50%	—	—

（续表）

第四轮排名	学校名称	第五轮学科评估结果	第四轮学科评估结果	第四轮位次百分位	第三轮学科评估结果	第三轮位次百分位
40	湖南工业大学	—	C+	50%	—	—
55	北京工业大学	—	C	59.60%	—	—
55	首都师范大学	—	C	59.60%	69	88.90%
55	天津工业大学	—	C	59.60%	—	—
55	沈阳航空航天大学	—	C	59.60%	69	88.90%
55	上海戏剧学院	—	C	59.60%	—	—
55	南昌大学	—	C	59.60%	—	—
55	湖南师范大学	—	C	59.60%	—	—
55	云南艺术学院	—	C	59.60%	—	—
55	西南大学	—	—	—	69	88.90%
55	西安工程大学	—	C	59.60%	69	88.90%
65	中国人民大学	—	C-	69.10%	—	—
65	北京交通大学	—	C-	69.10%	69	88.90%
65	北方工业大学	—	C-	69.10%	69	88.90%
65	吉林大学	—	C-	69.10%	—	—
65	厦门大学	—	C-	69.10%	—	—
65	齐鲁工业大学	—	C-	69.10%	—	—
65	华中师范大学	—	C-	69.10%	69	88.90%
65	天津师范大学	—	—	—	70	61.10%
65	重庆大学	—	C-	69.10%	70	61.10%
65	昆明理工大学	—	—	—	70	61.10%
65	西安理工大学	—	C-	69.10%	—	—
65	河北大学	—	—	—	67	94.40%
65	沈阳理工大学	—	—	—	67	94.40%
65	沈阳建筑大学	—	—	—	67	94.40%
65	江苏师范大学	—	—	—	66	100%
65	浙江农林大学	—	—	—	66	100%

（续表）

第四轮排名	学校名称	第五轮学科评估结果	第四轮学科评估结果	第四轮位次百分位	第三轮学科评估结果	第三轮位次百分位
65	大连大学	—	—	—	66	100%
65	南京林业大学	B	—	—	—	—

（2）软科中国最好学科排名

软科中国最好学科排名源自服务于高校学科建设管理部门的学科发展水平动态监测数据系统，2017 年开始计算学科综合排名并对外公开发布。软科中国最好学科排名的指标体系包括人才培养、科研项目、成果获奖、学术论文、高端人才 5 个指标类别，使用 50 余项学科建设管理中密切关注的量化指标，强调通过客观数据反映学科点对本学科稀缺资源和标志性成果的占有和贡献。

软科中国最好学科排名采用的学科口径是教育部最新《学位授予和人才培养学科目录》中的一级学科。在每个一级学科中，排名的对象是在该一级学科设有学术型研究生学位授权点的所有高校，发布的是在该学科排名前 50% 的高校。

软科中国最好学科排名最新发布的榜单包括 96 个一级学科，涉及近 500 所高校的上万个学科点。2022 年、2021 年和 2020 年软科中国最好学科设计学排名结果如表 1.2 所示。

表 1.2　软科中国最好学科排名（设计学）

排名层次	2022 年排名	2021 年排名	2020 年排名	学校名称	2022 年总分
前 2%	1	1	1	清华大学	850
	2	2	2	中国美术学院	622
	3	3	3	江南大学	516
前 5%	4	14	4	同济大学	450
	5	4	7	浙江理工大学	449
	6	5	11	山东工艺美术学院	351
	7	8	11	苏州大学	324
	8	10	5	南京艺术学院	319
	9	11	8	湖南大学	317

（续表）

排名层次	2022 年排名	2021 年排名	2020 年排名	学校名称	2022 年总分
前 10%	10	9	10	上海交通大学	313
	11	7	9	中央美术学院	306
	12	6	6	广东工业大学	291
	13	12	15	北京服装学院	243
	14	13	22	湖南工业大学	233
	15	16	14	中国传媒大学	221
	16	15	13	浙江大学	205
	17	19	18	南京林业大学	183
	18	17	35	中南大学	182
前 20%	19	18	19	景德镇陶瓷大学	167
	20	20	16	北京印刷学院	165
	21	24	20	吉林艺术学院	145
	22	34	81	陕西科技大学	140
	23	22	27	中国地质大学（武汉）	139
	24	25	30	广州美术学院	136
	25	30	26	东华大学	128
	26	22	24	华东师范大学	128
	27	27	25	西安交通大学	121
	28	28	29	上海大学	101
	29	33	34	西安理工大学	98
	30	31	28	哈尔滨工业大学	97
	31	32	32	江苏师范大学	94
	32	26	21	武汉理工大学	92
	33	34	46	湖南师范大学	81
	34	36	53	福州大学	89
	35	37	37	青岛大学	79
	36	37	40	安徽工程大学	76
	37	39	—	四川美术学院	76

（续表）

排名层次	2022 年排名	2021 年排名	2020 年排名	学校名称	2022 年总分
前 30%	38	42	53	中南林业科技大学	75
	39	41	39	河南大学	74
	40	29	17	深圳大学	71
	41	40	40	山东大学	69
	42	52	87	北京理工大学	64
	43	45	60	华中科技大学	63
	44	44	36	武汉纺织大学	60
	45	46	57	云南艺术学院	58
	46	49	47	中山大学	57
	47	47	31	湖南工商大学	53
	48	47	40	华南理工大学	51
	49	50	33	兰州理工大学	50
	50	52	62	西安美术学院	50
	51	60	—	齐鲁工业大学	45
	52	54	74	上海工程技术大学	45
	53	50	69	海南师范大学	44
	54	54	48	武汉科技大学	43
	55	58	87	燕山大学	43

（3）金平果科教评价网

“金平果排行榜”又称中评榜、邱均平大学排行榜、评价网大学排行榜，是由中国科教评价网（www.nseac.com）与中国科教评价研究院（杭电 CASEE）、中国科学评价研究中心（武大 RCCSE）共同研发的科教排行榜，包括中国大学及学科专业排行榜、中国研究生教育及学科专业排行榜、世界一流大学及一流学科排行榜、中国学术期刊排行榜四大类。

中国研究生教育竞争力排行榜的评价指标体系是在 2018 年的基数上略加完善和规范形成的，分 4 个一级指标、17 个二级指标、56 个观测点。其中一级指标为：办学资源、教研产出、质量与影响、学术声誉。二级指标包括：科研基地、一流大学、学位点、杰出人才、科研项目、科研经费，人才培养、科研成果、发明专利，学生获奖、论文质量、科研获奖，国家一流学科、ESI 全球前 1% 学科和上年度优秀学科等内容。

2021 年和 2020 年金平果科教评价网研究生教育分学科排行榜对比如表 1.3 所示。

表 1.3　金平果科教评价网研究生教育分学科排行榜（设计学）

学校名称	2021 年（146 所院校）			2020 年（171 所院校）		
	排名	得分	星级	排名	得分	星级
江南大学	1	100	5★+	4	41.316	5★
四川大学	2	90.656	5★	2	87.807	5★+
清华大学	3	58.706	5★	1	100	5★+
北京理工大学	4	54.146	5★	6	40.531	5★
中央美术学院	5	53.68	5★	3	46.421	5★
浙江大学	6	53.386	5★	8	30.226	5★
苏州大学	7	50.584	5★	9	29.899	5★
中国传媒大学	8	50.313	5★-	15	20.73	5★-
同济大学	9	50.034	5★-	5	41.069	5★
上海大学	10	49.95	5★-	11	27.894	5★-
景德镇陶瓷大学	11	49.836	5★-	12	27.577	5★-
上海交通大学	12	49.511	5★-	7	34.264	5★
南京艺术学院	13	49.29	5★-	13	23.045	5★-
华南理工大学	14	48.64	5★-	10	29.583	5★-
武汉理工大学	15	48.119	5★-	—	—	—
吉林大学	16	46.864	4★	14	21.85	5★-
湖南大学	—	—	—	16	20.473	5★-
中国美术学院	—	—	—	17	19.909	5★-
西安美术学院	17	44.908	4★	31	17.309	4★
东华大学	18	38.582	4★	32	17.144	4★
湖南工业大学	19	37.224	4★	—	—	—
北京服装学院	20	34.981	4★	34	15.543	4★

（续表）

学校名称	2021 年（146 所院校）			2020 年（171 所院校）		
	排名	得分	星级	排名	得分	星级
南京师范大学	21	32.141	4 ★	—	—	—
东南大学	—	—	—	23	18.705	4 ★
浙江理工大学	22	31.259	4 ★	24	18.636	4 ★
西安工程大学	—	—	—	25	18.372	4 ★
广东工业大学	23	30.509	4 ★	27	17.99	4 ★
重庆大学	24	28.418	4 ★	18	19.543	4 ★
大连工业大学	25	27.199	4 ★	26	18.03	4 ★
浙江工业大学	26	21.688	4 ★	19	19.515	4 ★
华中科技大学	27	21.522	4 ★	20	19.112	4 ★
山东大学	28	19.96	4 ★	21	19.012	4 ★
华东师范大学	29	19.503	4 ★	22	18.744	4 ★
大连理工大学	—	—	—	28	17.572	4 ★
中南大学	—	—	—	29	17.54	4 ★
武汉大学	—	—	—	30	17.367	4 ★
中国人民大学	—	—	—	33	17.133	4 ★

（4）校友会

校友会 2019 中国双一流学科建设评价指标体系由杰出校友、高水平教学成果、高层次人才、高端科研成果和优势学科资源五大一级指标组成，包括 25 个二级指标，涵盖了 200 多项评测指标。按照“中国特色、世界一流”的标准进行评价，选取评价指标均是与国家及地方“双一流”建设标准、教育部学科评估体系具有很高吻合度、一致性和参考价值的核心指标，均是反映高校学科建设管理与考核的关键指标，涵盖国内外其他学科排名的高端质量指标。

校友会 2019 中国大学设计学学科排名如表 1.4 所示。

表 1.4　校友会 2019 中国大学设计学学科排名（前 60%）

全国排名	地区排名	位次百分比	学校名称	星级排名	办学层次
1	1	前 1%	清华大学	8 ★	世界一流学科
2	1	前 2%	中国美术学院	7 ★	世界知名高水平学科
2	2	前 2%	中央美术学院	7 ★	世界知名高水平学科
4	1	前 3%	同济大学	6 ★	世界高水平学科
4	3	前 3%	中国传媒大学	6 ★	世界高水平学科
6	1	前 4%	南京艺术学院	6 ★	世界高水平学科
7	1	前 5%	湖南大学	5 ★	中国一流学科
7	2	前 5%	江南大学	5 ★	中国一流学科
7	1	前 5%	景德镇陶瓷大学	5 ★	中国一流学科
7	2	前 5%	苏州大学	5 ★	中国一流学科
7	2	前 5%	浙江大学	5 ★	中国一流学科
12	4	前 8%	北京理工大学	5 ★	中国一流学科
12	2	前 8%	东华大学	5 ★	中国一流学科
12	1	前 8%	鲁迅美术学院	5 ★	中国一流学科
12	1	前 8%	陕西科技大学	5 ★	中国一流学科
12	1	前 8%	中国地质大学（武汉）	5 ★	中国一流学科
17	5	前 11%	北京服装学院	4 ★	中国高水平学科
17	5	前 11%	北京印刷学院	4 ★	中国高水平学科
17	1	前 11%	广州美术学院	4 ★	中国高水平学科
17	1	前 11%	哈尔滨工业大学	4 ★	中国高水平学科
17	1	前 11%	吉林艺术学院	4 ★	中国高水平学科
17	1	前 11%	山东工艺美术学院	4 ★	中国高水平学科
17	3	前 11%	上海大学	4 ★	中国高水平学科
17	3	前 11%	上海交通大学	4 ★	中国高水平学科
17	3	前 11%	上海戏剧学院	4 ★	中国高水平学科
17	1	前 11%	四川美术学院	4 ★	中国高水平学科

（续表）

全国排名	地区排名	位次百分比	学校名称	星级排名	办学层次
17	1	前 11%	天津美术学院	4 ★	中国高水平学科
17	2	前 11%	武汉理工大学	4 ★	中国高水平学科
17	2	前 11%	西安美术学院	4 ★	中国高水平学科
17	3	前 11%	浙江工业大学	4 ★	中国高水平学科
17	3	前 11%	浙江理工大学	4 ★	中国高水平学科
32	4	前 19%	东南大学	4 ★	中国高水平学科
32	2	前 19%	广东工业大学	4 ★	中国高水平学科
32	1	前 19%	广西艺术学院	4 ★	中国高水平学科
32	3	前 19%	湖北美术学院	4 ★	中国高水平学科
32	1	前 19%	四川大学	4 ★	中国高水平学科
37	2	前 22%	大连工业大学	4 ★	中国高水平学科
37	2	前 22%	东北师范大学	4 ★	中国高水平学科
37	5	前 22%	杭州师范大学	4 ★	中国高水平学科
37	4	前 22%	湖北工业大学	4 ★	中国高水平学科
37	4	前 22%	华中科技大学	4 ★	中国高水平学科
37	1	前 22%	昆明理工大学	4 ★	中国高水平学科
37	5	前 22%	南京师范大学	4 ★	中国高水平学科
37	2	前 22%	齐鲁工业大学	4 ★	中国高水平学科
37	4	前 22%	武汉纺织大学	4 ★	中国高水平学科
37	3	前 22%	西北工业大学	4 ★	中国高水平学科
37	2	前 22%	西南大学	4 ★	中国高水平学科
37	7	前 22%	中国人民大学	4 ★	中国高水平学科
49	8	前 29%	北京林业大学	3 ★	区域一流学科
49	3	前 29%	东北电力大学	3 ★	区域一流学科
49	1	前 29%	福州大学	3 ★	区域一流学科
49	2	前 29%	湖南工程学院	3 ★	区域一流学科
49	2	前 29%	湖南工业大学	3 ★	区域一流学科

（续表）

全国排名	地区排名	位次百分比	学校名称	星级排名	办学层次
49	2	前 29%	湖南女子学院	3 ★	区域一流学科
49	2	前 29%	怀化学院	3 ★	区域一流学科
49	3	前 29%	吉林工程技术师范学院	3 ★	区域一流学科
49	1	前 29%	兰州理工大学	3 ★	区域一流学科
49	6	前 29%	南京理工大学	3 ★	区域一流学科
49	3	前 29%	深圳大学	3 ★	区域一流学科
49	1	前 29%	西北师范大学	3 ★	区域一流学科
49	2	前 29%	湘南学院	3 ★	区域一流学科
49	2	前 29%	云南艺术学院	3 ★	区域一流学科
49	3	前 29%	长春工业大学	3 ★	区域一流学科
49	2	前 29%	长沙学院	3 ★	区域一流学科
49	6	前 29%	浙江工商大学	3 ★	区域一流学科
66	1	前 40%	安徽工程大学	3 ★	区域一流学科
66	9	前 40%	北方工业大学	3 ★	区域一流学科
66	9	前 40%	北京工业大学	3 ★	区域一流学科
66	9	前 40%	北京航空航天大学	3 ★	区域一流学科
66	9	前 40%	北京交通大学	3 ★	区域一流学科
66	2	前 40%	福建师范大学	3 ★	区域一流学科
66	2	前 40%	哈尔滨工程大学	3 ★	区域一流学科
66	1	前 40%	河南大学	3 ★	区域一流学科
66	8	前 40%	湖南科技大学	3 ★	区域一流学科
66	8	前 40%	湖南师范大学	3 ★	区域一流学科
66	6	前 40%	华东理工大学	3 ★	区域一流学科
66	6	前 40%	华东师范大学	3 ★	区域一流学科
66	4	前 40%	华南理工大学	3 ★	区域一流学科
66	7	前 40%	华中师范大学	3 ★	区域一流学科
66	6	前 40%	吉林大学	3 ★	区域一流学科

（续表）

全国排名	地区排名	位次百分比	学校名称	星级排名	办学层次
66	7	前 40%	江苏师范大学	3★	区域一流学科
66	2	前 40%	南昌大学	3★	区域一流学科
66	7	前 40%	宁波大学	3★	区域一流学科
66	2	前 40%	厦门大学	3★	区域一流学科
66	3	前 40%	山东建筑大学	3★	区域一流学科
66	3	前 40%	沈阳航空航天大学	3★	区域一流学科
66	3	前 40%	沈阳建筑大学	3★	区域一流学科
66	9	前 40%	首都师范大学	3★	区域一流学科
66	1	前 40%	太原理工大学	3★	区域一流学科
66	2	前 40%	天津工业大学	3★	区域一流学科
66	2	前 40%	天津科技大学	3★	区域一流学科
66	2	前 40%	天津师范大学	3★	区域一流学科
66	7	前 40%	武汉工程大学	3★	区域一流学科
66	4	前 40%	西安工程大学	3★	区域一流学科
66	4	前 40%	西安理工大学	3★	区域一流学科
66	2	前 40%	西南交通大学	3★	区域一流学科
66	9	前 40%	中国地质大学（北京）	3★	区域一流学科
66	8	前 40%	中南林业科技大学	3★	区域一流学科
66	3	前 40%	重庆大学	3★	区域一流学科
100	2	前 60%	蚌埠学院	3★	区域一流学科
100	15	前 60%	北京建筑大学	3★	区域一流学科
100	15	前 60%	北京科技大学	3★	区域一流学科
100	15	前 60%	北京联合大学	3★	区域一流学科
100	15	前 60%	北京师范大学	3★	区域一流学科
100	15	前 60%	北京邮电大学	3★	区域一流学科
100	5	前 60%	东北大学	3★	区域一流学科
100	4	前 60%	福建工程学院	3★	区域一流学科

（续表）

全国排名	地区排名	位次百分比	学校名称	星级排名	办学层次
100	4	前 60%	福建农林大学	3 ★	区域一流学科
100	3	前 60%	甘肃民族师范学院	3 ★	区域一流学科
100	5	前 60%	广东财经大学	3 ★	区域一流学科
100	2	前 60%	广西师范大学	3 ★	区域一流学科
100	2	前 60%	桂林电子科技大学	3 ★	区域一流学科
100	3	前 60%	哈尔滨理工大学	3 ★	区域一流学科
100	1	前 60%	海南师范大学	3 ★	区域一流学科
100	1	前 60%	河北工业大学	3 ★	区域一流学科
100	1	前 60%	河北科技大学	3 ★	区域一流学科
100	9	前 60%	湖北大学	3 ★	区域一流学科
100	11	前 60%	湖南工商大学	3 ★	区域一流学科
100	11	前 60%	湖南理工学院	3 ★	区域一流学科
100	1	前 60%	华北理工大学	3 ★	区域一流学科
100	5	前 60%	华南农业大学	3 ★	区域一流学科
100	7	前 60%	吉林建筑大学	3 ★	区域一流学科
100	4	前 60%	集美大学	3 ★	区域一流学科
100	4	前 60%	济南大学	3 ★	区域一流学科
100	8	前 60%	江苏大学	3 ★	区域一流学科
100	8	前 60%	江苏理工学院	3 ★	区域一流学科
100	3	前 60%	江西财经大学	3 ★	区域一流学科
100	3	前 60%	江西师范大学	3 ★	区域一流学科
100	8	前 60%	金陵科技学院	3 ★	区域一流学科
100	3	前 60%	兰州财经大学	3 ★	区域一流学科
100	5	前 60%	辽宁科技大学	3 ★	区域一流学科
100	5	前 60%	辽宁师范大学	3 ★	区域一流学科
100	3	前 60%	南昌航空大学	3 ★	区域一流学科
100	11	前 60%	南华大学	3 ★	区域一流学科

（续表）

全国排名	地区排名	位次百分比	学校名称	星级排名	办学层次
100	1	前 60%	内蒙古工业大学	3 ★	区域一流学科
100	1	前 60%	内蒙古科技大学	3 ★	区域一流学科
100	1	前 60%	内蒙古农业大学	3 ★	区域一流学科
100	3	前 60%	齐齐哈尔大学	3 ★	区域一流学科
100	4	前 60%	青岛大学	3 ★	区域一流学科
100	4	前 60%	青岛理工大学	3 ★	区域一流学科
100	5	前 60%	汕头大学	3 ★	区域一流学科
100	8	前 60%	上海工程技术大学	3 ★	区域一流学科
100	8	前 60%	上海师范大学	3 ★	区域一流学科
100	8	前 60%	上海应用技术大学	3 ★	区域一流学科
100	5	前 60%	沈阳理工大学	3 ★	区域一流学科
100	5	前 60%	沈阳师范大学	3 ★	区域一流学科
100	3	前 60%	四川师范大学	3 ★	区域一流学科
100	2	前 60%	太原科技大学	3 ★	区域一流学科
100	5	前 60%	天津理工大学	3 ★	区域一流学科
100	8	前 60%	温州大学	3 ★	区域一流学科
100	9	前 60%	武汉大学	3 ★	区域一流学科
100	9	前 60%	武汉科技大学	3 ★	区域一流学科
100	6	前 60%	西安建筑科技大学	3 ★	区域一流学科
100	6	前 60%	西安科技大学	3 ★	区域一流学科
100	3	前 60%	西华大学	3 ★	区域一流学科
100	3	前 60%	西南林业大学	3 ★	区域一流学科
100	1	前 60%	新疆师范大学	3 ★	区域一流学科
100	1	前 60%	新疆艺术学院	3 ★	区域一流学科
100	1	前 60%	燕山大学	3 ★	区域一流学科
100	11	前 60%	长沙理工大学	3 ★	区域一流学科
100	11	前 60%	长沙师范学院	3 ★	区域一流学科

（续表）

全国排名	地区排名	位次百分比	学校名称	星级排名	办学层次
100	8	前 60%	浙江科技学院	3★	区域一流学科
100	8	前 60%	浙江农林大学	3★	区域一流学科
100	2	前 60%	郑州轻工业大学	3★	区域一流学科
100	8	前 60%	中国矿业大学	3★	区域一流学科
100	9	前 60%	中南民族大学	3★	区域一流学科
100	5	前 60%	中山大学	3★	区域一流学科
100	2	前 60%	中原工学院	3★	区域一流学科
100	4	前 60%	重庆师范大学	3★	区域一流学科

2. 双一流高校中以设计学为王牌专业的高校研究生教育体系

世界一流大学和世界一流学科（First-class Universities and Disciplines of the World），简称“双一流”，是中共中央、国务院作出的重大战略决策，也是中国高等教育领域继“211 工程”“985 工程”之后的又一国家战略。

2022 年 2 月 14 日，教育部、财政部、国家发展和改革委员会发布《第二轮“双一流”建设高校及建设学科名单》，公布第二轮“双一流”建设高校及建设学科名单和给予公开警示（含撤销）的首轮建设学科名单。公布的名单共有建设高校 147 所。建设学科中数学、物理、化学、生物学等基础学科 59 个、工程类学科 180 个、哲学社会科学学科 92 个。北京大学、清华大学自主建设的学科自行公布。

“双一流”建设高校中有 3 所高校设计学位于“双一流”建设学科名单中，分别为清华大学、中央美术学院和同济大学。其他以设计学为王牌专业的双一流高校有中国美术学院、江南大学、湖南大学、苏州大学、东华大学、北京服装学院。

（1）清华大学

清华大学设计学设置在美术学院下。清华大学美术学院（简称“清华美院”）设有染织服装艺术设计系、陶瓷艺术设计系、视觉传达设计系、环境艺术设计系、工业设计系、信息艺术设计系、绘画系、雕塑系、工艺美术系、艺术史论系、基础教研室 11 个教学单位。设有 20 余个本科专业方向，具有“艺术学理论”“美术学”“设计学”一级学科博士学位授予权，并设有博士后科研流动站。

近年来清华美院与美国纽约视觉艺术学院、英国皇家艺术学院、英国帝国理工学院、意大利米兰理工大学、英国伦敦艺术大学等 67 所国际知名院校签署了合作协议，努力推进清华大学－米兰理工大学联合培养项目，推动成立清华大学米兰艺术设计学院。清华大学美术学院艺术学、设计学相关内容如表 1.5~ 表 1.10 所示。

表 1.5　清华大学美术学院艺术学学位设置情况

学位类型	学位设置
艺术学士学位	设计学类：服装与服饰设计、陶瓷艺术设计、视觉传达设计、环境设计、产品设计、艺术与科技、工艺美术； 美术学类：绘画、摄影、雕塑
艺术硕士学位	学术学位 美术学：绘画创作研究、摄影研究； 设计学：染织艺术设计研究、服装艺术设计研究、环境设计研究、陶瓷艺术设计研究、视觉传达设计研究、信息艺术设计研究、动画研究、工业设计研究、展示设计研究、工艺美术研究； 信息艺术设计：信息艺术设计研究－信息设计、信息艺术设计研究－信息艺术
	专业学位 美术：雕塑、造型基础； 艺术设计：服装艺术设计、环境设计、艺视觉传达设计、信息艺术设计、动画、染织艺术设计、工业设计、设计基础； 科普：科普展览策划与设计、科普产品设计、科普视觉传达设计、科普信息与交互设计； 艺术管理
艺术博士学位	艺术学理论：艺术学理论研究； 美术学：美术学理论研究； 设计学：设计学理论研究

表 1.6　不同系别下设计学学位培养方向

系别名称	培养方向
染织服装艺术设计系	通过系统的专业学习，收获较强的专业理论水平和整体艺术设计能力，掌握本专业的工艺制作技能，具备现代化经营管理理念。染织与服装艺术设计两个专业应用性很强，面对的是广阔的纺织行业和服装行业的强劲需要，主要培养能在科研单位、高等院校以及相关企业从事染织、服装设计和研究的专门人才
陶瓷艺术设计系	陶瓷艺术设计系非常注重国内和国际间的学术交流，每年定期邀请国外知名陶艺家来系里讲学授课，丰富了教学内容和方法。另外，利用各种机会派教师赴国外交流、考察、学习和深造。在专业学习中，通过艺术与设计、理论研究与实际操作等各方面的训练和知识积累，培养学生扎实的基础和较强的适应能力

（续表）

系别名称	培养方向
视觉传达设计系	视觉传达设计系历来重视专业理论的建设，强调理论与实践的完美结合，主要培养具有良好的创造性思维、扎实的专业基础、广博的理论素养和丰富的设计技能的可持续发展的复合型人才
环境艺术设计系	环境艺术设计系重视教学的社会实践环节，在有条件的情况下进行课程的项目教学，使学生在校期间就具备一定的专业实践能力。依托广泛的社会交流基础和日益增多的国际交流机会，为学生提供各类学习平台，同时也创造了良好的就业前景
工业设计系	培养国内设计教育、产品开发、展示设计、广告设计、环境设计的人才。本系自 1997 年以来采取措施鼓励毕业生进入工业设计的主战场——企事业单位，取得了较明显的成效，具有更强的就业竞争力和更广泛的就业选择余地
工艺美术系	工艺美术系的教学立足弘扬和继承中国传统文化与艺术，吸收世界各国艺术精华，兼容东西方文化，提倡以人为本的手工文化，关注人类生活品质，强化科技应用手段，探索新的领域。系统教授中外专业艺术史知识，关注本专业的现状与发展趋势，强调实践动手能力、艺术创作设计能力和社会适应能力。旨在培养能够从事艺术创作和工艺美术设计、教学与研究的专门人才
信息艺术设计系	信息艺术设计系倡导前沿性、交叉性、高起点、开放式和国际化的办学思想。本系秉承清华大学综合学科的优势，从人文的视角，在艺术与信息科学的交叉领域，发展学生的原创能力、整合能力和策划能力，培养面向信息时代，具有新的人文、艺术、科技观念和素质的综合型人才

表 1.7　清华大学专业建设

教育部特色专业建设点	艺术设计
北京市特色专业建设点	艺术设计、工业设计
国家级人才培养模式创新实验区	综合学科背景下艺术教育创新实验区
国家级实验教学示范中心建设单位	艺术与设计实验教学中心
北京市实验教学示范中心	艺术与设计实验教学中心

表 1.8　清华大学（校级）研究中心（实验室）

研究中心 / 实验室名称	
清华大学艺术与科学研究中心	清华大学张仃艺术研究中心
清华大学吴冠中艺术研究中心	清华大学中国古文字艺术研究中心
清华大学 – 阿里巴巴自然交互体验联合实验室	清华大学韩美林艺术研究中心

（续表）

研究中心 / 实验室名称	
清华大学－国家博物馆文物科技保护联合研究中心	清华大学－安踏（中国）有限公司运动时尚联合研究中心
清华大学－北京清尚建筑装饰工程有限公司智慧场景创新设计联合研究院	清华大学奥林匹克艺术研究中心

表 1.9　清华大学美术学院研究所

研究所名称	
展示艺术研究所	建筑环境艺术设计研究所
环境建设艺术咨询研究所	城市建设艺术设计研究所
茶道艺术研究所	室内设计与材料应用研究所
城市景观艺术设计研究所	交互媒体艺术设计研究所
当代艺术研究所	游艇及水上环境设计研究所
家具设计研究所	书法研究所
健康医疗产业创新设计研究所	现代陶艺研究所
中国艺术学理论研究所	乡村环境修复研究所
新媒体演艺创新研究所	文化传承与创新设计研究所
智能产品设计创新研究所	社会美育研究所
生态设计研究所	手工造纸与纸艺术研究所
国家形象视觉设计研究所	薪技艺传统工艺研究所
色彩材料创新与应用研究所	数据与智能创新设计研究所
文旅产业创新研究所	品牌授权设计研究所
出行体验设计研究所	纪念性公共艺术研究所
乡村振兴生态链研究所	

表 1.10　清华大学艺术与科学研究中心研究所

研究所名称	
艺术与科学应用研究所	色彩研究所
设计战略与原型创新研究所	可持续设计研究所

（续表）

研究所名称	
设计管理研究所	跨学科教育创新研究所

（2）中央美术学院

中央美术学院现有25个本科专业，包括中国画、书法学、绘画、雕塑、实验艺术、视觉传达设计、工业设计、产品设计、数字媒体艺术、服装与服饰设计、摄影、美术学、艺术史论、文化产业管理、建筑学、风景园林、影视摄影与制作、环境设计、公共艺术、动画、艺术管理、艺术与科技、文物保护与修复、工艺美术、艺术设计学。研究生层次学科设置情况：学校现有国家重点学科1个（美术学），北京市重点学科2个（美术学、设计学），北京市重点实验室2个（版画技术工作室、摄影工作室）。3个博士学位授权一级学科（艺术学理论、美术学、设计学），3个硕士学位授权一级学科（建筑学、城乡规划学、风景园林学）；3个专业硕士学位授权类别，分别为：艺术硕士（MFA）专业学位点（美术、艺术设计）、风景园林硕士专业学位点、建筑专业硕士学位授权点。2003至今，中央美术学院已获准建立艺术学理论、美术学、设计学3个博士后流动站。中央美术学院艺术学、设计学相关内容如表1.11~表1.13所示。

表1.11　中央美术学院艺术学学位设置情况

学位类型	专业 / 研究方向
艺术学士学位	造型艺术、中国画、书法学、实验与科技、艺术设计、城市艺术设计、建筑学、文物保护与修复、美术学、艺术史论、艺术学理论、艺术与设计管理
艺术硕士学位（设计学）	建筑学院：室内设计及其理论； 设计学院：世界设计历史与理论研究、中国设计文化研究、公共设计研究、设计与现代性理论研究、“一带一路”与国家设计政策研究； 城市设计学院：视觉创意产业研究、媒体文化研究、绿色设计助力碳中和研究、在地设计方法研究、公共艺术介入智慧城市发展研究、装备设计理论与方法研究
艺术博士学位	研究生院：生态危机设计研究、媒体艺术设计研究、设计管理研究、设计理论与设计教育研究、产品设计理论－方法与战略研究、艺术与科技设计研究、实验传达设计研究、东方哲思与人工智能首饰研究、衣文化与未来生活方式研究、创新工程设计研究、城市公共艺术研究、空间展示设计研究、公共艺术与体验设计研究、在地化设计研究； 建筑艺术研究、文化建筑的城市系统性研究、景观建筑艺术研究、城市设计艺术研究、自然建筑研究、室内建筑研究、室内空间艺术研究、清代皇家园林复原研究与艺术再现、当代中国建筑艺术理论研究、城乡空间营造文化与艺术研究

表 1.12 中央美术学院设计学学位培养方向

培养方向名称	培养方向介绍	硕士招生方向	博士招生方向
“战略设计”学科交叉群重点发展方向	“战略设计”聚焦设计学与管理学、政治学、经济学的广义交叉。以贯彻国家新发展理念思想为原则，以服务国家经济社会建设主战场目标的重要理论、重大任务、重大方法为主要研究领域，关注前沿实践问题与重大理论基础问题；强化问题导向与目标导向，以“大设计、跨学科、艺术力、新科技”深度融合方法，服务国家重大发展战略、国家重大事件、数字经济与社会民生重大项目	1. 设计管理研究 2. 设计思维研究	1. 媒介（视觉）环境研究 2. 设计管理研究
“科技设计”学科交叉群重点发展方向	“科技设计”聚焦设计学与新科技、新材料、人工智能的广义交叉。基于艺术设计与科学技术深度融合的基本理念，结合国家文化发展战略，在文化与科技创新领域，培养具有国际视野、交叉学科基础和创意创新能力的高端前沿人才；在新自然、科技和社会语境下，探索艺术、设计、科学与技术的创新融合发展，激发新型想象力和创造力，研发新型艺术形式、创作方法、工具、材料以及与观众的交流方式，推动新型跨学科教学、科研及创作实践	无	1. 艺术与科技（生物艺术） 2. 艺术与科技设计研究 3. 动态叙事研究 4. 动态媒体设计研究 5. 智能科技与机器人艺术设计 6. 媒体艺术设计研究
“文化设计”学科交叉群重点发展方向	“文化设计”聚焦设计学与美术学、文化学、历史学的广义交叉。重视文化经济影响力和经济竞争力，以中国文化发展三阶段，即优秀传统文化、红色革命文化、社会主义新时代先进文化为研究对象，完善未来设计文化、文化多样性及设计文化发展机制重要研究；深化中国文化设计的角色、范式及其变革方法研究；形成设计语境下中国文化与政治、体制、经济发展等其他变量的良性互动和文化世界软实力的构建	1. 中国设计文化研究 2. 视觉创意产业研究 3. 设计文献情报研究	1. 中国传统文化遗产与现代文字设计研究 2. 视觉传达设计研究 3. 传统设计与运用研究 4. 奥林匹克形象景观策略与视觉遗产研究

（续表）

培养方向名称	培养方向介绍	硕士招生方向	博士招生方向
“社会设计”学科交叉群重点发展方向	“社会设计”聚焦设计学与社会学、人类学、文化学的广义交叉。研判中国经济社会发展与民生发展的重大理论问题与现实问题，探寻设计教育中的个体觉醒与服务社会模式，建构具有中国特色的社会设计理论体系；拓展、深化、建构交叉学科研究方法与实践策略，培育“地方性产业”结合“地方性知识”的社会设计切入点，拓展社会设计赋能乡村建设的潜能；深化社会创新导向的城市设计理念与城市公共艺术发展之路	1. 公共设计政策研究 2. 社区设计政策研究	1. 城市公共艺术研究 2. 空间展示设计研究
“产业设计”学科交叉群重点发展方向	“产业设计”聚焦设计学与传统产业、新兴产业、前瞻产业等融合。从综合设计理论构建、体制与机制建立、设计评价与度量方法、新技术及技术体系、区域发展战略、国际多边合作方式，通过考察各产业发展结构矩阵和形式表意系统，及全球性重大问题的形成及其流变过程，从设计实践中分析中国产业体系在高速发展蓦移下的权重分布，力图在人工智能、“元宇宙”概念、全球性挑战等重大问题上提出创新见解，为中国产业设计研究提供新的理论与实践相结合的视角	无	1. 时装艺术理论研究 2. 时尚设计研究 3. 可持续综合设计研究 4. 产品设计理论、方法与战略研究
“设计研究”学科交叉群重点发展方向	“设计研究”学科交叉方向聚焦全球设计史及相关理论、设计管理实践与理论、中国设计文化等重要领域。一方面以全球视野、前瞻性理论与研究方法创新，解决当代设计实践的现实问题，立足成为当代设计实践的理论基石；一方面以建构中国设计理论体系与方法论为重点任务，重新激活中国设计文化研究的历史文脉，从本体研究、历史哲学、技术哲学、文化价值等多种层面，找寻传统造物思想的当代投射，深化道与器的关系研究与当代转化	1. 世界设计的历史与理论研究 2. 设计历史与理论研究 3. 设计基础教育研究	1. 设计理论与设计教育研究 2. 人工智能首饰研究

表 1.13　中央美术学院专业建设

国家级特色专业	动画、雕塑、中国画、美术学
国家级实验教学示范中心	摄影工作室
国家级虚拟仿真实验教学示范中心	艺术、设计与建筑虚拟仿真实验教学中心
北京市级校外人才培养基地	敦煌校外人才培养基地、中国美术馆校外人才培养基地
北京市精品课程	中央美术学院设计学院造型基础、中央美术学院雕塑系第一工作室泥塑人体课
北京市教学团队	设计学院视觉传达专业教学团队（王敏）、版画专业教学团队（苏新平）、美术学专业教学团队（尹吉男）

中央美术学院设计学院设有 16 个实验室，如表 1.14 所示。

表 1.14　中央美术学院设计学院实验室

实验室名称	
工艺技术实验室	摄影实验室暗房
摄影实验室影棚	染织实验室
服装工艺实验室	三维扫描实验室
数字技术实验室	声效实验室
录音棚	平面印刷实验室
交通工具设计 3D 打印实验室	交通工具设计产学研合作实验室
交通工具设计	首饰金工工艺实验室
金属成型实验室	综合材料与传统工艺实验室

（3）同济大学

同济大学本科设计学主要由设计创意学院承担，包含艺术学学士学位：视觉传达设计、环境设计、产品设计 / 工业设计，共 3 个本科专业方向。其中工业设计授予工学学士学位。硕士学位分为全日制硕士与非全日制硕士，由上海国际设计创新学院与设计创意学院共同承担，全日制硕士有 9 个专业方向，非全日制硕士有 6 个专业方向。博士学位分为设计学方向与工学方向，共 8 个博士研究方向（表 1.15）。同济大学设计学相关内容如表 1.16 和表 1.17 所示。

表 1.15 同济大学设计学学位设置情况

学术学位	学科	学院	专业 / 研究方向
艺术学士学位	艺术学 / 工学	设计创意学院	视觉传达设计（艺术学）、环境设计（艺术学）、产品设计（艺术学）/ 工业设计（工学）
艺术硕士学位	设计学	上海国际设计创新学院 / 设计创意学院	全日制硕士： 上海国际设计创意学院：工业设计、媒体与传达设计、环境设计、交互设计、产品服务体系设计、人工智能与数据设计、设计战略与管理； 设计创意学院：设计历史与理论、创新设计与创业 非全日制硕士： 设计创意学院：工业设计、媒体与传达设计、环境设计、产品服务体系设计、交互设计、创新设计与创业
博士学位	设计学 / 工学	设计创意学院	设计学方向：设计历史与理论、环境与人居、商业与创新、媒体与交互、媒体与交互（网络与新媒体）； 工学方向：环境与人居、媒体与交互、先进技术与设计

表 1.16 同济大学设计学学位培养方向

培养方向名称	培养方向介绍
工业设计（上海国际设计创新学院）	该方向面向知识网络时代交通运载、医疗健康、智慧生活等领域产业转型的创新需求，以可批量生产的人工制品的社会价值、经济价值、生态价值和人文价值优化为目标，跨学科研究工业设计工程领域基础理论、专业知识和技能、材料工艺等知识理论与技术方法，通过系统设计解决产品全生命周期“人”与“物”之间关系问题的可持续设计开发与管理能力
媒体与传达设计（上海国际设计创新学院）	该方向面向全球经济向数字化、低碳化转型的背景，系统建构面向视觉与信息设计、空间与展示设计等的符号学、信息传播学、媒介理论以及数据可视化等专业知识体系，注重通过内容组织、叙事结构、符号选择等手段塑造学生的媒介理解和传达思维能力，使其发展为具有多感官多媒介信息交互、媒体技术的全球化设计创新人才
环境设计（上海国际设计创新学院）	在硕士阶段，重点关注环境设计中高阶部分的知识，特别是针对环境的复杂性、系统性、模糊性和不确定性的那一部分知识，同时也强调在跨学科情境下，各种设计和研究方法、技术、工具与环境设计学科的相互促进

（续表）

培养方向名称	培养方向介绍
交互设计（设计创意学院）	交互设计方向的硕士课程注重探索、概念化和设计开发用户与产品之间的交互。学生们将在真实的社会生活情境中，从用户研究、分析整合和设计实践的层面学习交互设计
产品服务体系设计（上海国际设计创新学院）	产品服务体系关注商业模式从销售产品转向产品性能转移的商业模式，重心从产品转向价值，旨在获得众多环境效益，带来竞争优势，促进社会的去物质化。产品服务体系设计要求设计师具备系统思维，能够充分考虑复杂系统，其关注点不仅限于设计的单一元素，还包括各元素间的关系及产品如何被投入系统
人工智能与数据设计（设计创意学院）	该方向将面向具有跨学科、跨领域背景的学生，全面招收计算机、数学、电子工程、机械、工业设计、数字媒体设计等专业方向的学生。旨在培养新时代环境下的数据设计师（数据可视化及可视分析）、数据分析及人工智能算法设计师以及数据及人工智能产品及服务体系设计师
设计战略与管理（上海国际设计创新学院）	面对设计与技术、商业全新整合创新的时代，培养学生在系统学习设计管理学、设计心理学、用户研究、设计思维等知识基础上，以全球视野综合设计策略与知识，具备对国家及区域设计政策与战略规划、企业设计经营和设计组织发展进行资源开发、组织、计划和控制的研究素养和能力
设计历史与理论（设计创意学院）	设计历史与理论专业方向培养能够胜任设计及相关领域的研究、管理和教学工作的高层次专业人才。本学科培养的设计历史与理论硕士授予设计学硕士学位。设计历史与理论专业的硕士候选人经过学科委员会评定有资格申请硕博连读，攻读设计学博士学位
创新设计与创业（设计创意学院）	基于“设计驱动的创新”的理念，创新设计与创业方向主要培养“面向产业转型和未来生活的智能可持续设计”，掌握“设计 +”“互联网 +”等理念，结合同济大学优势学科行业应用的“T 型”创新创业领军人才，以更好地服务和引领全球知识网络时代，及以人为本的、可持续的、创新型的社会和产业的发展

表 1.17　同济大学设计环境

设计环境	
上海市哲学社会科学创新基地（创新设计竞争力研究）	城市未来实验室
同济大学中芬中心	同济大学数字创新中心（同济－麻省理工城市科学实验室）
同济大学设计艺术研究中心	非物质文化遗产研究中心
同济大学全球变化与可持续发展研究院	She Ji 出版平台

（续表）

设计环境	
同济大学中华文化传播中心	中国“数制”工坊与生物智造实验室
同济大学上海国际设计创新研究院	设计理论与创意文化研究室
上汽－同济汽车造型与内饰设计工程中心	仿生学可持续设计研究室
SustainX 可持续未来设计研究中心	亚洲生活方式和设计基因研究室
包容性设计研究中心	创意产业与文化研究室
当代首饰与新文化中心	社会创新与可持续设计研究室
智能大数据可视化实验室	行为认知设计研究室
同济特赞设计人工智能实验室	人因工程设计研究室
公共设计研究室	JALAB 首饰实验室
体验设计研究室	造物实验室
设计工程及计算机研究室	尚想实验室
设计历史谱系研究室	同济－华文中文信息与文字设计研究室
载运工具及系统创新设计实验室	王敏与博恩工作室—品牌公共空间研究室
设计管理与创新战略研究室	数字动画与数字娱乐实验室
当代家具设计实验室	环境未来实验室
材料创新及设计应用实验室	整合媒体设计研究室
声音实验室	

（4）中国美术学院

中国美术学院设计艺术学院，下设视觉传达设计系、染织与服装设计系、工业设计系、综合设计系、设计艺术学系五个教学系与设计艺术实验中心。所涵盖的设计艺术学为浙江省重点学科和浙江省人文社会科学研究基地。中国美术学院设计学覆盖多个学院，包含艺术学士学位、艺术硕士学位和艺术博士学位。中国美术学院艺术学相关内容如表 1.18~ 表 1.20 所示。

表 1.18　中国美术学院学科排名

年份	学科排名
2017 年	在第四轮全国一级学科整体水平评估中，“设计学”并列第 1，获评 A+

（续表）

年份	学科排名
2012 年	在第三轮全国一级学科整体水平评估中，“设计学”名列第 3
2021 年	软科中国最好学科排名，“设计学”名列第 2
2019 年	校友会中国大学设计学学科排名，“设计学”全国排名前 2%，地区排名第 1

表 1.19　中国美术学院艺术学学位设置情况

学位类型	专业 / 研究方向
艺术学士学位	中国画、书法与篆刻、造型艺术类、设计艺术类、图像与媒体艺术类、环境艺术
艺术硕士学位（设计学）	雕塑与公共艺术学院：公共雕塑研究与创作、场所空间的艺术营造、景观装置艺术研究与创作、艺术工程与科技研究创作； 设计艺术学院：艺术设计学理论研究Ⅰ、视觉传达设计理论与实践、数字媒体艺术理论与实践、产品设计理论与研究、工业设计理论与研究、染织服装设计理论与实践； 手工艺术学院：中国当代陶瓷艺术创作与理论、中国当代陶瓷艺术设计与理论研究、工艺美术创作及理论研究、传统技艺与工艺理论； 创新设计学院：艺术设计学理论研究Ⅱ、艺术赋能与科技创新研究、汉字传承与创新设计研究； 文创设计制造业协同创新中心：产品创新设计、自主品牌实验
艺术博士学位	设计艺术学院：艺术设计实践与理论研究、东方设计学实践与理论研究、中国服饰文化研究、设计文化研究、工艺文化研究、时尚设计与品牌研究； 手工艺术学院：手工艺术实践与理论研究、手工艺术学研究、手工造物与跨界工艺研究； 建筑艺术学院：本土建筑设计，城市营造与理论研究，建筑、城市及空间思想研究； 创新设计学院：汉字的视觉开发研究、设计人文与创新研究、技术与造物创新研究； 文创设计制造业协同创新中心：设计美学与实践研究、设计智造系统研究

表 1.20　中国美术学院专业建设

国家级特色专业	动画、绘画、艺术设计、美术学、雕塑、建筑学
浙江省重点专业	绘画、艺术设计、雕塑
浙江省优势专业	建筑学、绘画、美术学、艺术设计、中国画、动画、雕塑、工业设计
浙江省新兴特色专业	风景园林、艺术与科技、广播电视编导、摄影
省级实验教学示范中心	艺术造型实验教学中心、跨媒体艺术实验教学中心

（续表）

教育部中华优秀传统文化传承基地	中国传统书画

（5）江南大学

目前，江南大学设有“设计学”一级学科博士点和“设计学”一级学科博士后流动站。设有“设计学”和“美术学”一级学科学术型硕士点、“艺术设计”专业学位型硕士点。本科设有10个专业，工业设计、产品设计、视觉传达设计、环境设计、服装与服饰设计5个专业入选国家一流本科专业，主要专业均入选国家特色专业、江苏省重点专业类建设专业、江苏高校品牌专业。学院是国家级设计人才培养模式创新实验区，“艺术设计专业教学团队”为国家级教学团队。江南大学艺术学、设计学相关内容如表1.21~表1.25所示。

表1.21　江南大学学科排名

年份	排名
2012年	在第三轮全国一级学科整体水平评估中，“设计学”名列第4
2017年	在第四轮全国一级学科整体水平评估中，“设计学”获评A-
2020—2021年	软科中国最好学科排名，“设计学”均名列第3
2021年	金平果科教评价网研究生教育分学科排行榜，“设计学”名列第1
2019年	校友会中国大学设计学学科排名，“设计学”全国排名前5%，地区排名第2
2022年	QS世界大学学科最新排名，江南大学的艺术设计学科排名第101~150位

表1.22　江南大学艺术学学位设置情况

学位类型	专业/研究方向
艺术学士学位	视觉传达设计、环境设计、产品设计、服装与服饰设计、公共艺术、数字媒体艺术、美术学（师范）；服装设计与工程（工科）、工业设计（工科）
艺术硕士学位（设计学）	工业设计与产品战略、交互与体验设计、视觉传达设计及理论、环境设计及理论、公共艺术及理论、设计历史与理论、紫砂艺术及理论；服装设计及理论；数字媒体艺术及理论
艺术博士学位	产品战略与系统创新、建筑遗产与城市更新、视觉文化与形象传播、服饰文化与智能穿戴、艺术设计与数字创新、设计历史与理论研究、设计创新与战略

表 1.23　江南大学设计学硕士学位培养方向

培养方向名称	培养方向介绍
工业设计与产品战略	该方向整合研究、设计与企业应用，对以批量生产的产品、过程、服务及如何在整个生命周期中建立起多方面的品质为目标的创新设计进行理论、方法与战略的研究，传授在复杂背景下处理创新、设计实践与管理的丰富知识，涉及高级设计、技术和社会特征。随着知识社会的来临与创新结构的转变，该领域的外延与内涵进一步拓展至交互、服务、体验、商业策略等领域
交互与体验设计	培养学生以构建智能产品、公共交通、智能家居等物联网子系统和终端产品的现代设计理论和方法体系为目标，从理论与实践两个层面进行产品交互设计研究。介绍产品交互设计的理论构架、学科特点、设计理念和基本方法
视觉传达与信息设计	培养具备中国文化底蕴和国际视野，在传统与地域视觉文化、品牌与包装设计、文字与书籍设计、数字媒体设计和信息设计等视觉传达研究领域内既具有扎实的理论基础，又具有专业知识、创新思维能力、设计表现技能；具有较高的审美素养和潜质；培养以用户体验为中心的设计能力；能够在视觉传达方向选择研究课题和设计课题，能把握本学科的发展动向，并能够深入发展，能独立担负专业设计和进行设计理论研究的高素质专业人才
环境设计方法与理论	作为艺术门类下的专业与其跨学科的特征，其研究包含感性与理性两个方面。包括三个主要研究领域：(1) 建筑艺术遗产保护与再生，(2) 地域性建筑与室内设计，(3) 可持续景观设计方法
公共艺术与手工艺设计	研究艺术设计以系统化、社会化、视觉化的方式强势介入公共空间的行为途径。在艺术策划与艺术表现两大核心概念的作用下，探索以人文视觉、精神视觉、手工视觉的艺术方式塑造具有公众性、当代性公共艺术作品的表达方式
设计历史与理论	旨在培养具有高尚道德品质和深厚文化艺术素养，掌握文、史、哲以及社会、经济和技术发展等方面的基本知识，了解艺术设计的历史和理论，熟悉设计管理和项目策划的一般规律及实际操作程序和方法，并具备相应领域的基本设计能力，能够从事设计学科的历史及理论研究、设计管理与经营、项目开发与策划，以及文博、编辑、教学等方面的工作，全面发展的高素质艺术设计专门人才

表 1.24　江南大学设计学博士学位培养方向

培养方向名称	培养方向介绍
产品设计方法与战略	以“工业设计”为核心，对系统创新方法、体验设计架构、产品服务体系等领域开展系统研究
设计遗产的传承与再生	以中国传统设计为原点的设计遗产的发掘整理与当代传承研究，致力于中国人居环境、江南地域建筑艺术遗产等的实证研究

（续表）

培养方向名称	培养方向介绍
服饰设计与文化	以汉族民间服饰的实证为基础，研究传统服饰与织物的形态、工艺等内容，通过解析所蕴涵的历史、社会、心理、美学等内涵，建立服饰设计与文化的理论
数字媒体艺术与设计	注重艺术、设计与数字媒体技术的交叉融合，对数字化城市公共艺术设计、数字交互及虚拟展示、数字媒体传播与全媒体融合进行相关研究
设计历史与理论	对中西设计文化的发生、沉淀与物化、视觉符号的演化与设计传承、视觉遗产的整理保护及造物设计原理进行重点研究

表 1.25　江南大学专业建设

专业建设
国家人才培养模式创新试验区
江苏省实验教学示范中心“产品设计艺术实验教学中心”
省级哲学人文社科基地“产品创意与文化研究中心”
2014 年入选中国工业设计协会“中国工业设计示范基地”（全国 2 家院校入选）
2013 年入选江苏省工业设计中心

（6）湖南大学

湖南大学设计艺术学院设有 1 个“设计学”博士后科研流动站，1 个“设计学”一级学科博士授权点，1 个“设计学”一级学科硕士授权点，1 个“艺术”专业硕士学位授权类别；“设计学”为湖南省重点学科，湖南省“双一流”建设学科。湖南大学艺术学、设计学相关内容如表 1.26~ 表 1.30 所示。

表 1.26　湖南大学学科排名

年份	排名
2017 年	在第四轮全国一级学科整体水平评估中，“设计学”获评 A-
2019 年	校友会中国大学设计学学科排名，“设计学”全国排名前 5%，地区排名第 1
2022 年	QS 世界大学学科最新排名，湖南大学的艺术设计学科排名第 201~230 名

表 1.27　湖南大学艺术学学位设置情况

学位类型	专业 / 研究方向
艺术学士学位	艺术学：视觉传达设计、环境设计、产品设计； 机械类：工业设计
艺术硕士学位（设计学）	设计学：设计理论与战略、智能产品与交互设计、文化科技融合与社会融合； 艺术：设计理论与战略、智能产品与交互设计、文化科技融合与社会融合； 机械：工业设计工程
艺术博士学位	设计理论与战略、智能设计方法与工具、文化科技融合与社会创新

表 1.28　湖南大学设计学硕士学位培养方向

培养方向名称	培养方向介绍
设计理论与战略 智能产品与交互设计 文化科技融合与社会创新	在三大研究方向的引领下，本学科设立六大设计模块：智能装备、智能交通、数据智能与服务设计、大健康与服务系统、可持续与生态设计、数字文化创新设计，形成面向国家战略和产业升级的知识体系，提升学生以文化自信与国际竞争力为核心的设计实践创新能力
工业设计	本专业面向智能制造、互联网 +、文化自信等国家战略，培养系统掌握现代设计理论、方法与工具，积极响应智能化技术条件与全球化竞争场景，具备良好设计创新能力与跨学科、跨文化协作能力的新时代经世致用工业设计领军人才。模块化课程体系，智能装备、智慧出行、智慧健康、数据智能与服务设计、可持续与生态设计、数字文化创新 六大模块自主选择

表 1.29　湖南大学设计学博士学位培养方向

研究方向名称	培养方向介绍
设计理论与战略	开展设计史、设计理论研究，将设计创新战略理论与国家重大需求相结合，针对不同行业的产业升级营造更有影响力的设计生态
智能设计方法与工具	将设计研究方法、经验与大数据、人工智能方法结合，为企业或行业提供更精准的设计工具和数据平台
文化科技融合与社会创新	针对数字文化、数字创意等文化科技融合的核心领域，研究促进现代服务业业态融合的创意设计方法，丰富文化表现形式、提升文化与科技体验

表 1.30　湖南大学专业建设

国家级实验教学示范中心	艺术与设计国家级实验教学示范中心
国家级人才培养示范区	艺术与设计国家级人才培养示范区
国家级一流本科专业建设点	工业设计
国家级精品课程	工业设计史
国家级一流本科课程	工业设计史、设计的力量

（7）苏州大学

苏州大学设计艺术学为江苏省“十五”重点学科、“十一五”特色学科。2011 年艺术学升格为学科门类后，苏州大学又通过调整申报成为一级学科设计学博士学位授予权的高校，并拥有了设计学博士后流动站。设计学院设计学科主要研究领域包括：染织设计（纺织品设计）、服装设计（含服饰文化、服装营销与管理、服装表演等）、视觉传达、环境艺术（含园林设计、室内设计等）、装饰艺术设计、产品设计、数码艺术、设计史论等。苏州大学艺术学相关内容如表 1.31~ 表 1.33 所示。

表 1.31　苏州大学学科排名

年份	排名
2017 年	在第四轮全国一级学科整体水平评估中，“设计学”获评 A-
2021 年	软科中国最好学科排名，“设计学”排名第 8
2021 年	金平果中国科教评价网研究生教育分学科排行榜，“设计学”全国排名前 5%，地区排名第 2
2019 年	校友会中国大学设计学学科排名，“设计学”并列第 7

表 1.32　苏州大学艺术学学位设置情况

学位类型	专业 / 研究方向
艺术学士学位	视觉传达设计、环境设计、产品设计、服装与服饰设计、数字媒体艺术、美术学（师范）、美术学、艺术设计学
艺术硕士学位（设计学）	工艺美术研究、服装艺术设计研究、平面艺术设计研究、环境艺术设计研究、工业设计研究、设计史论研究

（续表）

学位类型	专业 / 研究方向
艺术博士学位	设计艺术史论、品牌形象设计研究；服饰艺术史及服饰文化、文化创意及产品设计；环境设计及理论研究、设计美学研究；装饰艺术史研究；丝绸之路东西文化和艺术交流、外国古代设计方向研究；服饰文化与设计美学研究；环境设计及理论、工业设计及理论

表 1.33　苏州大学专业建设

全国艺术教育类人才培养模式创新实践区	艺术设计
江苏省“十二五”高等学校重点专业建设点	艺术设计
国家级人才培养实验区	艺术设计人才培养实验区
国家级示范教学实验中心	纺织与服装设计示范实验中心

（8）东华大学

东华大学服装与艺术设计学院与机械工程学院均开设有设计学。

服装与艺术设计学院下设服装设计与工程系、服装艺术设计系、视觉传达系、环境设计系、产品设计系、表演系、中日合作项目部、艺术学理论部、美术学部和实验中心。开设服装设计与工程、服装与服饰设计、数字媒体艺术、视觉传达设计、环境设计、产品设计、表演、艺术与科技 8 个本科专业。

机械工程学院下开设机械工程、工业设计、智能制造工程三个本科专业，2021 年“工业设计专业”入选国家级一流本科专业建设点。

拥有“服装设计与工程”博士学位点、“设计学”博士学位点、“时尚设计与创新工程”交叉学科博士点，其中“服装设计与工程”被列为国家重点学科、国家级特色专业、上海市重点学科、教育部“211 工程”重点建设学科；拥有设计学、艺术学理论和美术学三个一级学科硕士点，“设计学”被列为上海市重点学科、上海市一流学科，是全国 32 所首批设立“艺术设计”专业硕士学位授权点院校之一。拥有“现代服装设计与技术”教育部重点实验室。东华大学艺术设计学相关内容如表 1.34~ 表 1.38 所示。

表 1.34　东华大学学科排名

年份	排名
2012 年	在第三轮全国一级学科整体水平评估中，“设计学”排名第 8
2017 年	在第四轮全国一级学科整体水平评估中，“设计学”获评 B+

（续表）

年份	排名
2019 年	校友会中国大学设计学学科排名，“设计学”全国排名前 8%，上海地区排名第 2

表 1.35　东华大学艺术设计学学位设置情况

学位类型	专业 / 培养方向
艺术学士学位	服装与艺术设计学院：产品设计、数字媒体艺术、视觉传达设计、艺术与科技、服装设计与工程、服装与服饰设计、纺织品设计、环境设计； 机械工程学院：工业设计（工科）
艺术硕士学位（设计学）	服装与艺术设计学院：服装设计与工程、艺术学理论、美术学、设计学； 机械工程学院：工业设计工程（工程硕士）、工业设计（工学硕士）
艺术博士学位	服装设计与工程

表 1.36　东华大学（服装与艺术设计学院）硕士学位专业方向

专业方向名称	专业建设介绍
服装设计与工程美术学	本学科先后承担国家级重要科研项目和部、省级科研项目 8 项，如项目“服装与粘合衬配伍性研究”“服装吊挂系统”“服装 CAD”及国家 921 工程项目“航天服暖体出汗假人的研究”“暖体假人和人工气候室的研制”等
艺术学理论	本学科先后承担国家级重要科研项目和部、省级科研项目 8 项，如项目“服装与粘合衬配伍性研究”。共获国家级教学成果奖 2 项及省部级科研奖 3 项。还与日本合作研究人体体型三维模拟的国际合作科研项目
设计学	学科点已建立人体工学实验室、人工气候实验室、暖体假人、服装服用性能实验室、服装工艺实验室、服装 CAD 实验室及计算机室，为研究生的培养创造必要的研究基地

表 1.37　东华大学（服装与艺术设计学院）博士学位专业方向

专业方向名称	专业建设介绍
服装设计与工程	本学科先后承担国家级重要科研项目和部、省级科研项目 8 项，如项目“服装与粘合衬配伍性研究”“服装吊挂系统”“服装 CAD”及国家 921 工程项目“航天服暖体出汗假人的研究”“暖体假人和人工气候室的研制”等。共获国家级教学成果奖 2 项及省部级科研奖 3 项。还与日本合作研究人体体型三维模拟的国际合作科研项目

表 1.38　东华大学专业建设

东华大学上海国际时尚科创中心	2016 年 7 月 12 日揭牌成立
国家级制造业创新中心	国家先进功能纤维创新中心、国家先进印染技术创新中心
校级科研机构	东华大学研究院、东华大学先进低维材料中心、东华大学上海国际时尚科创中心、新型面料快速反应中心、21 世纪绿色纤维开发中心、化纤工程研究中心、生物医药用纺织材料技术开发中心、车用纺织材料开发中心、建材用纺织技术开发中心、农用纺织材料技术开发中心、土工合成材料技术开发中心、先进制造技术研究开发中心、地毯装备研究中心、生物科学与技术研究所、纺织科技创新中心、时尚文化与传播研究中心、莎士比亚研究所、太阳能光伏发电项目平台、东华大学环境艺术设计研究院
综合服务平台	东华大学上海环东华时尚创意中心、上海时尚之都促进中心（非营利性社会组织）
上海设计之都公共服务平台	上海环东华时尚创意产业服务平台
上海市促进文化创意产业发展财政扶持项目	环东华时尚创意产业服务基地、海派时尚流行趋势公共服务平台
上海张江国家自主创新示范区专项发展资金重大项目	基于云计算的创意设计公共服务基地、文化时尚创意产业公共服务基地

（9）北京服装学院

北京服装学院设有服装艺术与工程学院、服饰艺术与工程学院、材料设计与工程学院、艺术设计学院、时尚传播学院、商学院、美术学院、文理学院，专业设置覆盖纺织服装全产业链，在服装服饰领域的学科和专业建设水平国内领先。

学院坚持以设计学为龙头，设有 7 个一级学科硕士学位授权点，1 个二级学科硕士学位授权点，5 个硕士专业学位授权点，1 个服务国家特殊需求博士人才培养项目。设有多个国家级特色专业建设点，其中 14 个专业获批教育部“双万计划”国家级一流本科专业建设点，11 个专业获批“双万计划”省级一流本科专业建设点。北京服装学院艺术学、设计学相关内容如表 1.39~ 表 1.42 所示。

表 1.39　北京服装学院学科排名

年份	排名
2017 年	在第四轮全国一级学科整体水平评估中，“设计学”获评 B+

（续表）

年份	排名
2017 年至 2020 年	软科中国最好学科排名，“设计学”排名前 10%
2016 年至 2020 年	金平果科教评价网研究生教育分学科排行榜，“设计学”排名 20
2019 年	校友会中国大学设计学学科排名，“设计学”排名前 11%

表 1.40 北京服装学院艺术学学位设置情况

学位类型	专业 / 培养方向
艺术学士学位	数字媒体艺术、公共艺术、服装与服饰设计、产品设计、视觉传达设计、环境设计、服装设计与工程、工业设计；设计学类（服装与服饰设计、产品设计、艺术与科技、视觉传达设计、环境设计、数字媒体艺术、动画）
艺术硕士学位（设计学）	美术学、艺术学理论、设计学、艺术；服装设计与工程（工科）
艺术博士学位	设计学

表 1.41 北京服装学院设计学硕士学位培养方向

学位	培养方向名称	培养方向介绍
设计学	服装艺术设计	在掌握服装设计专业的基础理论和基本技能的基础上，进一步开展对现代服装产品设计理论、现代化成衣生产运营实践、高级时装设计与技术、时装和成衣产品开发与策略等方面研究
	鞋品箱包设计	掌握鞋品箱包、时尚配饰产品与品牌的基本理论知识和专业制造技术，具有独立的创意和研发能力、学术研究素养和方法论，具备敏锐的时尚意识和较高的审美能力、国际化的创意理念和思维方法
	珠宝首饰设计	在全面掌握本专业的基础理论和基本技能的基础上，加深对现代首饰设计规律、工艺技术、营销、传统金属工艺、中国民族传统纹样、传统工艺美术理论、宝石学、材料学、教育学等方面的研究
	色彩设计	在全面掌握本专业的基础理论和基本技能的基础上，了解国内外色彩领域最新的专业理论、技术、方法和工具，并且能够综合运用它们以及相关设计学科的知识解决色彩领域的学术创新与设计应用等问题
	工业设计	在全面掌握本专业的基础理论和基本技能的基础上，加深对工业设计的发展历史和未来的设计趋势，以及设计观念、设计理论、设计方法、表达方式和材料工艺等方面的系统研究与实践

（续表）

学位	培养方向名称	培养方向介绍
设计学	设计管理	培养具有系统的研究能力、扎实的专业知识和卓越的设计创造力的高层次研究型人才。全面掌握本专业的基础理论和知识，洞察专业发展趋势，了解最新的专业理论、技术、方法和工具，能够综合运营设计管理以及相关设计学科知识解决复杂问题的研究
	纺织品设计	在全面掌握本专业理论和基本技能的基础上，加宽对现代纺织品艺术设计的创作规律、流行趋势、市场策略、纺织材料、计算机应用、图案学、传统纺织工艺、环境艺术等方面的研究
	城市与建筑设计	培养具有城市系统创新思维和设计与表现能力，拥有洞察前沿科技动态、文化发展、社会进步视野的城市与建筑设计及管理的专业人才
	室内与景观设计	培养具有创新思维和设计与表现能力，拥有洞察前沿科技动态、文化发展、社会进步视野的室内与景观设计及管理的专业人才
	视觉传达设计	在全面掌握本专业基础理论和基本技能的基础上，对视觉传达设计从价值、方法到技能做全面深入研究与实践探索，结合时尚产业特点与发展趋势，坚持文化自信，促进视觉传达有效参与社会与文化创新
	数字媒体艺术	在全面掌握艺术设计专业基础理论和基本技能的基础上，加宽对新媒体设计创作理论、方法、规律和表现技法的掌握，从理论上进一步深入对新媒体艺术、信息设计、交互设计、未来数字生活方式、智能生活等方面的研究，掌握系统的新媒体设计理论、思维及方法
	动画	培养专业知识扎实、观念开放、具备创新性和行动力的影像和动画艺术工作者，希望该人群日后可在时尚产业、动画产业和相关交叉领域有所作为
	时尚传播	该专业以创意文化产业和时尚产业为背景，以社会洞察、文化洞察或时尚趋势等前瞻性研究为内核，以融媒体传播为手段，体现传播学与设计学交叉点的创新性和探索性。致力于培养既能进行专业研究，又能在媒体、品牌、广告、影视、发行等领域进行编辑、策划、公关和运营等工作的复合型人才
艺术学理论	中外服饰文化	通过开设一系列主干课程，使学生借助英语语言优势，充分利用学校特色资源，实现英语与学校强势学科的融合，成为通晓中外服饰文化差异，服务中外服饰文化交流与传播的复合型人才
	服装史论	在掌握艺术学基础理论、服装学基础理论以及中外服装历史的基础上，具备对中外服装历史、服饰文化理论、审美和社会心理等方面进行深入研究的能力，能够运用艺术理论和适当的研究方法分析服饰文化现象和服装纺织作品，综合分析、研究和解决服装理论学科中的学术问题
	艺术史论	艺术史论主要是对艺术领域中各方面的理论问题进行研究，探讨人类艺术发生与发展的规律和未来的走向与变化。从视觉文化的角度研究艺术领域的相关问题，为艺术领域培养从事理论研究、教学和管理工作的专门人才

（续表）

学位	培养方向名称	培养方向介绍
美术学	中国画	在全面学习和掌握中国画艺术造型和理论的基础上，对中国画艺术进行更为深入的和较高思维层次的艺术研究和探讨
	油画	在全面掌握油画艺术造型和理论的基础上，对油画艺术进行更为深入的理论和较高思维层次的艺术研究和探讨。继续深入地对油画的表现技巧与材料的不同特性进行研究和尝试
	插画	在全面理解与掌握插画艺术造型规律和理论的基础上，对插画艺术进行更为深入的理论阐释与专业特色与技法研究。持续深入地对插画的表现形式与功能特点进行研究和尝试
	雕塑	在全面掌握本专业的基础理论和基本技能的基础上，加深对装饰雕塑设计规律和表现技法的掌握。从理论上进一步对中外雕塑艺术、材料学、教育学等方面进行研究
	公共艺术	在全面掌握本专业的基础理论和基本技能的基础上，加深对公共艺术设计发展演变的历史、形式风格特征以及现代设计观念、设计方法、表现技巧和材料工艺的研究

表 1.42　北京服装学院专业建设

国家级特色专业建设点	服装设计与工程、轻化工程、高分子材料与工程、艺术设计
国家级一流本科专业建设点	服装与服饰设计、产品设计、数字媒体艺术、工业设计、高分子材料与工程、服装设计与工程、动画、视觉传达设计、环境设计
国家级人才培养模式创新实验区	艺工融合应用型现代服装高级人才培养模式创新实验区
教育部“卓越工程师教育培养计划”专业	服装设计与工程、高分子材料与工程
国家级实验教学示范中心	服装服饰实验教学中心
国家级大学生校外实践教育基地	北京服装学院－北京爱慕内衣有限公司艺术学实践教育基地
北京市特色专业	艺术设计、服装设计与工程、高分子材料与工程、工业设计、轻化工程、表演等
北京高校“重点建设一流专业”	服装与服饰设计、服装设计与工程
北京市一流本科专业建设点	服装设计与工程、市场营销、公共艺术、国际经济与贸易、传播学、绘画
北京市级实验教学示范中心	服装材料与工程实验教学中心、服装服饰实验教学中心
北京市级校外人才培养基地	北服－爱慕服装专业校外人才培养基地、北服－新百丽校外人才培养基地、北服－盛虹校外人才培养基地

3. 其他设计学排名靠前的双一流高校研究生教育体系

在第一节内容中共有 9 所高校的设计学学科在第三、第四轮学科评估结果中位居 A 级学科层次，分别是清华大学、中国美术学院、中央美术学院、同济大学、苏州大学、江南大学、南京艺术学院、浙江大学、湖南大学。在软科中国最好学科排名中，设计学学科统计出 8 所高校排名位于前 5%，分别是清华大学、中国美术学院、江南大学、浙江理工大学、山东工艺美术学院、广东工业大学、中央美术学院、苏州大学。

综合上述排名情况，本节内容以南京艺术学院、浙江大学、浙江理工大学、山东工艺美术学院、广东工业大学为例展开叙述。

（1）南京艺术学院

南京艺术学院现设有美术学院、音乐学院、设计学院、电影电视学院、舞蹈学院、传媒学院、流行音乐学院、工业设计学院、人文学院、文化产业学院、高等职业教育学院、成人教育学院、国际教育学院和马克思主义学院等 14 个二级学院。

南京艺术学院是全国唯一同时拥有艺术学学科门类下全部 5 个一级学科博士学位授予权和博士后科研流动站的高等院校。在 2017 年教育部第四轮学科评估中，5 个一级学科全部跻身前六。其中，美术学获评 A 等级，音乐与舞蹈学、设计学获评 A- 等级，戏剧与影视学、艺术学理论获评 B+ 等级。南京艺术学院艺术学、设计学相关内容如表 1.43~ 表 1.47 所示。

表 1.43　南京艺术学院学科排名

年份	排名
2017 年	在第四轮全国一级学科整体水平评估中，“设计学”获评 A-
2012 年	在第三轮全国一级学科整体水平评估中，“设计学”排名第 4
2019 年	校友会中国大学设计学学科排名，“设计学”全国排名前 4%，江苏地区排名第 1

表 1.44　南京艺术学院艺术学学位设置情况

学位类型	专业 / 研究方向
艺术学士学位	设计学院：设计学、视觉传达设计、环境设计、服装与服饰设计、公共艺术、工艺美术； 工业设计学院：产品设计、设计与科技（展示设计）、信息交互设计、工业设计
艺术硕士学位（设计学）	设计学院：设计学、艺术设计； 工业设计学院：设计学、艺术设计

（续表）

学位类型	专业 / 研究方向
艺术博士学位	设计学院：设计学； 工业设计学院：设计学

表 1.45　南京艺术学院设计学学位培养方向

学位	培养方向
博士学位	设计学、设计教育、传统艺术设计史论、设计艺术历史及理论、中国设计艺术史研究、设计文化学研究、平面设计艺术理论与实践研究、中国传统设计比较研究、中国工艺美术史研究、环境设计理论与实践研究、中国传统器具设计研究、中国设计艺术史与文献研究、中国传统设计史论研究、工业设计理论与实践研究
硕士学位	设计史、设计理论与批评、设计教育、传统器具设计研究、现代手工艺研究、设计思维与创意研究、设计管理研究、设计理论与批评研究、图案学与图形文化研究、非物质文化遗产传承与发展研究、产品设计理论与方法研究

表 1.46　南京艺术学院艺术设计学学位培养方向

学位	培养方向
艺术设计	平面设计、插图艺术、景观设计、公共艺术、室内设计、装饰艺术、服装设计、纤维艺术与纺织品设计、陶瓷艺术、首饰艺术、漆艺术、形式语言与设计基础、综合材料与实验艺术、文化创意设计、数字媒体设计、工业设计、展示设计、产品信息设计、书籍设计与插图艺术、参数化设计与建造、玻璃艺术与工艺、金属艺术与工艺、形式语言

表 1.47　南京艺术学院设计环境

国家级 教学平台	4D 虚拟模型实验室、工业设计数字化制造应用实验教学中心、交互设计创新实验中心
市厅级 教育平台	工业设计学科人才培养模式创新实验基地、江苏省工业设计实验教学中心、艺术设计材料与工艺实验室、文化创意与综合设计实验室、数字化平面设计实验室、数码手工艺创新实验室、环境空间设计教学实验中心、综合媒体与创新设计实验中心、南京艺术学院实验艺术中心文化创意协同创新中心
艺术设计领域	拥有陶瓷工艺、漆艺术、服装、平面设计、环境艺术、模型工艺、印染工艺、织绣工艺、金属工艺、玻璃工艺、木工工艺、丝网印刷、首饰、数码手工艺等专门实验室或工作室，330 米^2 工业设计数字化制造应用实验教学中心

（2）浙江大学

浙江大学设计学科于 1990 年创立，依托浙江大学综合性高校的优势，形成了工程科技与文化艺术融合的发展特色。拥有 4 个国家重点实验室和省部级研发设计平台，包括计算机辅助设计与图形学国家重点实验室、教育部计算机辅助产品创新设计工程中心等。浙江大学设计学、艺术学内容如表 1.48 和表 1.49 所示。

表 1.48　浙江大学设计学学科排名

年份	排名
2017 年	在第四轮全国一级学科整体水平评估中，“设计学”获评 A-
2012 年	在第三轮全国一级学科整体水平评估中，“设计学”排名第 8
2019 年	校友会中国大学设计学学科排名，“设计学”全国排名前 10%
2021 年	金平果科教评价网研究生教育分学科排行榜，“设计学”排名第 6

表 1.49　浙江大学艺术学学位设置情况

学位类型	专业 / 研究方向
艺术学士学位	计算机科学与技术学院：工业设计； 艺术与考古学院：艺术与科技（原环境设计、视觉传达设计）
艺术硕士学位（设计学）	计算机科学与技术学院：设计学；工业设计工程（机械）； 软件学院：工业设计工程（机械，信息产品设计方向）； 艺术与考古学院：设计学
艺术博士学位	计算机科学与技术学院：设计学； 软件学院：工业设计工程； 艺术与考古学院：艺术学理论、设计学

浙江大学国际设计研究院正式建院于 2011 年 11 月，致力于创新设计的人才培养、学术研究和社会服务。研究院是浙江大学设计学博士点建设的承担单位，也是工业设计、产品设计本科以及设计学、工业设计工程硕士点建设的参与单位，是浙江大学计算机辅助设计与图形学国家重点实验室的成员单位。研究院与中国创新设计产业战略联盟、日本设计促进会等全面合作；与阿里巴巴、苹果、飞利浦、佳能等企业合作开发企业驱动的创新设计课程、工作坊及联合科研（表 1.50）。

表 1.50　浙江大学国际设计研究院实验室

实验室名称	
IDEA Lab 智能、设计、体验与审美实验室	DIDC Lab 浙江省设计智能与数字创意重点实验室
Next Lab 科技设计创新创业实验室	

浙江大学计算机学院下设 5 个系（含工业设计系）、4 个研究所（含现代工业设计研究所）、3 个中心，拥有计算机辅助设计与图形学（CAD&CG）国家重点实验室、计算机辅助产品创新设计教育部工程研究中心等 10 余个省部级重点实验室及工程技术研究中心。现设有计算机科学与技术一级学科博士点和博士后流动站，以及计算机应用技术、计算机软件与理论、计算机系统结构和数字化艺术与设计 4 个二级学科博士点、再加上设计学 5 个硕士点。其培养方式有全日制硕士、全日制博士、本科毕业直接攻博、工程硕士专业学位和研究生课程进修等（表 1.51）。

表 1.51　浙江大学计算机学院硕士点专业研究方向

专业方向	研究方向
数字化艺术与设计	虚拟人技术及应用、模糊理论与软计算方法、计算机辅助概念设计技术及系统开发、应用人机工程技术及应用、非物质文化遗产数字化保护技术、新媒体技术及应用
设计学	设计理论与方法、产品创新设计、新媒体艺术与设计、人机工程设计、视觉传达设计、会展设计

浙江大学软件学院于 2001 年 2 月成立，先后获批成为国家示范性软件学院、国家特色化示范性软件学院。学院设有人工智能研究中心、区块链研究中心、数字孪生研究中心、大数据研究中心、工业软件研究中心、现代服务业研究中心、工业设计研究中心等科研载体，先后获得 5 项国家科学技术进步二等奖、2 项国家技术发明二等奖和 10 余项国家级和省部级教学成果奖；学院开设软件工程、人工智能、工业设计工程三个专业领域方向（表 1.52）。

表 1.52　浙江大学软件学院硕士点专业研究方向

专业方向	培养方向	培养目标及要求
工业设计工程	信息产品设计	面向中国智造发展战略，培养创新设计领域的高端工程人才，培养面向国际化的具有良好职业素养、设计创新能力、实践能力和创业能力的高层次工业设计工程应用人才。要求学生掌握工业设计工程领域坚实的基础理论和宽广的专业知识，了解该领域最新成果和发展方向，具有较强的解决实际工业设计工程问题的能力

浙江大学艺术与考古学院以“4 系 +1 馆”为主要架构，即考古与文博系、艺术史系、美术系、设计艺术系 4 个学系和艺术与考古博物馆，拥有考古学、艺术学理论、设计学（与计算机学院共建）3 个一级学科博士点，考古学、艺术学理论两个博士后工作站，文物与博物馆学、美术学两个专业硕士点，以及文物与博物馆学、书法学、中国画、环境设计、视觉传达设计 5 个本科生专业（表 1.53）。

表 1.53　浙江大学艺术与考古学院硕士点专业研究方向

专业方向	研究方向
设计学	视觉传达设计、动画设计、展示设计、环境艺术设计、陶艺设计、交互设计、可视化研究

（3）浙江理工大学

浙江理工大学艺术与设计学院现拥有设计学一级学科博士点，设计学、美术学、艺术学理论 3 个一级学科硕士学位授权点和艺术设计、美术、工业设计工程硕士 3 个专业学位授权点。其中工业设计、产品设计、环境设计入选国家级一流本科专业建设点，数字媒体艺术入选省级一流本科专业建设点，设计学入选浙江省一流学科 A 类、艺术学理论入选浙江省一流学科 B 类。

服装学院现有设计学一级学科博士学位授权点、服装设计与工程二级学科博士点、硕士点各 1 个，设计学、美术学、艺术学理论 3 个一级学科硕士点，1 个艺术硕士和 2 个工程硕士学位授权点。服装设计与工程是浙江省重中之重一级学科，设计学为浙江省重点学科。学院所属学科均入选浙江省一流学科 A 类，隶属于浙江省重点建设高校优势特色学科。

表 1.54　浙江理工大学设计学学科排名

年份	排名
2017 年	在第四轮全国一级学科整体水平评估中，“设计学”获评 B-
2022 年	软科中国最好学科排名，“设计学”排名第 5
2019 年	校友会中国大学设计学学科排名，“设计学”全国排名前 11%

表 1.55　浙江理工大学设计学学位设置情况

学位类型	专业 / 研究方向
艺术学士学位	艺术与设计学院：工业设计、产品设计、视觉传达设计、环境设计、数字媒体艺术； 服装学院：服装设计与工程、服装与服饰设计、产品设计（纺织品艺术设计）
艺术硕士学位（设计学）	艺术与设计学院：设计学、艺术设计、工业设计工程（机械）； 服装学院：设计学（服装设计理论与实践、纺织品艺术设计理论与实践）、艺术设计（服装设计、纺织品艺术设计）
艺术博士学位（设计学）	设计学

表 1.56　浙江理工大学硕士点专业研究方向

学院	学位类型	研究方向
艺术与设计学院	设计学	工艺美术与时尚设计研究（工艺美术史与设计理论、纺织丝绸文化与时尚设计、陶瓷文化与时尚设计）、环境设计与时尚人居研究（人居环境历史与理论研究、美丽乡村人居环境设计研究、文化传承与室内设计研究）、工业设计与智造研究（产品整合创新与智造、用户体验与交互、服务设计与社会创新）、视觉传达与时尚数媒研究（视觉传达与创新设计、视觉传达与信息可视化设计、数字娱乐与交互艺术研究）
	艺术设计	工艺美术与时尚设计、环境设计与时尚人居、工业设计与智造、视觉传达与时尚数媒
服装学院	设计学	服装设计理论与实践、纺织品艺术设计理论与实践
	艺术设计	服装设计、纺织品艺术设计

表 1.57　浙江理工大学设计学博士点研究方向

学院	一级学科	学科方向	研究方向
艺术与设计学院	设计学	纺织丝绸数字化设计及理论	纺织丝绸产品设计理论、纺织丝绸数字化设计技术、现代丝绸纺织产品创新设计研究
		服装服饰设计及理论	服装数字化设计与管理、时尚创新与系统设计、服装设计与品牌市场
		人居环境设计及理论	环境设计理论、设计文化与社会治理、城乡环境设计与文旅融合、信息艺术与智能设计
		丝绸设计历史及理论	设计历史及理论、设计美学及理论

（4）山东工艺美术学院

山东工艺美术学院设有视觉传达设计学院、建筑与景观设计学院、工业设计学院、服装学院、造型艺术学院、现代手工艺术学院、数字艺术与传媒学院、人文艺术学院、应用设计学院、继续教育学院、公共课教学部、马克思主义学院、艺术与设计实践教学中心、创新创业学院（淄博陶瓷学院）、附属中等美术学校 15 个教学单位。建有博物馆、美术馆，设有中国民艺研究所、设计策略研究中心、艺术人类学研究所等研究机构。设计学为山东省一流学科培育建设学科。设计艺术学、艺术学、戏剧与影视学为山东省“十二五”重点学科，其中设计艺术学为山东省特色重点学科。设计艺术学、艺术学为“泰山学者”岗位。艺术学理论、设计学、美术学为一级学科硕士学位授权点，艺术设计、美术为艺术硕士（MFA）专业学位授权学科领域。山东工艺美术学院设计学相关内容如表 1.58~ 表 1.61 所示。

表 1.58　山东工艺美术学院设计学学科排名

年份	排名
2017 年	在第四轮全国一级学科整体水平评估中，“设计学”获评 B
2021 年	软科中国最好学科排名，“设计学”排名第 5
2022 年	软科中国最好学科排名，“设计学”排名第 6

表 1.59　山东工艺美术学院设计学类学位设置情况

学位类型	专业 / 研究方向
艺术学士学位	艺术设计学、视觉传达设计、环境设计、产品设计、服装与服饰设计、公共艺术、工艺美术、数字媒体艺术、艺术与科技、服装设计与工程、工业设计（工科）
艺术硕士学位（设计学）	设计学、艺术设计

表 1.60　山东工艺美术学院硕士学位研究方向

专业方向	研究方向
设计学	设计史；设计原理；设计教育；设计美学；设计管理；动漫艺术；
艺术设计	视觉传达设计（广告创意与视觉表现、包装设计、品牌形象设计、书籍设计、印刷设计）、环境艺术设计、工业设计、公共艺术设计、工艺美术（金属工艺设计、陶瓷艺术设计、琉璃艺术设计、纤维艺术设计、首饰设计、民艺与现代设计、漆艺）、摄影、数字媒体艺术、展示设计、家具设计、服装与服饰设计、建筑设计

表 1.61　山东工艺美术学院专业建议

国家级特色专业	艺术设计、动画、艺术设计学
国家级实验教学示范中心	数字艺术实验教学示范中心
国家级一流本科专业建设点	工业设计、艺术设计学、视觉传达设计、服装与服饰设计、工艺美术、艺术与科技
山东省一流本科专业建设点	服装设计与工程、包装工程、文化产业管理、表演、动画、影视摄影与制作、美术学、绘画、雕塑、环境设计、产品设计、数字媒体艺术
山东省高水平应用型立项建设专业群	数字媒体艺术、工艺美术、视觉传达设计、环境设计
山东省本科高校特色专业建设点	艺术设计、动画、艺术设计学、美术学、服装设计与工程、工艺美术
山东省高等学校实验教学示范中心	数字艺术实验教学示范中心、艺术设计综合实验中心
国家人才培养模式创新实验区	创新型应用设计艺术人才培养实验区
山东省人才培养模式创新实验区建设项目	“非物质文化遗产资源应用及创意设计”人才培养创新实验区

（5）广东工业大学

广东工业大学艺术与设计学院设计学学科，是广东省攀峰重点学科和“冲一流”重点建设学科，广东工业大学“1+2+3”攀撑计划学科提升工程重点建设学科。学院拥有“工业设计与创意产品”二级学科博士点和设计学一级学科硕士点、工业设计工程硕士点、艺术硕士点。设有工业设计、数字媒体技术、产品设计、环境设计、视觉传达设计、服装与服饰设计、数字媒体艺术、美术学、表演等本科专业，其中工业设计、环境设计、数字媒体艺术、产品设计、数字媒体技术、服装与服饰设计等 6 个专业获批国家级一流本科专业建设点，视觉传达设计为省级一流本科专业建设点。广东工业大学设计学、艺术学相关内容如表 1.62~ 表 1.64 所示。

表 1.62　广东工业大学设计学学科排名

年份	排名
2017 年	在第四轮全国一级学科整体水平评估中，“设计学”获评 B
2020—2021 年	软科中国最好学科排名，“设计学”排名第 6
2022 年	软科中国最好学科排名，“设计学”排名第 12
2022 年	QS 世界大学学科最新排名，江南大学的艺术设计学科排名第 151-200 位

表 1.63　广东工业大学艺术与设计学院艺术学学位设置情况

学位类型	专业 / 研究方向
艺术学士学位	工业设计、数字媒体技术、产品设计、环境设计、视觉传达设计、服装与服饰设计、数字媒体艺术
艺术硕士学位（设计学）	设计学、艺术、工业设计工程
艺术博士学位	工业设计与创意产品

表 1.64　广东工业大学艺术与设计学院博士点专业研究方向

专业方向	研究方向
工业设计与创意产品	设计历史与理论、工业设计集成创新、绿色设计研究、体验与服务设计研究

表 1.65 广东工业大学艺术与设计学院硕士学位研究方向

学位类别	研究方向
设计学	工业设计集成创新：强化“新工科”设计范式，以工业设计集成智能制造、智能控制、数字孪生等高新技术，推动高端装备、智能硬件、服务机器人等领域的原创设计突破及其产业化，向纵深推进“中国制造”高质量发展；数字创意设计研究：聚焦设计新对象、新领域和新范式，面向大湾区数字创意产业和传统制造业的数字化升级，在信息交互、智慧教育、移动服务等领域实现理论创新与实践突破，向国际服务设计理论体系建构贡献“中国方案”；城乡可持续设计研究：践行乡村振兴战略，从物质环境、信息环境和文化环境上，活化岭南建筑和工业遗产，更新城市“锈带”成为“秀带”，探索城乡可持续发展的“广东模式”；设计文化与生活美学：强化“国际视野、中国经验、本土立场”，以思辨设计等欧美当代设计思潮为学术参照，基于“可拓学”研究设计学共性理论；以岭南建筑、家具、广绣、广彩等为样本，拓展岭南非遗的史论视野，深化“新中国主义”设计研究与应用
艺术	时尚与生活设计艺术、媒体与视觉设计艺术、环境设计与装饰设计
工业设计工程	产品设计工程、体验设计工程、服务设计工程

表 1.66 广东工业大学设计环境

实验室名称	
工业设计集成创新科研团队	工业设计与技术集成国际协同创新中心
东莞华南设计创新院（2013）	大师工作室
工程技术研究中心	国家级大学生艺术学实践教育基地
广东工业大学城乡艺术建设研究所	

二、港澳台地区设计学高校研究生教育体系

本节选择香港理工大学、澳门科技大学、澳门理工大学、台湾科技大学、台湾艺术大学 5 校为例对港澳台地区设计学高校研究生教育体系进行分析。

（1）香港理工大学

香港理工大学在 2022 年 QS 艺术设计专业榜排名第 16 位，建筑设计学 2022QS 世界大学学科排名第 15 位，香港理工大学设计学院自 1964 年建立以来即成为香港地区重要的设计教育与研究中心，并在香港乃至亚洲设计行业享有盛名。该学院立足于其连接东亚与欧美地区桥梁的特殊地理位置，帮助学生与研究者在设计领域和社会层次方面提升该独到的国际文化意识。

自 1964 年以来，香港理工大学设计一直是香港设计教育和研究的重要枢纽。多年来，它一直跻身于世界顶级设计学校之列。该校是香港唯一一所提供从本科到博士的设计教育的政府资助大学。香港理工大学设计学院提供以下课程，全部以英语授课。

本科有设计（荣誉）课程（四年制）、广告设计（荣誉）学士、传播设计（荣誉）文学士（高年级）、环境与室内设计（荣誉）文学士、产品设计（荣誉）学士、社会设计（荣誉）学士、数字媒体(荣誉)学士、互动媒体（荣誉）学士。

硕士研究生为设计方案硕士、设计硕士（过渡环境设计）、设计硕士（创新商业设计）、设计硕士（智能系统设计）、设计硕士（智能服务设计）、多媒体及娱乐科技理学硕士（全日制）。

香港理工大学设计学院博士课程旨在通过产生高质量的研究来促进知识的发展。该学院位于香港，汇集了亚洲和西方的知识，为学术、技术和批判性的询问提供信息。作为设计研究和设计教育的中心，设计学院将全球学者聚集在一起，在追求先进的学术工作中产生、交流和讨论有关当代问题的知识和想法。

（2）澳门科技大学

澳门科技大学位列 2022 泰晤士高等教育世界大学排名世界第 251~300 位，2023QS 世界大学学科排名第 581~590 位，2022U.S. News 世界大学排名世界第 1029 位，2022 泰晤士高等教育亚洲大学排名第 36 位，世界年轻大学排名第 39 位。澳门科技大学，

简称“澳科大”，是一所位于中国澳门的私立国际化综合性研究型大学，为国际大学协会、亚太大学联合会、粤港澳高校联盟、中国高校行星科学联盟、一流大学建设系列研讨会成员。

澳门科技大学人文艺术学院创设于 2008 年，2021 年在读学生共 3400 多名，是澳门科技大学的第二大学院，在澳门及亚太地区已拥有一定的知名度。学院目前设有 18 个课程，包括新闻传播学学士，传播学硕士、博士学位课程；艺术学 - 艺术设计学士，设计学硕士、博士学位课程；美术学硕士、博士学位课程；数字媒体艺术学士，互动媒体艺术硕士，数字媒体博士学位课程；影视制作学士，电影制作硕士，电影管理硕士、博士学位课程；建筑学硕士、博士学位课程；表演艺术学士学位课程等。学院设有澳门传媒研究中心和澳门世界遗产保护与发展研究中心。其中，澳门传媒研究中心经中国教育部批准，与教育部人文社科重点研究基地复旦大学信息与传播研究中心达成合作，为其伙伴研究基地。因教学需要，学院设有多个实验室和工作室，以保障实践培训。

自 2008 年创设以来，人文艺术学院提供人文社会科学领域多层次学位课程，包括新闻传播学、设计学、美术学、电影学、建筑学、数字媒体、表演学等领域的本科、硕士或博士课程。

其中设计学本科课程下设产品设计、景观设计、室内设计、视觉传达设计四个专业；设计学硕士课程包括传播设计、产品设计、室内设计、服装与纺织品设计、设计管理、文化遗产保护六个专业；设计学博士课程设有艺术设计理论与实践、设计管理、文化遗产保护三个专业。学士、硕士课程教学突出实践性，重在培养学生的动手能力、适应能力和创新性。学院设有“金木工设计实验室”“陶艺实验室”“数字建构实验室”等，以保障实践培训。美术学硕士课程下设绘画创作实践与理论、美术史研究两个专业；博士课程设有绘画理论与实践、美术史与美术理论两个专业。学院建有美术馆，是具有国际化视野的展览、交流学术平台，将中国文化艺术要义与当代艺术理念融会贯通，发挥澳门多元文化的优势，推广艺术文化。数字媒体属于交叉学科，涉及造型艺术、艺术设计、交互设计、计算机语言、计算机图形学、信息与通信技术等方面的知识。数字媒体本科课程下设游戏设计、动画设计两个专业；硕士课程包括游戏设计、游戏管理两个专业；博士课程侧重培养动态模拟、影音可视化、互动媒体整合、人机互动、设计美学、虚拟现实、动画、动态影像等相关理论研究及技术开发的专业人才。学院设有互动媒体实验室，配备动作捕捉系统、VR 系统等多元教学设备。

（3）澳门理工大学

澳门理工大学在 2022 年大学及科研学术排名中位列全球排名第 670 名。澳门理工大学是一所位于中国澳门的公立多学科应用型大学，为粤港澳高校联盟、语言大数据联盟、世界翻译教育联盟、大湾区葡语教育联盟成员。澳门理工大学前身为成立于1981年的东亚大学理工学院；1991年改为澳门理工学院；2022年更名为澳门理工大学。澳门理工大学设有15个学术单位，包括艺术及设计学院，应用科学学院，管理科学学院，人文与社会科学学院，健康科学及体育学院，语言及翻译学院，一国两制研究中心，博彩旅游教学及研究中心，葡语教学及研究中心，机器翻译暨人工智能应用技术教育部工程研究中心，教与学中心，持续教育中心，长者书院，国际葡萄牙语培训中心（会议传译），北京大学医学部－澳门理工大学护理书院。

艺术及设计学院的前身是视觉艺术学院，于1989年由前澳门文化司创办，之后于1993年纳入澳门理工学院，并于2022年由艺术高等学校更名为艺术及设计学院。学院在设计、视觉艺术与音乐领域培养人才超过30载，有“澳门新一代创意人才摇篮”的美誉。至今，学院已培育出众多澳门设计行业、视觉艺术创作专才，以及美术与音乐教育人员、影视制作专业人员、乐团成员与流行乐坛歌手等澳门艺术界翘楚人物。学生及校友们积极参与世界各地的艺术及设计比赛、展览与演出，屡获殊荣，为学院及澳门增添光彩。学院重视教学，以“学生为本、全人发展”，注重专任全职导师和兼职导师的整体素质，形成了具有多元风格和多文化特色的教学师资队伍，为培养合乎资格的毕业生尽责尽力。

近年来教师获得多项大学科研基金、澳门基金会基金和澳门文化局学术奖励金等的项目资助。公开出版专著有《澳门高等艺术教育学科展望丛书》（含音乐、视觉艺术、设计三分册）、《音乐与澳门系列研究丛书》（含音乐教育、音乐表演、音乐创作三分册）、《合唱经典——欧洲文艺复兴时期合唱曲集》《钢琴技巧练习指南》《明代青花瓷与中外文化交流研究》《烟花艺术在澳门》（合著）等。部分专著在内地及港台专业界有较大的学术影响。教师们还在《澳门理工学报》《澳门教师杂志》《澳门教育》《中西文化研究》《澳门日报》及外地一些重要学术期刊上发表学术论文、专业评论文百余篇。

此外，教师的艺术作品还多次参展及被政府采用，音乐作品获邀参加中国国际现代音乐节等，部分作品为中国国家艺术博物馆收藏；教师还先后应邀分别出任全国校园歌手电视大赛决赛与半决赛、台湾“中国时报金犊奖”设计比赛、东亚运动会美术设计方案、澳门历届国际烟花比赛、澳门邮政局邮票设计比赛、教青局历届校际歌曲比赛等事项的评委，担任全国美展澳门区作品的推委，出席各类国际及区域性学术研讨会，获邀担任中央音乐学院（北京）博士毕业论文校外评审、星海音乐学院（广州）客席教授及多次赴台湾师范大学和台湾辅仁大学为本科生、硕士和博士研究生讲学；

获邀为在欧洲、澳洲等地举办的学术研讨会举办艺术教育工作坊和演讲；获邀指挥澳门乐团和部分合唱团体举行音乐会等。

学院关注校际间的学术交流互动，先后分别同内地、香港、台湾等地的一些著名大学的专业学科建立了业务合作联系，并常年持续地邀请各地著名专家学者来校讲课及作学术评估。澳门理工大学艺术及设计学院跨领域艺术硕士学位课程于2019年开始招生并于当年8月底开课。该课程以学院的三门课程为研究发展的基础，旨在培育具国际视野且能为在地服务的“跨领域艺术思考”及“艺术跨域实践”专业人才。学士学位：设计学士学位、视觉艺术学士学位、音乐学士学位。硕士学位：跨领域艺术硕士学位。

（4）台湾科技大学

总体排名依据《泰晤士高等教育》在2021年的世界大学排名调查，台湾科技大学（简称“台湾科大”“台科大”）排名全世界第501名，在2022QS世界大学排名当中排名314名。台科大是一所位于台北市大安区的公立研究型大学，以工程学、商学、建筑学、设计学闻名。台科大是台湾唯一同时获得“迈向顶尖大学计划”与“发展典范科技大学计划”的大学。

台科大设计学院具有优良国际设计学术声誉，学院下设有设计系及建筑系，其中设计系设有大学部四年制、硕士班及博士班；建筑系设有大学部四年制、硕士班及博士班；为推广回流教育，设计系及建筑系均设有在职硕士专班，招收业界人士回校进修。设计学院强调学以致用的实务教学及训练，毕业生深受业界喜爱。目前推动的多项计划，例如“设计驱动跨域整合创新计划”等，都着重于提升台湾创新与设计能力。因此本院毕业生有多项就业机会可供选择，包括：建筑设计、室内设计、家具设计、产品设计、数字多媒体设计、电脑动画及游戏、IU/UX设计、服务设计、包装设计、流行时尚设计、工艺产品设计、视觉传达设计、品牌设计、广告设计、产品企划、社会设计等。未来，设计学院将在现有的良好基础上积极延揽顶尖师资、鼓励研究与设计创作、邀聘国际师资、加强国际交流、参加国际设计竞赛、开设跨领域学科、推动整合性课程规划、鼓励跨地区与跨院整合型研究、发展相关研究与产学合作，并以成为国际顶尖设计学院为愿景，培育具有国际观、高度创意、跨领域整合能力及社会关怀的未来创意设计人才。

（5）台湾艺术大学

台湾艺术大学以“秉持悠久传统，积极接轨国际，以培育杰出艺术专业人才、引领台湾艺术文化发展为目标的艺术大学”为定位，校务发展计划为治理主轴，运用艺术大学的特色发展校务，辅以严谨的品管机制，确保校务治理成效，形塑学校办学绩效。共有美术、设计、传播、表演艺术、人文五大学院，构筑完备的艺术教学体系，共计 14 系所、3 个独立研究所、3 个教学中心等单位，架构出 14 系、21 硕士班、4 博士班的教学系统。

设计学院分为视觉传达设计学系、工业设计学系、多媒体动画艺术学系、创意产业设计研究所。

视觉传达设计学系是台湾最早设立的大专院校专业设计科系，培育了大量优秀设计人才。2005 年成立硕士班（含在职硕士专班），将基础设计与进阶研究整合，设立完整与健全的设计教学系统。空间规划及设施完善，课程丰富、多元，该系所是台湾视觉设计教育的重要园地。

教育目标

学士班教育目标：施于文化艺术与专业技能教育，培育具有创新与美学素养的人才；掌握科技新知，强化专业与研究能力的设计人才；跨领域多元教学与学习，开发创造力与设计力；推展国际设计文化交流，提升国际竞争力。

硕士班教育目标：强化研究创意思考、传达媒体设计及数位应用科技，提升更高层次专业能力；培养人文艺术涵养，具有创造力与美感素养，从事视觉传达设计创作与学术研究的能力。运用技术、设计与科技资源，推广视觉文化生活，开发文化创意产业；发扬本土特色，提升视觉设计品味；推展国际设计文化交流，提升国际竞争力。二年制在职专班教育目标应因招收社会及在职人士，发挥进修推广教育精神以加强社会在职人士设计课程理念、人文素养及鉴赏能力为主要目标，并依不同领域设计专长开发相关课程，以期提升更高层次的专业能力。掌握科技新知与市场趋势，强化视觉设计基本能力，训练研究创作思考，结合沟通传达学习的养成，与设计文化以及产业文化需求接轨。发展跨领域多元教学，开发创造力与设计附加价值，提升视觉设计质量。推展国际设计文化交流，提升国际竞争力。

发展特色

视觉传达设计学系是台湾最早成立的大专院校设计专业科系，所以成为秉承传统特色与前瞻视野的学系。处于艺术领域的专业环境内，学生得以接受全艺术专业环境熏陶，比综合大学更能培养出独特见解与思维的能力。此外，学校拥有丰富经验与最悠久设计教学历史，而且依据社会环境的需求，规划完整丰富的课程，完善的学制培育出不同阶段的专业人才。注重理论与实务均衡发展，学界与业界接轨的重要性，以期达成设计理念与实务相互落实的教学目标。近年来，为适应数码科技时代衍生的多元媒体形态及通讯技术，以及配合推展文化创意产业理念，本学系在课程内容的规划方面，结合理论与方法、文化与背景、环境与人的因素、传统与当代技术、视觉美学来制定全面的设计策略。这些策略运用在物质性作品 (书、海报与包装)、数码界面 (网站、动画)、环境 (展览、标志系统) 等。课程强调人文艺术与数码科技相互整合的重要性，培养学生成为理论与实务兼修的专业设计人才。

三、设计学国家级一流本科专业

为深入落实全国教育大会和《加快推进教育现代化实施方案（2018—2022 年）》精神，贯彻落实新时代全国高校本科教育工作会议和《教育部关于加快建设高水平本科教育 全面提高人才培养能力的意见》、"六卓越一拔尖"计划 2.0 系列文件要求，推动新工科、新医科、新农科、新文科建设，做强一流本科、建设一流专业、培养一流人才，全面振兴本科教育，提高高校人才培养能力，实现高等教育内涵式发展，经研究，教育部决定全面实施"六卓越一拔尖"计划 2.0，启动一流本科专业建设"双万计划"。各地区 2019 年到 2021 年设计学国家级一流本科专业建设点如表 1.67 所示。

表 1.67　各地区设计学国家级一流本科专业建设点

区域	省份	院校	学校名称	2021 年国家级一流本科专业	2020 年国家级一流本科专业	2019 年国家级一流本科专业
华北地区	北京	双一流院校	清华大学	工艺美术、陶瓷艺术设计	服装与服饰设计、视觉传达设计、艺术设计	环境设计、产品设计、艺术与科技
			北京交通大学	视觉传达设计、环境设计、数字媒体艺术	—	—
			北京工业大学	工艺美术	环境设计	—
			首都师范大学	视觉传达设计	—	—
			北京电影学院	戏剧影视美术设计、数字媒体艺术	—	—
			北京联合大学	数字媒体艺术	—	—
			北京理工大学	环境设计、产品设计	—	—
			北京航空航天大学	工业设计	视觉传达设计	—

（续表）

区域	省份	院校	学校名称	2021年国家级一流本科专业	2020年国家级一流本科专业	2019年国家级一流本科专业
华北地区	北京	双一流院校	北京科技大学	视觉传达设计	工业设计	—
			北京林业大学	产品设计	—	—
			北京印刷学院	—	—	视觉传达设计、数字媒体艺术
			北京邮电大学	—	数字媒体艺术	—
			北京师范大学	数字媒体艺术	—	—
			中央美术学院	数字媒体艺术、服装与服饰设计、公共艺术	产品设计、艺术与科技	视觉传达
			中央民族大学	视觉传达设计	服装与服饰设计	—
		普通院校	北京服装学院	公共艺术、艺术与科技	工业设计、服装设计与工程、视觉传达设计、环境设计	产品设计、服装与服饰设计、数字媒体艺术
	天津	双一流院校	南开大学	环境设计	—	—
			天津大学	工业设计、环境设计	—	—
			天津工业大学	工业设计、服装设计与工程、服装与服饰设计	视觉传达设计	—
		普通院校	天津理工大学	—	—	产品设计
			天津科技大学	服装与服饰设计	—	工业设计
			天津美术学院	服装与服饰设计、公共艺术、艺术设计学	工艺美术、环境设计、产品设计	视觉传达设计
	河北	双一流院校	河北工业大学	—	环境设计	—
		普通院校	河北大学	视觉传达设计	—	—
			燕山大学	产品设计	工业设计	—
			河北师范大学	视觉传达设计	—	—
			河北科技大学	—	服装与服饰设计	—

（续表）

区域	省份	院校	学校名称	2021年国家级一流本科专业	2020年国家级一流本科专业	2019年国家级一流本科专业
华北地区	山西	双一流院校	山西大学	视觉传达设计	环境设计	—
			太原理工大学	工艺美术	—	—
		普通院校	太原工业学院	—	视觉传达设计	—
			山西传媒学院	数字媒体艺术	—	—
	内蒙古	普通院校	内蒙古工业大学	环境设计	—	—
			内蒙古师范大学	—	视觉传达设计	—
			内蒙古艺术学院	视觉传达设计	服装与服饰设计	—
东北地区	辽宁	双一流院校	大连理工大学	工业设计	环境设计	—
			东北大学	视觉传达设计	—	—
		普通院校	沈阳建筑大学	环境设计	—	—
			鲁迅美术学院	—	环境设计、服装与服饰设计、工艺美术	视觉传达设计、产品设计
			沈阳航空航天大学	—	工业设计	—
			沈阳理工大学	产品设计	—	—
	吉林	双一流院校	东北师范大学	服装与服饰设计、视觉传达设计	环境设计	—
		普通院校	吉林动画学院	视觉传达设计、艺术与科技	数字媒体艺术	—
			吉林建筑大学	—	—	环境设计
	黑龙江	双一流院校	哈尔滨工业大学	工业设计、环境设计、数字媒体艺术	—	—
			哈尔滨工程大学	—	工业设计	—
		普通院校	黑龙江大学	服装与服饰设计	—	视觉传达设计
			哈尔滨师范大学	—	环境设计	—
			齐齐哈尔大学	—	服装与服饰设计	—

（续表）

区域	省份	院校	学校名称	2021年国家级一流本科专业	2020年国家级一流本科专业	2019年国家级一流本科专业
华东地区	上海	双一流院校	上海交通大学	视觉传达设计	工业设计	—
			同济大学	产品设计	视觉传达设计	工业设计、环境设计
			上海大学	数字媒体艺术	视觉传达设计	环境设计
			华东师范大学	视觉传达设计	环境设计	公共艺术
			华东理工大学	工业设计、数字媒体艺术	—	—
			东华大学	视觉传达设计、产品设计、数字媒体艺术	工业设计、环境设计	服装与服饰设计
		普通院校	上海理工大学	产品设计	视觉传达设计	—
			上海工程技术大学	产品设计	—	服装设计与工程
			上海应用技术大学	视觉传达设计	—	—
			上海设计艺术学院	环境设计	视觉传达设计	工艺美术
	江苏	双一流院校	东南大学	产品设计	—	—
			南京航空航天大学	—	工业设计	—
			南京理工大学	环境设计、视觉传达设计	工业设计	—
			南京林业大学	视觉传达设计、家具设计与工程	环境设计	产品设计
			南京信息工程大学	数字媒体艺术	艺术与科技	—
			南京师范大学	视觉传达设计	—	—
		普通院校	江苏大学	视觉传达设计	产品设计	—
			南通大学	视觉传达设计	—	—
			常州工学院	数字媒体艺术	—	产品设计

（续表）

区域	省份	院校	学校名称	2021年国家级一流本科专业	2020年国家级一流本科专业	2019年国家级一流本科专业
华东地区	江苏	普通院校	金陵科技学院	环境设计	服装与服饰设计	—
			南京工业大学	环境设计	—	—
	浙江	双一流院校	浙江大学	艺术与科技	工业设计	—
			中国美术学院	数字媒体艺术、环境设计、公共艺术	产品设计、艺术设计学、工艺美术、工业设计	视觉传达设计、服装与服饰设计、艺术与科技、陶瓷艺术设计
		普通高校	浙江工业大学	视觉传达设计、环境设计	工业设计、	—
			浙江理工大学	环境设计	工业设计、产品设计	服装设计与工程、服装与服饰设计
			杭州师范大学	—	公共艺术	—
			温州大学	—	服装与服饰设计	—
			浙江工商大学	—	视觉传达设计	—
			中国计量大学	工业设计	—	—
			浙江万里学院	—	环境设计	—
			浙江科技学院	视觉传达设计	—	工业设计
			宁波财经学院	—	视觉传达设计	—
	安徽	双一流院校	合肥工业大学	工业设计、环境设计	—	—
			安徽大学	—	环境设计	—
		普通院校	安徽工程大学	视觉传达设计	环境设计	—
			黄山学院	—	产品设计	—
	福建	双一流院校	福州大学	工艺美术、数字媒体艺术	产品设计	—
		普通院校	福建师范大学	服装与服饰设计	—	—
			华侨大学	工业设计	产品设计	—
			福建农林大学	产品设计	—	—
			集美大学	—	环境设计	—

（续表）

区域	省份	院校	学校名称	2021年国家级一流本科专业	2020年国家级一流本科专业	2019年国家级一流本科专业
华东地区	福建	普通院校	闽江学院	服装设计与工程、服装与服饰设计	—	—
	江西	双一流院校	南昌大学	环境设计	—	—
		普通院校	江西财经大学	环境设计	产品设计、数字媒体艺术	—
			江西师范大学	视觉传达设计	—	—
			景德镇陶瓷大学	公共艺术	环境设计、产品设计	视觉传达设计、陶瓷艺术设计
			赣南师范大学	视觉传达设计	—	—
	山东	双一流院校	山东大学	—	产品设计	—
		普通院校	山东工艺美术学院	公共艺术、数字媒体艺术	环境设计、产品设计	工业设计、视觉传达设计、艺术与科技、服装与服饰设计、工艺美术、艺术设计学
			山东艺术学院	艺术设计学、视觉传达设计、戏剧影视美术设计	数字媒体艺术	工艺美术、环境设计
			齐鲁工业大学	环境设计	产品设计、视觉传达设计、	—
			山东建筑大学	环境设计	—	—
			山东科技大学	产品设计	—	—
			青岛理工大学	环境设计	产品设计	—
华中地区	河南	双一流院校	郑州大学	视觉传达设计	—	—
			河南大学	视觉传达设计	—	—
		普通院校	河南工业大学	视觉传达设计	—	产品设计
			郑州轻工业大学	环境设计、数字媒体艺术	视觉传达设计	产品设计
			平顶山学院	—	产品设计	—

（续表）

区域	省份	院校	学校名称	2021年国家级一流本科专业	2020年国家级一流本科专业	2019年国家级一流本科专业
华中地区	河南	普通院校	中原工学院	工业设计、环境设计	—	—
			河南工程学院	服装与服饰设计	—	—
	湖北	双一流院校	华中科技大学	环境设计、数字媒体艺术	—	—
			武汉理工大学	艺术设计学	工业设计、视觉传达设计、环境设计	产品设计
			中国地质大学（武汉）	—	产品设计	—
			华中师范大学	视觉传达设计	—	—
		普通院校	湖北大学	环境设计、数字媒体艺术	数字媒体艺术	—
	湖南	双一流院校	中南大学	产品设计	—	—
			湖南大学	—	—	工业设计、
			湖南师范大学	—	艺术设计学	—
		普通院校	长沙理工大学	环境设计	视觉传达设计	数字媒体艺术
			中南林业科技大学	产品设计	环境设计	工业设计、
			湖南科技大学	—	产品设计	—
			湖南工业大学	包装设计	产品设计、数字媒体艺术	视觉传达设计
			湖南工商大学	视觉传达设计	—	—
华南地区	广东	双一流院校	华南理工大学	产品设计	工业设计、环境设计	—
		普通院校	深圳大学	视觉传达设计	—	—
			广东工业大学	服装与服饰设计	产品设计、数字媒体艺术	工业设计、环境设计
			汕头大学			视觉传达设计

（续表）

区域	省份	院校	学校名称	2021年国家级一流本科专业	2020年国家级一流本科专业	2019年国家级一流本科专业
华南地区	广东	普通院校	广州美术学院	服装与服饰设计、艺术与科技、陶瓷艺术设计	工业设计、工艺美术	视觉传达设计、环境设计、产品设计
	广西	普通院校	广西师范大学	环境设计	—	—
			桂林电子科技大学	—	产品设计	—
			广西艺术学院	环境设计	—	视觉传达设计
			贺州学院	—	环境设计	—
	海南	双一流院校	海南大学	—	—	视觉传达设计
		普通院校	海南师范大学	—	环境设计	—
西南地区	重庆	双一流院校	西南大学	视觉传达设计	—	—
		普通院校	重庆文理学院	—	环境设计	—
			四川美术学院	工业设计、公共艺术、工艺美术、艺术与科技	艺术设计学、视觉传达设计、服装与服饰设计、数字媒体艺术	产品设计、环境设计
	四川	双一流院校	四川大学	—	视觉传达设计	—
			西南交通大学	环境设计	—	产品设计
			西南石油大学	—	工业设计	—
		普通院校	四川师范大学	服装与服饰设计	视觉传达设计	—
			西华大学	产品设计	—	—
			西南科技大学	工业设计	—	—
			成都大学	视觉传达设计	—	—
			四川传媒学院	环境设计、数字媒体艺术	—	—

（续表）

区域	省份	院校	学校名称	2021年国家级一流本科专业	2020年国家级一流本科专业	2019年国家级一流本科专业
西南地区	贵州	双一流院校	贵州大学	—	视觉传达设计	—
		普通院校	贵州师范大学	环境设计	—	—
			贵州民族大学	产品设计	—	—
	云南	普通院校	昆明理工大学	—	环境设计	—
			云南民族大学	视觉传达设计	—	工艺美术
			西南林业大学	环境设计	—	—
			云南艺术学院	服装与服饰设计、数字媒体艺术	视觉传达设计	产品设计、环境设计
	西藏	双一流院校	西藏大学	视觉传达设计	—	—
西北地区	陕西	双一流院校	西安交通大学	工业设计、环境设计	—	—
			西安电子科技大学	工业设计	—	—
			西北工业大学	—	—	工业设计
		普通院校	西安理工大学	产品设计	工业设计	—
			西安建筑科技大学	视觉传达与艺术	—	环境设计
			西安工业大学	—	产品设计	—
			西安工程大学	—	服装设计与工程	服装与服饰设计
			西安邮电大学	数字媒体艺术	—	—
			陕西科技大学	环境设计	视觉传达设计	工业设计
			西安美术学院	产品设计、公共艺术	服装与服饰设计、工艺美术、艺术与科技、实验艺术	视觉传达设计、环境设计
	甘肃	普通院校	兰州财经大学	—	—	视觉传达
			兰州文理学院	—	环境设计	—
	新疆	普通院校	新疆艺术学院	环境设计	—	—

四、国内设计学类专业介绍

根据最新公布的《研究生教育学科专业目录（2022 年）》可知，设计学类专业属于交叉学门类，可授工学、艺术学学位，包括艺术设计学、视觉传达设计、环境设计、工业设计、产品设计、服装与服饰设计、公共艺术、工艺美术、数字媒体艺术、艺术与科技、陶瓷艺术设计、新媒体艺术、包装设计 13 个专业。

以下信息均来源于相关资料，具体情况请以官网发布为准。

1. 艺术设计学

艺术设计学专业培养具备艺术设计学教学和研究等方面的知识和能力，能在艺术设计教育、研究、设计、出版和文博等单位从事艺术设计学教学、研究、编辑等方面工作的专门人才。

下面将艺术设计学根据 2022 年软科设计学专业排名、院校层次、设计学专业特色、教育部设计学学科第五轮、第四轮、第三轮学科评估结果，对各地区设计学高校汇总，对教育部设计学学科第五轮、第四轮、第三轮学科评估结果分别简称第五轮、第四轮、第三轮，如表 1.68 所示。

表 1.68　艺术设计学高校汇总

软科专业排名	院校名称	地区	院校层次	专业特色	第五轮	第四轮	第三轮
1	清华大学	北京	双一流	国家一流本科专业建设点	A+	A+	92
2	山东工艺美术学院	山东	—	国家一流本科专业建设点	—	B	—
3	南京艺术学院	江苏	—	国家一流本科专业建设点	—	A-	80
4	中国美术学院	浙江	双一流	国家一流本科专业建设点	A+	A+	85

（续表）

软科专业排名	院校名称	地区	院校层次	专业特色	第五轮	第四轮	第三轮
4	中央美术学院	北京	双一流	国家一流本科专业建设点	—	A	83
6	苏州大学	江苏	双一流	国家一流本科专业建设点	—	A-	77
7	四川美术学院	重庆	—	国家一流本科专业建设点	—	B+	—
8	湖南师范大学	湖南	双一流	国家一流本科专业建设点	—	C	—
9	武汉理工大学	湖北	双一流	国家一流本科专业建设点	—	B+	—
10	上海大学	上海	双一流	国家一流本科专业建设点	—	B	74
11	中山大学	广东	双一流	国家一流本科专业建设点	—	—	—
12	西安美术学院	陕西	—	国家一流本科专业建设点	—	B+	—
13	景德镇陶瓷大学	江西	—	国家一流本科专业建设点	A-	B+	77
14	深圳大学	广东	—	—	—	C+	—
15	湖南工业大学	湖南	—	—	—	C+	—
16	安徽工程大学	安徽	—	国家一流本科专业建设点	—	—	—
16	武汉纺织大学	湖北	—	国家一流本科专业建设点	B	B-	72
18	鲁迅美术学院	辽宁	—	国家一流本科专业建设点	—	B	77
19	南昌大学	江西	双一流	国家一流本科专业建设点	—	C	—
20	吉林艺术学院	吉林	—	国家一流本科专业建设点	—	C+	—
21	广西艺术学院	广西	—	国家一流本科专业建设点	—	B	—

（续表）

软科专业排名	院校名称	地区	院校层次	专业特色	第五轮	第四轮	第三轮
22	湖北美术学院	湖北	—	国家一流本科专业建设点	—	B	73
23	云南艺术学院	云南	—	国家一流本科专业建设点	—	C	—
24	山东艺术学院	山东	—	国家一流本科专业建设点	—	—	—
25	北京师范大学	北京	双一流	国家一流本科专业建设点	—	—	—
26	天津美术学院	天津	—	国家一流本科专业建设点	—	B-	73
27	湘潭大学	湖南	双一流	—	—	—	—
28	汕头大学	广东	—	国家一流本科专业建设点	—	—	—
29	广西大学	广西	双一流	—	—	—	—
30	太原科技大学	山西	—	—	—	—	—
31	辽宁大学	辽宁	双一流	—	—	—	—
31	郑州大学	河南	双一流	—	—	—	—
33	上海应用技术大学	上海	—	—	—	—	—
34	湖北经济学院	湖北	—	—	—	—	—
35	首都师范大学科德学院	北京	—	—	—	—	—
36	宁夏师范学院	宁夏	—	—	—	—	—
37	吉林农业大学	吉林	—	—	—	—	—
38	琼台师范学院	海南	—	—	—	—	—
39	成都师范学院	四川	—	—	—	—	—
40	浙江树人学院	浙江	—	—	—	—	—
41	甘肃民族师范学院	甘肃	—	—	—	—	—
41	河北美术学院	河北	—	—	—	—	—
41	塔里木大学	新疆	—	—	—	—	—

2. 视觉传达设计

视觉传达设计是一门普通高等学校本科专业，属设计学类专业，基本修业年限为四年，授予艺术学学士学位。2012 年，该专业正式出现在《普通高等学校本科专业目录（2012 年）》之中。专业类课程包括视觉传达设计方法（图形与文字、编排与版式、印刷与制作）、视觉传达设计创意（象征与符号、装饰与图案、图形与影像）、视觉传达设计应用（出版与包装、展示与陈设、数字媒体设计与制作）、视觉传达设计传播（标志与色彩、品牌与形象、传播与策划）等。

下面将视觉传达设计根据 2022 年软科设计学专业排名、院校层次、设计学专业特色、教育部设计学学科第五轮、第四轮、第三轮学科评估结果，对各地区设计学高校前 50 所汇总，对教育部设计学学科第五轮、第四轮、第三轮学科评估结果分别简称第五轮、第四轮、第三轮，如表 1.69 所示。

表 1.69　视觉传达设计高校汇总

软科专业排名	院校名称	所在地	院校层次	专业特色	第五轮	第四轮	第三轮
1	清华大学	上海	双一流	国家一流本科专业建设点	A+	A+	92
2	同济大学	上海	双一流	国家一流本科专业建设点	—	A	78
3	江南大学	江苏	双一流	国家一流本科专业建设点	A+	A-	80
4	中国美术学院	浙江	双一流	国家一流本科专业建设点	A+	A+	83
4	中央美术学院	北京	双一流	国家一流本科专业建设点	—	A	85
6	武汉理工大学	湖北	双一流	国家一流本科专业建设点	—	B+	—
7	上海交通大学	上海	双一流	国家一流本科专业建设点	—	B+	74
8	中国传媒大学	北京	双一流	国家一流本科专业建设点	—	B+	77
9	南京艺术学院	江苏	—	国家一流本科专业建设点	—	A-	80

（续表）

软科专业排名	院校名称	所在地	院校层次	专业特色	第五轮	第四轮	第三轮
10	浙江大学	浙江	双一流	艺术与科技	—	A-	78
11	北京服装学院	北京	—	国家一流本科专业建设点	—	B+	—
12	上海大学	上海	双一流	国家一流本科专业建设点	—	B	74
13	广州美术学院	广东	—	国家一流本科专业建设点	—	B+	—
13	湖南大学	湖南	双一流	停招	—	A-	74
15	山东工艺美术学院	山东	—	国家一流本科专业建设点	—	B	—
16	苏州大学	江苏	双一流	国家一流本科专业建设点	—	A-	77
16	西安交通大学	陕西	双一流	—	—	—	—
18	四川大学	四川	双一流	国家一流本科专业建设点	—	—	73
19	大连工业大学	辽宁	—	国家一流本科专业建设点	—	C+	69
19	景德镇陶瓷大学	江西	—	国家一流本科专业建设点	A-	B+	77
21	东南大学	江苏	双一流	—	—	B	69
22	西安美术学院	陕西	—	国家一流本科专业建设点	—	B+	—
23	北京印刷学院	北京	—	国家一流本科专业建设点	—	B-	73
23	四川美术学院	重庆	—	国家一流本科专业建设点	—	B+	—
25	中南大学	湖南	双一流	—	—	—	—
26	华东师范大学	上海	双一流	国家一流本科专业建设点	—	—	72
27	湖南工业大学	湖南	—	国家一流本科专业建设点	—	C+	—

（续表）

软科专业排名	院校名称	所在地	院校层次	专业特色	第五轮	第四轮	第三轮
28	东华大学	上海	双一流	国家一流本科专业建设点	—	B+	78
28	广东工业大学	广东	—	—	—	B	—
30	湖北工业大学	湖北	—	国家一流本科专业建设点	—	B-	72
31	浙江理工大学	浙江	—	—	—	B-	72
32	北京理工大学	北京	—	—	—	B	72
33	陕西科技大学	陕西	—	国家一流本科专业建设点	—	C+	—
34	浙江工商大学	浙江	—	国家一流本科专业建设点	—	—	69
35	河南大学	河南	双一流	—	C	—	69
36	吉林艺术学院	吉林	—	国家一流本科专业建设点	—	C+	—
37	郑州轻工业大学	河南	—	国家一流本科专业建设点	—	—	—
38	山东大学	山东	双一流	—	—	—	—
39	江苏师范大学	江苏	—	—	—	—	66
39	鲁迅美术学院	辽宁	—	国家一流本科专业建设点	—	B	77
41	中国地质大学（武汉）	湖北	双一流	—	—	C+	—
42	安徽工程大学	安徽	—	—	—	—	—
42	天津工业大学	天津	双一流	国家一流本科专业建设点	—	C	—
44	武汉纺织大学	湖北	—	—	B	B-	72
45	湖南工商大学	湖南	—	—	—	—	—
46	南京林业大学	江苏	双一流	国家一流本科专业建设点	B	—	—
47	东北大学	辽宁	双一流	国家一流本科专业建设点	—	—	—

（续表）

软科专业排名	院校名称	所在地	院校层次	专业特色	第五轮	第四轮	第三轮
48	广西艺术学院	广西	—	国家一流本科专业建设点	—	B	—
49	云南艺术学院	云南	—	国家一流本科专业建设点	—	C	—
49	浙江工业大学	浙江	—	—	—	B-	73

3. 环境设计

环境设计，属艺术学学科门类的设计学类，是指对于某一或一些主体的客观环境，以设计的手法进行整合创造的实用艺术。

下面将环境设计根据2022年软科设计学专业排名、院校层次、设计学专业特色、教育部设计学学科第五轮、第四轮、第三轮学科评估结果，对各地区设计学高校前50所汇总，对教育部设计学学科第五轮、第四轮、第三轮学科评估结果分别简称第五轮、第四轮、第三轮，如表1.70所示。

表1.70　环境设计高校汇总

软科专业排名	院校名称	所在地	院校层次	专业特色	第五轮	第四轮	第三轮
1	清华大学	北京	双一流	国家一流本科专业建设点	A+	A+	92
2	同济大学	上海	双一流	国家一流本科专业建设点	—	A	78
3	江南大学	江苏	双一流	国家一流本科专业建设点	A+	A-	80
4	中国美术学院	浙江	双一流	国家一流本科专业建设点	A+	A+	85
5	南京艺术学院	江苏	—	国家一流本科专业建设点	—	A-	80
6	广东工业大学	广东	—	国家一流本科专业建设点	—	B	—

（续表）

软科专业排名	院校名称	所在地	院校层次	专业特色	第五轮	第四轮	第三轮
7	华东师范大学	上海	双一流	国家一流本科专业建设点	—	—	72
8	北京服装学院	北京	—	国家一流本科专业建设点	—	B+	—
8	东华大学	上海	双一流	国家一流本科专业建设点	—	B+	78
10	湖南大学	湖南	双一流	—	—	A-	74
11	哈尔滨工业大学	黑龙江	双一流	国家一流本科专业建设点	—	B	74
12	浙江大学	浙江	双一流	—	—	A-	78
13	中国传媒大学	北京	双一流	国家一流本科专业建设点	—	B+	77
14	上海大学	上海	双一流	国家一流本科专业建设点	—	A-	74
15	西安交通大学	陕西	双一流	国家一流本科专业建设点	—	—	—
16	华南理工大学	广东	双一流	国家一流本科专业建设点	—	—	—
17	广州美术学院	广东	—	国家一流本科专业建设点	—	B+	—
17	山东工艺美术学院	广东	—	国家一流本科专业建设点	—	B	—
19	南京林业大学	江苏	双一流	国家一流本科专业建设点	B	—	—
19	武汉理工大学	湖北	双一流	国家一流本科专业建设点	—	B+	—
21	中央美术学院	北京	双一流	—	—	A	80
22	浙江理工大学	浙江	—	国家一流本科专业建设点	—	B-	—
23	苏州大学	江苏	双一流	国家一流本科专业建设点	—	A-	77

（续表）

软科专业排名	院校名称	所在地	院校层次	专业特色	第五轮	第四轮	第三轮
24	景德镇陶瓷大学	江西	—	国家一流本科专业建设点	A-	B+	77
25	华中科技大学	湖北	双一流	国家一流本科专业建设点	—	B-	—
26	东南大学	江苏	双一流	—	—	B	69
26	中南大学	湖南	双一流	—	—	—	—
28	东北师范大学	吉林	双一流	国家一流本科专业建设点	—	B+	—
29	西安美术学院	陕西	—	—	—	B+	—
30	湖南工商大学	湖南	—	—	—	—	—
31	安徽工程大学	安徽	—	国家一流本科专业建设点	—	—	—
32	吉林艺术学院	吉林	—	国家一流本科专业建设点	—	C+	—
33	四川大学	四川	双一流	—	—	B	73
34	鲁迅美术学院	辽宁	—	国家一流本科专业建设点	—	B	77
35	海南师范大学	海南	—	国家一流本科专业建设点	—	—	—
35	武汉纺织大学	湖北	—	—	B	B-	72
37	四川美术学院	重庆	—	国家一流本科专业建设点	—	B+	—
38	济南大学	山东	—	—	—	—	—
39	江苏师范大学	江苏	—	—	—	—	66
40	深圳大学	广东	—	—	—	C+	—
41	北京理工大学	北京	双一流	国家一流本科专业建设点	—	B	72
42	山东大学	山东	双一流	—	—	—	—
43	大连工业大学	辽宁	—	国家一流本科专业建设点	—	C+	69

（续表）

软科专业排名	院校名称	所在地	院校层次	专业特色	第五轮	第四轮	第三轮
44	兰州理工大学	甘肃	—	—	—	—	—
45	中国地质大学（武汉）	湖北	双一流	—	—	—	—
46	湖北美术学院	湖北	—	国家一流本科专业建设点	—	B	73
47	中南民族大学	湖北	—	国家一流本科专业建设点	—	—	—
48	北京工业大学	北京	双一流	国家一流本科专业建设点	—	C	—
48	湖南工业大学	湖南	—	—	—	C+	—
48	浙江工业大学	浙江	—	—	—	B-	73

4. 工业设计

2017 年世界设计组织对工业设计的定义为：工业设计是驱动创新、成就商业成功的战略性解决问题的过程，通过创新性的产品、系统、服务和体验创造更美好的生活品质。

下面将工业设计根据 2022 年软科设计学专业排名、院校层次、设计学专业特色、教育部设计学学科第五轮、第四轮、第三轮学科评估结果，对各地区设计学高校前 50 所汇总，对教育部设计学学科第五轮、第四轮、第三轮学科评估结果分别简称第五轮、第四轮、第三轮，如表 1.71 所示。

表 1.71　工业设计高校汇总

软科专业排名	院校名称	所在地	院校层次	专业特色	第五轮	第四轮	第三轮
1	上海交通大学	上海	双一流	国家一流本科专业建设点	—	B+	74
2	浙江大学	浙江	双一流	国家一流本科专业建设点	—	A-	78
3	湖南大学	湖南	双一流	国家一流本科专业建设点	—	A-	74

（续表）

软科专业排名	院校名称	所在地	院校层次	专业特色	第五轮	第四轮	第三轮
4	西安交通大学	陕西	双一流	国家一流本科专业建设点	—	—	—
5	同济大学	上海	双一流	国家一流本科专业建设点	—	A	78
6	哈尔滨工业大学	黑龙江	双一流	国家一流本科专业建设点	—	B+	74
7	江南大学	江苏	双一流	国家一流本科专业建设点	A+	A-	80
8	清华大学	北京	双一流	国家一流本科专业建设点	A+	A+	92
9	北京理工大学	北京	双一流	—	—	B	72
10	华南理工大学	广东	双一流	国家一流本科专业建设点	—	—	—
11	西北工业大学	陕西	双一流	国家一流本科专业建设点	—	B-	73
12	大连理工大学	辽宁	双一流	国家一流本科专业建设点	—	—	—
13	武汉理工大学	湖北	双一流	国家一流本科专业建设点	—	B+	—
14	南京航空航天大学	江苏	双一流	国家一流本科专业建设点	—	—	—
15	吉林大学	吉林	双一流	—	—	C-	—
16	南京理工大学	江苏	双一流	国家一流本科专业建设点	—	C+	—
17	北京科技大学	北京	双一流	—	—	—	—
18	浙江工业大学	浙江	—	国家一流本科专业建设点	—	B-	73
19	东华大学	上海	双一流	国家一流本科专业建设点	—	B+	78
20	哈尔滨工程大学	黑龙江	双一流	国家一流本科专业建设点	—	—	69

（续表）

软科专业排名	院校名称	所在地	院校层次	专业特色	第五轮	第四轮	第三轮
21	天津大学	天津	双一流	国家一流本科专业建设点	—	—	—
22	东南大学	江苏	双一流	—	—	B	69
23	北京航空航天大学	北京	双一流	国家一流本科专业建设点	—	—	—
24	广东工业大学	广东	—	国家一流本科专业建设点	—	B	—
24	燕山大学	河北	—	—	—	—	—
26	浙江理工大学	浙江	—	国家一流本科专业建设点	—	B-	72
27	重庆大学	重庆	双一流	—	—	C-	70
28	山东大学	山东	双一流	—	—	—	—
29	广州美术学院	广东	—	国家一流本科专业建设点	—	B+	—
30	四川大学	四川	双一流	—	—	B	73
31	中国石油大学（华东）	山东	双一流	—	—	—	—
32	西安理工大学	陕西	—	国家一流本科专业建设点	—	C-	—
33	福州大学	福建	双一流	—	—	C+	—
34	武汉科技大学	湖北	—	—	—	—	—
34	西南交通大学	陕西	双一流	—	—	—	—
36	北京服装学院	北京	—	国家一流本科专业建设点	—	B+	—
37	西南石油大学	四川	双一流	国家一流本科专业建设点	—	—	—
38	西安电子科技大学	陕西	双一流	国家一流本科专业建设点	—	—	—
38	中国美术学院	北京	双一流	国家一流本科专业建设点	A+	A+	83
40	东北大学	辽宁	双一流	—	—	—	—

（续表）

软科专业排名	院校名称	所在地	院校层次	专业特色	第五轮	第四轮	第三轮
41	合肥工业大学	安徽	双一流	国家一流本科专业建设点	—	—	—
42	长安大学	陕西	双一流	—	—	—	—
42	四川美术学院	重庆	—	国家一流本科专业建设点	—	B+	—
42	中国农业大学	北京	双一流	—	—	—	—
45	南昌大学	江西	双一流	—	—	C	—
45	上海大学	上海	双一流	—	—	B	74
47	中南林业科技大学	湖南	—	国家一流本科专业建设点	—	—	—
48	江苏大学	江苏	—	—	—	—	—
49	北京工业大学	北京	双一流	—	—	C	—
49	华东理工大学	上海	双一流	国家一流本科专业建设点	—	—	72

5. 产品设计

产品设计专业是一门集人文艺术和计算机技术于一体的综合性学科，该专业培养具有良好的工业产品艺术造型设计修养和素质，掌握必备的产品造型设计专业基础理论知识及较强的实践应用能力的综合性素质技能型人才。

下面将产品设计根据2022年软科设计学专业排名、院校层次、设计学专业特色、教育部设计学学科第五轮、第四轮、第三轮学科评估结果，对各地区设计学高校前50所汇总，对教育部设计学学科第五轮、第四轮、第三轮学科评估结果分别简称第五轮、第四轮、第三轮，如下表1.72所示。

表1.72　产品设计高校汇总

软科专业排名	院校名称	所在地	院校层次	专业特色	第五轮	第四轮	第三轮
1	清华大学	北京	双一流	国家一流本科专业建设点	A+	A+	92

（续表）

软科专业排名	院校名称	所在地	院校层次	专业特色	第五轮	第四轮	第三轮
2	江南大学	江苏	双一流	国家一流本科专业建设点	A+	A-	80
3	中央美术学院	北京	双一流	国家一流本科专业建设点	—	A	85
4	北京理工大学	北京	双一流	国家一流本科专业建设点	—	B	72
4	广东工业大学	广东	—	国家一流本科专业建设点	—	B	—
6	山东工艺美术学院	山东	—	国家一流本科专业建设点	—	B	—
6	中国地质大学（武汉）	湖北	双一流	国家一流本科专业建设点	—	C+	69
8	山东大学	山东	双一流	国家一流本科专业建设点	—	—	—
8	浙江理工大学	浙江	—	—	—	B-	72
10	武汉理工大学	湖北	双一流	国家一流本科专业建设点	—	B+	—
11	湖北工业大学	湖北	—	国家一流本科专业建设点	—	B-	72
12	北京服装学院	北京	—	国家一流本科专业建设点	—	B+	—
12	中国美术学院	浙江	双一流	国家一流本科专业建设点	A+	A+	83
14	西南交通大学	陕西	双一流	国家一流本科专业建设点	—	C+	72
15	广州美术学院	广东	—	国家一流本科专业建设点	—	B+	—
16	南京艺术学院	江苏	—	国家一流本科专业建设点	—	A-	80
17	东南大学	江苏	双一流	国家一流本科专业建设点	—	B	69

（续表）

软科专业排名	院校名称	所在地	院校层次	专业特色	第五轮	第四轮	第三轮
17	湖南工业大学	湖南	—	国家一流本科专业建设点	—	C+	—
19	华南理工大学	广东	双一流	—	—	—	—
19	南京林业大学	江苏	双一流	国家一流本科专业建设点	B	—	—
21	福州大学	福建	双一流	国家一流本科专业建设点	—	C+	—
21	景德镇陶瓷大学	江西	—	国家一流本科专业建设点	A-	B+	77
21	齐鲁工业大学	山东	—	国家一流本科专业建设点	—	C-	—
24	鲁迅美术学院	辽宁	—	国家一流本科专业建设点	—	B	77
25	四川美术学院	重庆	—	国家一流本科专业建设点	—	B+	—
25	云南艺术学院	云南	—	国家一流本科专业建设点	—	C	—
25	郑州轻工业大学	河南	—	国家一流本科专业建设点	—	—	—
28	吉林艺术学院	吉林	—	国家一流本科专业建设点	—	C+	—
28	西北工业大学	陕西	双一流	国家一流本科专业建设点	—	B-	73
28	浙江大学	浙江	双一流	国家一流本科专业建设点	—	A-	78
31	湖北美术学院	湖北	—	国家一流本科专业建设点	—	B	73
32	天津理工大学	天津	—	—	—	—	—
33	湖南大学	湖南	双一流	国家一流本科专业建设点	—	A-	74

（续表）

软科专业排名	院校名称	所在地	院校层次	专业特色	第五轮	第四轮	第三轮
34	同济大学	上海	双一流	国家一流本科专业建设点	—	A	78
35	北京林业大学	北京	双一流	国家一流本科专业建设点	—	C+	—
35	重庆大学	重庆	双一流	国家一流本科专业建设点	—	C-	70
37	广州大学	广东	—	国家一流本科专业建设点	—	—	—
37	江西财经大学	江西	—	—	—	—	—
39	西安美术学院	陕西	—	国家一流本科专业建设点	—	B+	—
40	江苏大学	江苏	—	国家一流本科专业建设点	—	—	—
41	上海工程技术大学	上海	—	—	—	—	—
42	北京工业大学	北京	双一流	国家一流本科专业建设点	—	C	—
43	华中科技大学	湖北	双一流	国家一流本科专业建设点	—	B-	—
44	湖南科技大学	湖南	—	国家一流本科专业建设点	—	—	—
44	华东师范大学	上海	双一流	国家一流本科专业建设点	—	—	72
46	苏州大学	江苏	双一流	国家一流本科专业建设点	—	A-	77
47	华侨大学	福建	双一流	—	—	—	—
48	桂林电子科技大学	广西	—	—	—	—	—
48	南昌大学	江西	双一流	国家一流本科专业建设点	—	C	—
48	中南林业科技大学	湖南	—	国家一流本科专业建设点	—	—	—

6. 服装与服饰设计

本专业培养能从事服装与服饰设计策划和时装研究方向，具有较强的设计创造能力和动手制作能力，具有较强的市场设计意识和市场竞争能力，掌握服装企业、服装市场的基本运作知识，以及把握时尚潮流并进行流行预测的基本方法，能在服装艺术设计领域与应用研究型领域及艺术设计机构从事设计、研究、教学、管理等方面工作的高级专门人才。

下面将服装与服饰设计根据 2022 年软科设计学专业排名、院校层次、设计学专业特色、教育部设计学学科第五轮、第四轮、第三轮学科评估结果，对各地区设计学高校前 50 名汇总，对教育部设计学学科第五轮、第四轮、第三轮学科评估结果分别简称第五轮、第四轮、第三轮，如表 1.73 所示。

表 1.73　服装与服饰设计高校汇总

软科专业排名	院校名称	所在地	院校层次	专业特色	第五轮	第四轮	第三轮
1	清华大学	北京	双一流	—	A+	A+	92
2	浙江理工大学	浙江	—	国家一流本科专业建设点	—	B-	72
3	东华大学	上海	双一流	国家一流本科专业建设点	—	B+	78
4	江南大学	江苏	双一流	国家一流本科专业建设点	A+	A-	80
5	北京服装学院	北京	—	国家一流本科专业建设点	—	B+	—
6	苏州大学	江苏	双一流	国家一流本科专业建设点	—	A-	77
7	中国美术学院	浙江	双一流	国家一流本科专业建设点	A+	A+	83
8	广东工业大学	广东	—	—	—	B	—
9	山东工艺美术学院	山东	—	国家一流本科专业建设点	—	B	—
9	武汉纺织大学	湖北	—	国家一流本科专业建设点	B	B-	72

（续表）

软科专业排名	院校名称	所在地	院校层次	专业特色	第五轮	第四轮	第三轮
11	四川美术学院	重庆	—	国家一流本科专业建设点	—	B+	—
12	大连工业大学	辽宁	—	国家一流本科专业建设点	—	C+	69
13	西安美术学院	陕西	—	国家一流本科专业建设点	—	B+	—
14	广州美术学院	广东	—	国家一流本科专业建设点	—	B+	—
15	湖北美术学院	湖北	—	国家一流本科专业建设点	—	B	73
15	鲁迅美术学院	辽宁	—	国家一流本科专业建设点	—	B	77
17	温州大学	浙江	—	国家一流本科专业建设点	—	—	—
17	河北科技大学	河北	—	国家一流本科专业建设点	—	—	—
18	湖南师范大学	湖南	双一流	—	—	C	—
18	西安工程大学	陕西	—	国家一流本科专业建设点	—	C	69
20	安徽工程大学	安徽	—	—	—	—	—
21	中央美术学院	北京	双一流	国家一流本科专业建设点	—	A	85
22	吉林艺术学院	吉林	—	国家一流本科专业建设点	—	C+	—
23	华南理工大学	广东	双一流	—	—	—	—
24	中央民族大学	北京	双一流	国家一流本科专业建设点	—	—	—
24	四川大学	四川	双一流	国家一流本科专业建设点	—	B	73
26	齐齐哈尔大学	黑龙江	—	国家一流本科专业建设点	—	—	—

（续表）

软科专业排名	院校名称	所在地	院校层次	专业特色	第五轮	第四轮	第三轮
27	天津师范大学	天津	—	—	—	—	70
27	四川师范大学	四川	—	国家一流本科专业建设点	—	—	—
30	江西服装学院	江西	—	国家一流本科专业建设点	—	—	—
30	浙江科技学院	浙江	—	—	—	—	—
32	东北电力大学	吉林	—	—	—	—	—
33	青岛大学	山东	—	—	—	—	—
34	黑龙江大学	黑龙江	—	国家一流本科专业建设点	—	—	—
35	深圳大学	广东	—	—	—	C+	—
35	郑州经贸学院	河南	—	—	—	—	—
37	东北师范大学	吉林	双一流	国家一流本科专业建设点	—	—	—
38	江苏理工大学	江苏	—	—	—	—	—
38	南京师范大学	江苏	双一流	—	—	B−	74
38	内蒙古艺术学院	内蒙古	—	国家一流本科专业建设点	—	—	—
38	扬州大学	江苏	—	—	—	—	—
42	福州大学	福建	双一流	—	—	C+	—
42	闽江学院	福建	—	国家一流本科专业建设点	—	—	—
42	浙江农林大学	浙江	—	—	—	—	66
45	上海工程技术大学	上海	—	—	—	—	—
46	海南师范大学	海南	—	—	—	—	—
46	济南大学	山东	—	—	—	—	—
46	南昌大学	江西	双一流	—	—	C	—
46	南京艺术学院	江苏	—	国家一流本科专业建设点	—	A−	80

（续表）

软科专业排名	院校名称	所在地	院校层次	专业特色	第五轮	第四轮	第三轮
50	北京师范大学	北京	双一流	—	—	—	—
50	郑州轻工业大学	河南	—	—	—	—	—

7. 公共艺术

公共艺术又被称为公众的艺术或社会艺术，它不隶属某一类艺术流派或艺术风格，也不单指某一类艺术形式，它存在于公共空间并为公众服务，体现了公共空间中文化开放、共享、交流的一种精神与价值。公共艺术专业在学科综合专业基础和公共艺术专业方向基础课学习内容的基础上，分别对各种公共艺术理论知识、实践知识进行研究和学习，涵盖公共艺术本体形态、艺术形式、创作形式、创作观念、方法、技巧及审美意识等综合内容。

下面将公共艺术根据2022年软科设计学专业排名、院校层次、设计学专业特色、教育部设计学学科第五轮、第四轮、第三轮学科评估结果，对各地区设计学高校前50名汇总，对教育部设计学学科第五轮、第四轮、第三轮学科评估结果分别简称第五轮、第四轮、第三轮，如表1.74所示。

表1.74　公共艺术高校汇总

软科专业排名	院校名称	所在地	院校层次	专业特色	第五轮	第四轮	第三轮
1	清华大学	北京	双一流	国家一流本科专业建设点	A+	A+	92
2	山东工艺美术学院	山东	—	国家一流本科专业建设点	—	B	—
3	广州美术学院	广东省	—	国家一流本科专业建设点	—	B+	—
4	中国美术学院	北京	双一流	国家一流本科专业建设点	A+	A+	83
5	西安美术学院	陕西	—	国家一流本科专业建设点	—	B+	—
6	南京艺术学院	江苏	—	国家一流本科专业建设点	—	A-	80

（续表）

软科专业排名	院校名称	所在地	院校层次	专业特色	第五轮	第四轮	第三轮
7	湖北美术学院	湖北	—	国家一流本科专业建设点	—	B	73
8	湖南师范大学	湖南	—	—	—	C	—
9	山东艺术学院	山东	—	国家一流本科专业建设点	—	—	—
10	福州大学	福建	—	国家一流本科专业建设点	—	C+	—
11	中央美术学院	北京	双一流	国家一流本科专业建设点	—	A	85
12	鲁迅美术学院	辽宁	—	国家一流本科专业建设点	—	B	77
13	上海视觉艺术学院	上海	—	国家一流本科专业建设点	—	—	—
14	上海大学	上海	双一流	—	—	B	74
15	云南民族大学	云南	—	国家一流本科专业建设点	—	—	—
16	北京联合大学	北京	—	—	—	—	—
16	广东技术师范大学	广东	—	国家一流本科专业建设点	—	—	—
18	安徽师范大学	安徽	—	—	—	—	—
18	景德镇陶瓷大学	广西	—	—	A-	B+	77
18	郑州轻工业大学	河南	—	—	—	—	—
21	兰州城市学院	甘肃	—	—	—	—	—
22	北京工业大学	北京	双一流	国家一流本科专业建设点	—	C	—
23	四川美术学院	重庆	—	—	—	B+	—
23	肇庆学院	广东	—	—	—	—	—
25	长沙理工大学	湖南	—	—	—	—	—
25	武汉纺织大学	湖北	—	—	B	B-	72
27	天津工业大学	天津	双一流	—	—	C	—

（续表）

软科专业排名	院校名称	所在地	院校层次	专业特色	第五轮	第四轮	第三轮
28	云南艺术学院	云南	—	—	—	C	—
29	太原理工大学	山西	双一流	国家一流本科专业建设点	—	—	—
30	广西艺术学院	广西	—	—	—	B	—
31	广西师范大学	广西	—	—	—	—	—
32	吉林艺术学院	吉林	—	国家一流本科专业建设点	—	C+	—
33	安徽工程大学	安徽	—	—	—	—	—
33	桂林理工大学	广西	—	—	—	—	—
33	桂林旅游学院	广西	—	—	—	—	—
36	天津美术学院	天津	—	国家一流本科专业建设点	—	B-	73
37	哈尔滨师范大学	黑龙江	—	—	—	—	—
37	青海民族大学	青海	—	—	—	—	—
39	吉林农业大学	吉林	—	—	—	—	—
39	太原科技大学	山西	—	—	—	—	—
41	桂林电子科技大学	广西	—	—	—	—	—
41	黑龙江大学	黑龙江	—	—	—	—	—
41	吉林工程技术师范学院	吉林	—	—	—	—	—
41	江西科技师范大学	江西	—	—	—	—	—
45	哈尔滨学院	黑龙江	—	—	—	—	—
45	河南科技学院	河南	—	—	—	—	—
45	沈阳师范大学	辽宁	—	—	—	—	—
48	河北美术学院	河北	—	—	—	—	—
48	天津中德应用技术大学	天津	—	—	—	—	—
50	合肥学院	安徽	—	—	—	—	—
50	齐鲁师范学院	山东	—	—	—	—	—

8. 工艺美术

工艺美术主要研究美学、色彩构成、立体构成、工艺美术等方面的基本知识和技能，进行工艺品的设计、色彩搭配、制作、保护和修复等。常见的工艺品有木雕、玉雕、漆器、陶器、瓷器、泥塑、剪纸、蜡染等。

下面将工艺美术根据2022年软科设计学专业排名、院校层次、设计学专业特色、教育部设计学学科第五轮、第四轮、第三轮学科评估结果，对各地区设计学高校汇总。对教育部设计学学科第五轮、第四轮、第三轮学科评估结果分别简称第五轮、第四轮、第三轮，如表1.75所示。

表1.75　工艺美术高校汇总

软科专业排名	院校名称	所在地	院校层次	专业特色	第五轮	第四轮	第三轮
1	华东师范大学	上海	双一流	国家一流本科专业建设点	—	—	72
2	清华大学	北京	双一流	—	A+	A+	92
3	中国美术学院	浙江	双一流	国家一流本科专业建设点	A+	A+	83
4	杭州师范大学	浙江	—	国家一流本科专业建设点	—	—	69
5	山东工艺美术学院	山东	—	国家一流本科专业建设点	—	B	—
6	湖北美术学院	湖北	—	国家一流本科专业建设点	—	B	73
7	北京服装学院	北京	—	国家一流本科专业建设点	—	B+	—
8	江南大学	江苏	—	国家一流本科专业建设点	A+	A-	80
9	中央美术学院	北京	—	国家一流本科专业建设点	—	A+	85
10	汕头大学	广东	—	—	—	—	—
11	浙江工业大学	浙江	—	—	—	B-	73
12	广州美术学院	广东	—	—	—	B+	—

（续表）

软科专业排名	院校名称	所在地	院校层次	专业特色	第五轮	第四轮	第三轮
13	湖北工业大学	湖北	—	—	—	B−	72
14	扬州大学	江苏	—	—	—	—	—
15	南京林业大学	江苏	双一流	—	B	—	—
16	景德镇陶瓷大学	江西	—	国家一流本科专业建设点	A−	B+	77
17	武汉纺织大学	湖北	—	—	B	B−	72
17	武汉科技大学	湖北	—	—	—	—	—
19	兰州财经大学	甘肃	—	—	—	—	—
19	四川美术学院	重庆	—	—	—	B+	—
21	广西师范大学	广西	—	—	—	—	—
21	南京艺术学院	江苏	—	国家一流本科专业建设点	—	A−	80
23	吉林艺术学院	吉林省	—	—	—	C+	—
24	西安美术学院	陕西	—	国家一流本科专业建设点	—	B+	—
25	广西艺术学院	广西	—	—	—	B	—
26	鲁迅美术学院	辽宁	—	—	—	B	77
27	云南艺术学院	云南	—	—	—	C	—
28	河北科技大学	湖北	—	—	—	—	—
29	中国计量大学	浙江	—	—	—	—	—
30	沈阳师范大学	辽宁	—	—	—	—	—
30	天津美术学院	天津	—	国家一流本科专业建设点	—	B−	73
32	哈尔滨理工大学	黑龙江	—	—	—	—	—
32	辽宁师范大学	辽宁	—	—	—	—	—
34	天津科技大学	天津	—	—	—	—	—
35	安徽工业大学	安徽	—	—	—	—	—
36	吉林建筑大学	吉林	—	—	—	—	—

（续表）

软科专业排名	院校名称	所在地	院校层次	专业特色	第五轮	第四轮	第三轮
36	江汉大学	湖北	—	国家一流本科专业建设点	—	—	—
38	安徽建筑大学	安徽	—	—	—	—	—
38	桂林电子科技大学	广西	—	—	—	—	—
40	青岛科技大学	山东	—	—	—	—	—
41	江苏大学	江苏	—	—	—	—	—
41	燕山大学	河北	—	—	—	—	—
43	常州工学院	江苏	—	—	—	—	—
43	闽南师范大学	福建	—	—	—	—	—
43	内蒙古师范大学	内蒙古	—	—	—	—	—

9. 数字媒体艺术

数字媒体艺术是一门普通高等学校本科专业，属于设计类专业，基本修业年限为四年，授予艺术学学士学位；2012 年 9 月，教育部将新的数字媒体艺术专业取代旧的数字媒体艺术和数字游戏设计两个专业。数字媒体艺术专业主要研究利用信息技术手段进行艺术处理和创作的方法和技巧。通过理论学习、专业技能培训等途径，学生可以掌握数字媒体软件的使用技术，具备一定的使用数字技术手段对各种类型的作品进行艺术加工的能力。

下面将数字媒体艺术根据 2022 年软科设计学专业排名、院校层次、设计学专业特色、教育部设计学学科第五轮、第四轮、第三轮学科评估结果，对各地区设计学高校前 49 名汇总，对教育部设计学学科第五轮、第四轮、第三轮学科评估结果分别简称第五轮、第四轮、第三轮，如表 1.76 所示。

表 1.76 数字媒体艺术高校汇总

软科专业排名	院校名称	所在地	院校层次	专业特色	第五轮	第四轮	第三轮
1	中国传媒大学	北京	双一流	国家一流本科专业建设点	—	B+	77

（续表）

软科专业排名	院校名称	所在地	院校层次	专业特色	第五轮	第四轮	第三轮
2	清华大学	北京	双一流	—	A+	A+	92
3	广东工业大学	广东	—	国家一流本科专业建设点	—	B	—
3	哈尔滨工业大学	黑龙江	双一流	国家一流本科专业建设点	—	B	74
5	北京服装学院	北京	—	—	—	B+	—
6	中央美术学院	北京	双一流	国家一流本科专业建设点	—	A	85
7	北京印刷学院	北京	—	国家一流本科专业建设点	—	B−	73
7	南京艺术学院	江苏	—	国家一流本科专业建设点	—	A−	80
9	吉林艺术学院	吉林	—	国家一流本科专业建设点	—	C+	—
10	上海大学	上海	双一流	国家一流本科专业建设点	—	B	74
10	四川美术学院	重庆	—	国家一流本科专业建设点	—	B+	—
12	湖南工业大学	湖南	—	国家一流本科专业建设点	—	C+	—
13	长沙理工大学	湖南	—	国家一流本科专业建设点	—	—	—
13	广州美术学院	广东	—	—	—	B+	—
15	山东工艺美术学院	山东	—	国家一流本科专业建设点	—	B	—
15	山东艺术学院	山东	—	国家一流本科专业建设点	—	—	—
17	北京邮电大学	北京	双一流	国家一流本科专业建设点	—	—	—
18	湖北大学	湖北	—	—	—	—	—

（续表）

软科专业排名	院校名称	所在地	院校层次	专业特色	第五轮	第四轮	第三轮
19	湖北工业大学	湖北	—	国家一流本科专业建设点	—	B-	72
19	江南大学	江苏	双一流	国家一流本科专业建设点	A+	—	—
19	江西财经大学	江西	—	国家一流本科专业建设点	—	—	—
22	浙江农林大学	浙江	—	—	—	—	66
23	北京师范大学	北京	双一流	国家一流本科专业建设点	—	—	—
24	苏州大学	江苏	双一流	—	—	A-	77
25	武汉纺织大学	湖北	—	—	B	B-	72
26	华中科技大学	湖北	双一流	—	—	B-	—
27	中国美术学院	浙江	—	国家一流本科专业建设点	A+	A+	83
28	中山大学	广东	双一流	—	—	—	—
29	浙江理工大学	浙江	—	—	—	B-	72
30	东华大学	上海	—	国家一流本科专业建设点	—	B+	78
31	中国地质大学（武汉）	湖北	双一流	—	—	C+	69
32	四川传媒学院	四川	—	国家一流本科专业建设点	—	—	—
33	杭州电子科技大学	浙江	—	—	—	—	—
33	华南师范大学	广东	—	—	—	—	—
33	云南艺术学院	云南	—	国家一流本科专业建设点	—	C	—
36	浙江工业大学	浙江	—	—	—	B-	73
37	北京联合大学	北京	—	国家一流本科专业建设点	—	—	—
38	深圳大学	广东	—	—	—	C+	—

（续表）

软科专业排名	院校名称	所在地	院校层次	专业特色	第五轮	第四轮	第三轮
38	太原理工大学	山西	—	国家一流本科专业建设点	—	—	—
38	西南交通大学	四川	双一流	—	—	—	—
41	吉林动画学院	吉林	—	国家一流本科专业建设点	—	—	—
41	江西理工大学	江西	—	—	—	—	—
43	东北师范大学	吉林	双一流	—	—	—	—
43	首都师范大学	北京	双一流	—	—	C	69
43	西安邮电大学	陕西	—	国家一流本科专业建设点	—	—	—
46	安徽工程大学	安徽	—	—	—	—	—
46	景德镇陶瓷大学	江西	—	—	A−	B+	77
46	扬州大学	江苏	—	—	—	—	—
49	福州大学	福建	—	国家一流本科专业建设点	—	C+	—
49	广州大学	广东	—	—	—	—	—
49	湖南师范大学	湖南	—	—	—	C	—
49	浙江工商大学	浙江	—	—	—	—	69

10. 艺术与科技

艺术与科技专业是2012年教育部颁布的高校本科专业目录的特设专业，专业代码为130509T，该专业是基于艺术设计与科学技术深度融合的基本理念，结合国家文化发展战略，在文化创意产业和数字内容产业，整合空间、艺术、媒体、技术与商业的视角，在空间环境设计、信息交互设计、新媒体艺术等领域，培养具有国际视野、交叉学科基础和创意创新能力的高端艺术设计人才。

下面将艺术与科技根据2022年软科设计学专业排名、院校层次、设计学专业特色、教育部设计学学科第五轮、第四轮、第三轮学科评估结果，对各地区设计学高校汇总，对教育部设计学学科第五轮、第四轮、第三轮学科评估结果分别简称第五轮、第四轮、第三轮，如表 1.77 所示。

表 1.77　艺术与科技高校汇总

软科专业排名	院校名称	所在地	院校层次	专业特色	第五轮	第四轮	第三轮
1	清华大学	北京	双一流	国家一流本科专业建设点	A+	A+	92
2	中央美术学院	北京	双一流	国家一流本科专业建设点	—	A	85
3	中国美术学院	北京	双一流	国家一流本科专业建设点	A+	A+	83
4	山东工艺美术学院	山东	—	国家一流本科专业建设点	—	B	—
5	西安美术学院	陕西	—	国家一流本科专业建设点	—	B+	—
6	广州美术学院	广东	—	国家一流本科专业建设点	—	B+	—
7	浙江大学	浙江	双一流	国家一流本科专业建设点	—	A-	78
8	东华大学	上海	双一流	—	—	B+	—
9	南京信息工程大学	江苏	双一流	国家一流本科专业建设点	—	—	—
10	上海大学	上海	双一流	—	—	B	74
11	中国传媒大学	北京	双一流	国家一流本科专业建设点	—	B+	77
12	星海音乐学院	广东	—	—	—	—	—
13	北京服装学院	北京	—	国家一流本科专业建设点	—	B+	—
14	南京艺术学院	江苏	—	国家一流本科专业建设点	—	A-	80
15	北京印刷学院	北京市	—	—	—	B-	73
15	景德镇陶瓷大学	江西	—	—	A-	B+	77
15	浙江音乐学院	浙江	—	—	—	—	—

（续表）

软科专业排名	院校名称	所在地	院校层次	专业特色	第五轮	第四轮	第三轮
18	上海音乐学院	上海	双一流	—	—	—	—
19	西安建筑科技大学	陕西	—	—	—	—	—
19	中国地质大学（北京）	北京	双一流	—	—	C+	69
21	上海工程技术大学	上海	—	—	—	—	—
21	四川美术学院	重庆	—	—	—	B+	—
23	吉林艺术学院	吉林	—	—	—	C+	—
24	湖北美术学院	湖北	—	—	—	B	73
24	西安音乐学院	陕西	—	—	—	—	—
26	广西艺术学院	广西	—	—	—	B	—
27	大连工业大学	辽宁	—	—	—	C+	69
27	河北工业大学	河北	双一流	—	—	—	—
27	鲁迅美术学院	辽宁	—	—	—	B	77
30	云南艺术学院	云南	—	—	—	C	—
31	北京电影学院	北京	—	—	—	—	—
32	浙江师范大学	浙江	—	—	—	—	—
33	四川师范大学	四川	—	—	—	—	—
33	天津城建大学	天津	—	—	—	—	—
35	成都东软学院	四川	—	—	—	—	—
36	浙江万里学院	浙江	—	—	—	—	—
37	西华大学	四川	—	—	—	—	—
37	西交利物浦大学	江苏	—	—	—	—	—
39	重庆科技大学	重庆	—	—	—	—	—
39	合肥学院	安徽	—	—	—	—	—
39	首都师范大学科德学院	北京	—	—	—	—	—
39	浙江外国语学院	浙江	—	—	—	—	—
43	内蒙古师范大学	内蒙古	—	—	—	—	—

（续表）

软科专业排名	院校名称	所在地	院校层次	专业特色	第五轮	第四轮	第三轮
43	上海建桥学院	上海	—	—	—	—	—
43	无锡太湖学院	江苏	—	—	—	—	—
46	河北美术学院	河北	—	国家一流本科专业建设点	—	—	—
46	天津音乐学院	天津	—	—	—	—	—
46	浙江传媒学院	浙江	—	—	—	—	—

11. 陶瓷艺术设计

陶瓷艺术设计主要研究艺术学、设计学、陶瓷设计、陶瓷工艺等方面的基本知识和技能，进行陶瓷艺术品、装饰品、日用品的设计、制作等。常见的陶瓷制品有陶瓷摆件、白瓷观音像、陶瓷装饰盘、陶瓷壁饰、陶瓷茶具等。

下面将陶瓷艺术设计根据2022年软科设计学专业排名、院校层次、设计学专业特色、教育部设计学学科第五轮、第四轮、第三轮学科评估结果，对各地区设计学高校汇总，对教育部设计学学科第五轮、第四轮、第三轮学科评估结果分别简称第五轮、第四轮、第三轮，如表1.78所示。

表1.78　陶瓷艺术设计高校汇总

软科专业排名	院校名称	所在地	院校层次	专业特色	第五轮	第四轮	第三轮
1	中国美术学院	北京	双一流	国家一流本科专业建设点	A+	A+	83
2	清华大学	北京	双一流	国家一流本科专业建设点	A+	A+	92
3	景德镇陶瓷大学	江西	—	国家一流本科专业建设点	A−	B+	77
4	广州美术学院	广东	—	国家一流本科专业建设点	—	B+	—
5	山东工艺美术学院	山东	—	—	—	B+	—

12. 新媒体艺术

新媒体艺术专业通常以当下最新的技术手段去提供传统艺术所无法比拟的多维度感官体验，通过视觉、听觉甚至触觉、嗅觉等多种方式创造出浸入式的互动作品。此专业培养在互联网新媒体企业、传统媒体新媒体部门、专业院校、设计机构等单位从事和媒体相关工作的高级专业复合型人才。

下面将新媒体艺术根据2022年软科设计学专业排名、院校层次、设计学专业特色、教育部设计学学科第五轮、第四轮、第三轮学科评估结果，对各地区设计学高校汇总，对教育部设计学学科第五轮、第四轮、第三轮学科评估结果分别简称第五轮、第四轮、第三轮，如表1.79所示。

表1.79　新媒体艺术高校汇总

软科专业排名	院校名称	所在地	院校层次	专业特色	第五轮	第四轮	第三轮
1	中国传媒大学	北京	双一流	—	—	B+	77
2	山东工艺美术学院	山东	—	—	—	B	—
3	北京印刷学院	北京	—	国家一流本科专业建设点	—	B-	73
4	吉林艺术学院	吉林	—	—	—	C+	—
5	沈阳理工大学	辽宁	—	—	—	—	67
6	北京电影学院	北京	—	—	—	—	—
7	桂林理工大学	广西	—	—	—	—	—
8	重庆城市科技学院	重庆	—	—	—	—	—
9	河北美术学院	河北	—	—	—	—	—
9	辽宁对外经贸学院	辽宁	—	—	—	—	—
9	四川电影电视学院	四川	—	—	—	—	—

13. 包装设计

包装设计是一门综合运用自然科学和美学知识，为在商品流通过程中更好地保护商品，并促进商品的销售而开设的专业学科。此专业培养从事现代包装设计、包装印刷、包装材料及设备选用、质量检测、技术管理的高级技术应用性专门人才。

下面将包装设计根据2022年软科设计学专业排名、院校层次、设计学专业特色、教育部设计学学科第五轮、第四轮、第三轮学科评估结果，对各地区设计学高校汇总，对教育部设计学学科第五轮、第四轮、第三轮学科评估结果分别简称第五轮、第四轮、第三轮，如表1.80所示。

表1.80 包装设计高校汇总

软科专业排名	院校名称	所在地	院校层次	专业特色	第五轮	第四轮	第三轮
1	广州美术学院	广东	—	—	—	B+	—
2	湖南工业大学	湖南	—	国家一流本科专业建设点	—	C+	—
3	上海理工大学	上海	—	—	—	—	—
4	郑州工程技术学院	河南	—	—	—	—	—

第二章

国际设计学高校研究生教育发展

一、留学问题解答与分享

1. 艺术留学问答

01：为什么艺术生出国留学这么热门?

近年来，人们学习艺术专业的热情日益高涨，“艺考生”已经成为高考大军中一个日益庞大的群体。然而，国内的顶尖艺术院校数量有限，难以容纳数量日益增长的艺考生，想通过艺术考试进入国内艺术院校变得越来越难。鉴于此，不少艺术爱好者将目光转向国外。国外的艺术考试，虽有层层面试和选拔，但绝大多数是以兴趣出发，更重视学生的艺术创造力和学习热情，并且艺术名校数量更多。国外的职业艺术教育早于中国，实用性的艺术专业也要比中国深入，在国外艺术环境的熏陶下，学生能够发挥更强的艺术能力；同时，自身的艺术思维和鉴赏能力也会加强。

02：艺术留学热门专业有哪些?

艺术留学热门专业分别有：

时尚科系：服装设计、珠宝设计、面料设计、时尚管理。

二维科系：平面设计、视觉传达、交互设计、插画、纯艺术。

三维科系：室内建筑、景观设计、城市设计、工业产品、动画。

综合科系：摄影、电影、策展、数字媒体、音乐、舞蹈、游戏。

03：众多艺术留学国家该如何选择?

目前艺术留学的国家以美国、英国为主；另外，澳大利亚及一些欧洲国家，例如法国、意大利、德国也是可选项。

在不考虑经济的情况下，可以根据申请者所选择的专业决定留学国家。

美国和英国：基本上所有艺术留学热门专业，在英美都有很多世界顶级院校可供选择，具体再选择的话可以考虑经济能力及学制等。

澳大利亚：考虑澳大利亚的学生常选择建筑设计、景观设计、城市设计、平面设计等专业，而其他时尚类专业的学生很少会选择澳大利亚留学。

意大利和法国：目前选择就读意法院校的学生的普遍专业是纯艺术类、时尚设计类、音乐类。另外，意大利及法国留学都需要各自提交语言成绩。

加拿大：加拿大可供选择的院校不多，谢尔丹学院的动画设计尤为出名，所以动画插画设计的学生也可以考虑加拿大。

日本：以漫画、动画及平面设计相关专业为主。

选择国外艺术院校，可以考虑包括就业、地理位置、综合排名、专业排名、学费、入学要求（个人作品集情况、语言成绩等）、截止日期等因素。

04：艺术留学与普通专业留学有什么区别？

中国留学生的留学热潮是以普通专业开始的，普通专业学生现在依然是留学群体的主力军。

国外院校（以美国留学为例）一般会考核学生几项因素以决定是否给予录取：国内平时成绩，语言成绩（托福或雅思），SAT、GRE、GMAT、LSAT 成绩（视申请的学位及专业而定），留学文书材料，个人综合背景等，其中最重要的则是标准化成绩。

艺术设计类留学的特点是：一般院校除了国内平时成绩、语言成绩、文书材料外，会额外要求学生提交相应专业的作品集，可免考 SAT 或 GRE（建筑景观类专业除外，视学生申请的院校而变化）；同时院校对申请者的语言成绩要求也会比文理工商科类要低些，更看重申请者所提交的作品集质量。因此，作品集在艺术设计类申请中的重要性不言而喻。

05：作品集一般需要多久完成？

艺术创作不等同于期末考，可以集中一两周、一个月突击完成，因为它需要重点呈现的是有创意的想法。而灵感也不是说每天花 5 个小时、8 个小时就能有的。因此，根据大量学生的创作过程来看，一个合理的作品集准备周期以 1 年 ~1 年半为最佳，时间允许的话还可以更早。这个是结合所需要的完成项目量和创作过程中的不断摄取量而评估的。如果你准备出国读艺术设计类专业，那么高中生最好从高一开始，大学生从大二开始就可以陆续开始制作作品集（要注意，留学申请是提前一年提出的），如果错过这个时间点，后续的工作会非常紧张，同时做出来的作品质量也会欠佳。

06：什么时候开始准备留学申请？

最好提前两年准备，申请本科需要从高二开始，申请硕士需要从大三开始，以此类推。比较需要花时间准备的内容是作品集和语言考试。

07：申请多少所学校合适？

一般建议同学申请 5~10 所学校，但可以根据自己的具体情况调节。申请太少了，录取的概率会降低。申请太多了，花费更多的时间、精力和钱财，在有效的时间内可能会降低申请的质量。

08：艺术设计类专业对软件掌握要求高吗？

工业设计、产品设计、建筑设计、景观设计、动画设计等专业对申请者软件能力要求更高些。这是因为需要涉及3D建模、渲染等环节，而其他所有专业都需要会基本的平面设计软件。但切记，不要轻易以软件效果好坏去评估自己的作品集，学校并不会以此为依据，这只是最后的展示形式，他们看重的依然是过程。这也是很多学生在做作品集的过程中会走偏的一点，即过度追求软件效果或优先学习软件等。

09：毫无绘画基础，能艺术留学吗？

国外更看重的是学生的创新能力和动手能力，有一些学校的作品集建议里，非常明确地指出希望能从作品集里看出学生自己的特色，无需担心作品集美不美，也无需炫耀技法等。作品集最主要是一个设计的过程，更多的是想法的表达，逻辑的表达，学校甚至不会怎么看基础技法深浅，我们也经常看到很多绘画一般的学生被顶级院校录取。如果你担忧手绘基础，那么可以选择一些时尚类或2D类专业进行学习。

10：艺术留学生毕业之后，就业形势如何？

艺术设计毕业后，就业范围较广。艺术家：生活、创作相对自由，多数靠长期铺垫产生高溢价的职业方向，前期需要一些铺垫，其中最重要的是自身的持续创作能力和独一无二的才华。设计师：设计师的生活方式更像工作室，小规模的团队合作，初级设计师由事务所内的高级设计师指导，然后在一个有创意的团队中一起以项目赚取收入。大公司设计部：会享受到大公司的各种福利，团队比较大，主要工作是做服务，如编辑排版、拍摄、PPT、文案配图、数据调查视觉可视化、时尚搭配等工作，节奏很快；每位创意人员都负责一些大体量工作的一小部分，虽然是细枝末节但是质量要求也很高，是很好的锻炼机会。自主创业者：如果认为自己除了艺术创造能力，还比较有商业头脑或市场洞察力，又或者对于管理比较有热情的同学，未来可以选择自主创业。

11：如何平衡语言和作品集之间的关系？

出国留学语言能力是必须的，建议大家用平常心去对待语言考试，静下心来整理出适合自己学习语言的办法。毕竟艺术院校申请看的不是极高的语言成绩，而是出国交流的能力，能用外语说清楚你的创作理念。因此艺术作品集是更重要的，语言成绩好与不好都不是申请的决定性因素。

12：如何规划好自己的留学申请？

留学申请的过程需要极其专注，并进行一段三到六个月的集中持续性创作。一般包括如下环节：

作品集准备→个人简历整理→准备推荐信→学校成绩单→根据不同学校的要求提

供额外作文书写→创作→填写在线提交表→回复邮件→追踪申请进度→准备面试→最终拿到 offer →准备签证。

这些所有过程完成后才算真正的申请完毕。

13：怎么通过排名选择合适的留学院校？

目前公认最具有公信力的四大世界大学排名包括：QS World University Rankings（QS 世界大学排名）、Times Higher Education World University Rankings（泰晤士高等教育世界大学排名，又称 THE 世界大学排名）、U.S. News ranking（美国新闻与世界报道排名，又称 U.S. News 世界大学排名）、软科世界大学学术排名。

1）QS 世界大学排名

国际高等教育集团（简称 QS）是英国一家专门负责教育和升学就业的组织。2015 年关于针对国际学生使用大学排行榜的调查报告结果显示，相对于大学排名而言，78%的学生更喜欢选择学科排名进行择校。QS 世界大学学科排名学科分类较细，学科指标的设置、权重的赋值等都对学科建设具有一定引导意义。

2022 年 QS 世界大学学科排名分为 5 大领域，分别是艺术与人文、工程与技术、生命科学与医学、自然科学和社会科学与管理，其中设计学科包含在艺术与人文领域中，具体学科名称为艺术与设计。而 QS 世界大学学科排名用于艺术与人文领域排名的指标主要包括学术声誉和雇主声誉。

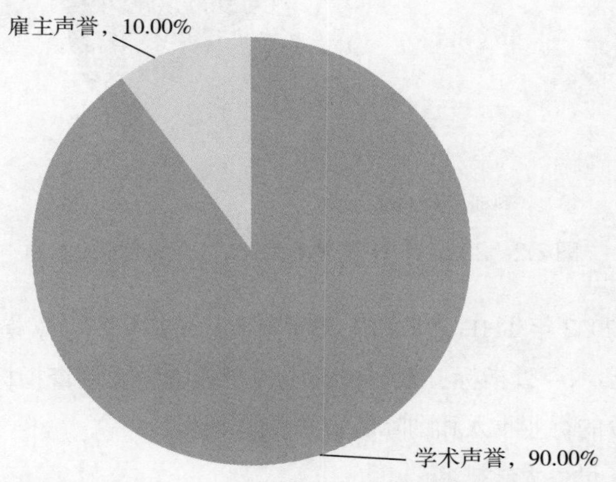

图 2.1　2022 年 QS 艺术与人文领域指标及权重

由图 2.1 可见，学术声誉指标占 90%，雇主声誉指标占 10%。而学术声誉是以问卷结果来评判的，导致排名结果会受被调查者的主观意愿影响；雇主声誉则来自全球招聘毕业生的雇主反馈，是完全无关学术的成分。由此可以看出，QS 世界大学学科排名在艺术与人文学科领域上是最主观且最“无关学术”的大学学科排名，但与此同时，它也是最被中国雇主广泛接受的排名。

2）THE 世界大学排名

《泰晤士高等教育》(Times Higher Education，简称 THE) 在 1971 年出版第一版报纸。THE 的数据和数据收集的方式一直被世界上著名的大学运用着，为的是使他们具有更好的高校发展和更强的高校竞争力。泰晤士高等教育的学科排名最明显的特点是较为商业化，在学科评价领域内具有较大的影响力。

2022 年 THE 世界大学学科排名分为 11 个学科领域，包括计算机科学、工学、临床医学与健康学、生命科学、物理科学、心理学、艺术和人文学、教育学、法学、社会科学和商学与经济学。其中设计学科包含在艺术和人文学领域中，具体学科名称为艺术、设计，用于艺术与人文学科领域的指标包括科研、教学、行业收入、国际展望和论文引用率，共 5 项。

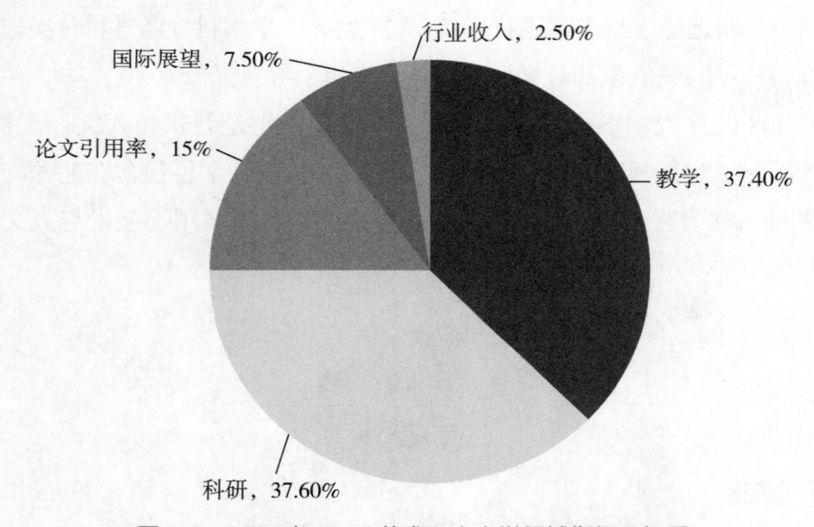

图 2.2　2022 年 THE 艺术和人文学领域指标及权重

根据图 2.2，2022 年 THE 艺术和人文学领域科研指标和教学指标占比共 75%，因科研指标中包含学术声誉指标、教学指标中包含教学声誉调查指标，属于主观成分；完全无关学术成分的行业收入和国际展望共占比 10%。

3）U.S. News 世界大学排名

《美国新闻与世界报道》(简称 U.S. News)，是具有政治性和经济性的综合性周刊，是美国最具有影响力的高等教育评价之一。除了在其国内具有较高的知名度，在全世界也具有极大影响。U.S. News 不仅具有排名信息，它还会对外公布一些高校的可比性的数据，为学生和家长们择校时做参考。

2022 年 U.S. News 大学学科排名将所有学科分为 4 大类：工程与商学、自然科学、生命科学与医学、艺术与人文。其中设计学科包含在艺术与人文领域中，具体学科名称为艺术与人文科学。用于艺术与人文领域的指标主要包括：全球学术声誉、区域学术声誉、论文总数、书籍、会议论文、篇均被引、总论文引用次数、高被引论文（前10%）、高被引论文（前10%）百分比、国际合作论文数、国际合作论文比，共11项。

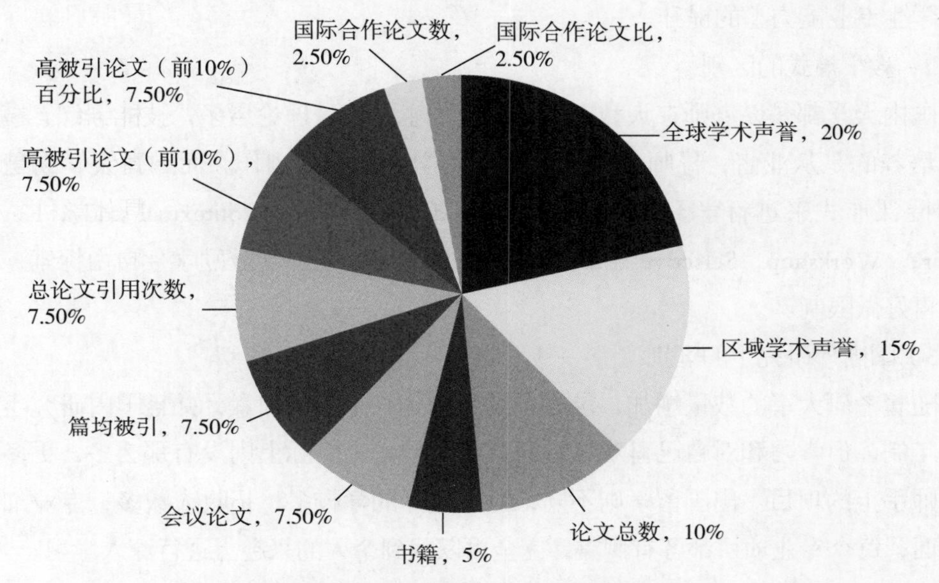

图2.3　2022年U.S. News指标及权重

由图2.3可以看出，主观成分占了U.S. News排名标准的35%（20%"全球学术声誉"，15%"区域学术声誉"）。在排名标准方面表现最"平均"的U.S. News则被指经常偏袒美国院校，将美国大学名次排得过高。但是英国出品的QS和THE也会被指拔高位于英国的院校地位，但偏爱自己国家所在地的院校是所有排名的弊病。

4）软科世界大学学术排名

软科世界大学学术排名（Academic Ranking of World Universities，简称ARWU），排行榜原先由上海交通大学编制及发表，但自2009年起，ARWU便改由上海软科教育信息咨询有限公司发布并保留所有权利，因此虽然此排名仍被俗称为"上海交大排名"，但已经与上海交大无关。2022年ARWU大学学科排名分为5大类，没有对设计学科相关类别进行排名。

2．留学问答

01：国外的教育和国内教育的区别在哪里？

想要做准备，我们首先要了解国内外课程设置和学习方式上的3点区别。

1）课程设置的区别

有不同的侧重点，国内课程更偏向理论类型。本科阶段总体的要求和把控并不是非常严格。研究生阶段，实践方面还是看老师自身的研究方向，相对更加重视理论研究和论文发表。国外课程设置整体则更偏向实践类，老师更注重学生如何去做设计，注重学生专业能力上的提升。

2）教学模式的区别

国内大学都是以老师在大教室里面讲课为主，还是理论居多，技能训练、模仿居多，培养的是从业者，导师风格有时会限制学生的自由创作。而国外大学则是以多样的授课形式来进行学习：Self study studio day，Tutorial，Contextual study，Key idea Lecture，Workshop，Selective course，以及 Critic 等，导师会鼓励学生自由探索，不以个人喜好做限制。

3）国内外研究生的区别

随着考研大军的数量增加，录取难度陡增是一个考量因素，并且国内研究生虽然是三年制，但学习和对自己喜欢领域研究的时间占比实际上则没有那么多，更多的是做导师手上的项目。出国留学则不同，可以选择的学校多，招收人数多，专业细分更为全面，每个专业项目都各有侧重，完全可以找到个人的兴趣点进行深入学习。

02：不同国家的留学状况、性价比如何？

美国一直是个“万金油”一样的国家，基本上什么专业在这里都可以找到，而且学校的可选择性很大。美国名校的教育质量非常高，不论是师资还是设备都是全球最好的，学生能享受到非常丰富的教学资源，并且毕业后平均薪资水平很高。

英国安全和福利待遇都非常好，专业和院校选择多样性仅次于美国，历史和文化底蕴更浓，对某些专业而言是利好的。另外英国学制短、课程紧凑，一般情况下艺术设计专业，英国（苏格兰地区除外）的本科课程为 3 年，授课式硕士课程只有 1 年，所以想在尽量短的时间拿下文凭的话，英国绝对是不二选择。

加拿大和澳大利亚艺术留学最大的特点就是完成学业之后相比其他国家较为容易拿到工作签证。一年的开销也比英国少，并且主要讲英语，没有小语种语言成绩的要求，雅思要求也比英国低，所以相当于难度降低了。不足是两个国家的设计专业没有英美院校那么丰富。

欧洲政治局势长期稳定，整体生活节奏舒适，物价普遍不高。很多公立学校也是免学费的，学生只需承担宿舍费和生活费（生活成本一年下来约 6 万 ~10 万元）。同时也不用担心语言，通常有英文授课项目可供选择。此外，北欧院校也在艺术设计领域有所建树，国际上享有良好声誉。推荐北欧的瑞典、芬兰、挪威，南欧的意大利以及西欧的荷兰。

亚洲国家像是日本、韩国也不错。日本一直是东方先锋设计的代表，如果喜欢东方设计又想领略世界先锋设计思潮，日本是很好的选择。在学术方面日本的领先地位是比较明显的，平面、纯艺术、动漫、工业方面都是非常值得考虑的。

03：申请学校时，应该优先选择专业还是学校？

首先，建议根据自己的专业来考虑：理科学生，建议参考专业排名，这样能学到好的技术，对将来申请PHD也有一定帮助；文科、商科的学生，建议综合专业排名与学校排名，两个榜单都要顾及，毕竟名校背景对将来的就业或进一步深造会有很大的帮助；专业性很强的专业，例如口译、艺术类专业，有可能侧重点需要更多往专业排名靠拢，毕竟，业内对于好学校的认知主要针对专业排名。

其次，我们来分析一下学校排名和专业排名的优势和劣势。

学校排名一方面从社会认可度来看，名校有很多光环，据统计显示，名校生有更多的就业机会，很多好企业只在名校做招聘专场。另一方面，名校的硬件设施、软件条件绝对是一流的。名校校友资源强大，有助于建立有价值的人脉网络。

而当你对自己的职业规划有比较清晰和明确的想法时，可以优先考虑专业排名。专业排名高，意味着学校在此专业的投入和资源配置也极好，且很受业内认可。专业是学生的标签，选好专业是求职的最好优势，“入对行”可以在一定程度上避免日后发生“英雄无用武之地”的感叹。而专业优先也有不可避免的弊端，可能存在专业好而学校普通的情况，可能会在环境设施、校园文化、校友群体等方面跟名校有所差距。但专业排名和学校排名也不仅仅是唯一因素，也需要辅助考虑院校的地理位置、是否回国就业等情况综合考量。没有最好的选择，只有更适合的选择，留学择校上一定要选一个你爱和爱你的学校。

04：官方发布的排名指标那么多，应该如何科学参考？

从大家比较关心的未来收入着手，在PayScale（某薪酬调查公司）艺术专业学生最“吸金”的职业选择排名中，前5名的职业名称分别为：创意总监、室内设计总监、设计经理、视觉设计师和用户界面设计师，主要来自平面设计和室内设计。并且，PayScale每年度会发布薪资潜力最好的艺术专业学校排名，统计了各大院校艺术专业学生就业的起薪和中期薪资（10年以上工作经验）。在表中我们既可以看到初始薪资，也能比较职业发展一段时间之后的薪资潜力。单纯考虑选校的话，大家可以结合英国、美国高校的排名，综合选校。

05：（非艺术专业）跨专业选择艺术专业留学难度大吗？

如果结合本专业的特有思维或是知识面，反而是有一定优势。难度的大小会跟申请的国家以及专业有关系，要先做好信息搜集，充分了解，再进行实施，有以下几个建议提供给大家：

1）跨专业之前一定要有清晰的职业定位和明确的转型目标。说到底，求学最终还是得回到将来的就业上。职业定位不清晰而盲目转型，是最大的风险。首先，要考虑个人兴趣，自己到底喜欢什么，想做什么，如果不明确，要进行多方面咨询和实践，帮助自己确立方向；其次，要思考以后想从事什么行业，想要一个什么样的生活工作状态，做一个初步职业规划；再者，与父母沟通商量，争取他们的支持。

2）分析可行性。根据自己的专业导向进行信息收集：各个国家的留学政策、留学流程、可选院校、入学要求。国家选择：在申请之前一定要确定好自己申请的国家和专业是否支持跨专业申请。专业选择：有些特殊专业比如建筑、景观等，会对本科专业背景有所要求，学制也会不同，要提前了解清楚，对应自己可接受的留学时间和经费。院校选择：确定专业后，调研可接受转专业的目标学校范围，做一个最高目标的计划即可。

视觉传达专业其实很欢迎跨专业学生申请。虽然对于学生来讲视觉专业是一个全新领域，需要不断学习专业技能，但是在现今跨专业创作的大趋势下，跨专业学生在选题、调研过程中，如果结合自己本专业的一些特有的思维方式或是知识面，可以让项目更加丰富，模糊设计的边界，反而有一定优势。

06：资金不够有什么办法可以出国留学?

奖学金大致可以分为三类，一类是我国政府发放的国家奖学金，一类是各个国家不同政策下的奖学金，最后则是各院校对于优秀学生发放的奖学金。简单梳理申请难度：国家奖学金 > 外国政府奖学金 > 院校奖学金。

国家奖学金，是国家艺术类人才特别培养项目产生的公费留学名额，并且艺术类公费留学是国家专项申请，其评判环节有着自己的标准，申请难度比较高。

各个国家和院校的奖学金则各有区别：比如英国的志奋领奖学金，是英国政府最具代表性的旗舰奖学金项目，由英国外交与联邦事务部及其合作伙伴共同出资。该奖学金主要包括学费及生活费，每学年学费的最高资助额度为12000英镑，名额相较我国的“国家奖学金”会稍多，大家可以积极争取。美国大学奖学金，常见的有Fellowship（助学金）、Scholarship（奖学金）和Teaching Assistantship（助教奖学金）。绝大部分中国留学生能够拿到后两者，但是助学金是很难申请到的。意大利的奖学金则是完全由政府出资，只为吸引优秀人才，可以尝试申请。

二、美国设计学高校

对国际设计学高校研究生教育发展情况的学科排名分析主要通过 QS 世界大学学科排名、THE 世界大学学科排名和 U.S. News 世界大学学科排名来完成。为了保证时效性，主要对 2022 年、2021 年和 2020 年近三年设计学科进行排名分析。本书主要选取 7 所美国设计学高校：哈佛大学、新学院大学帕森斯设计学院、罗德岛设计学院、耶鲁大学、麻省理工学院、芝加哥艺术学院、普渡大学、伊利诺伊大学厄巴纳 - 香槟分校。对这 7 所高校的设计学科简介和报考方式进行简要介绍。以下是这 7 所设计学高校 2022 年、2021 年、2020 年 QS 世界大学学科排名、THE 世界大学学科排名和 U.S. News 世界大学学科排名及专业概览（表 2.1、表 2.2）。

表 2. 1　美国设计学高校 2020—2022 年设计学学科排名

学校	QS 世界大学学科排名			THE 世界大学学科排名			U.S. News 世界大学学科排名		
	2022 年	2021 年	2020 年	2022 年	2021 年	2020 年	2022 年	2021 年	2020 年
哈佛大学	—	—	—	6	6	5	2	2	2
新学院大学帕森斯设计学院	3	3	3	251~300	251~300	301~400	—	15	—
罗德岛设计学院	4	3	4	—	—	—	4	5	—
耶鲁大学	40	37	34	12	11	9	5	5	4
麻省理工学院	8	4	5	2	2	4	5	5	4
芝加哥艺术学院	9	7	9	—	—	—	—	—	—
普渡大学	—	—	—	—	—	—	—	—	—
伊利诺伊大学厄巴纳 - 香槟分校	151	—	—	126	101	87	57	31	26

表 2.2　美国设计学高校硕士专业概览

学校	专业方向	学制	教学语言	学费	所在地
哈佛大学	设计研究	1.5 年 / 全日制	英语	27000 美元 / 年	剑桥
	设计工程	1.5 年 / 全日制			
新学院大学帕森斯设计学院	建筑与照明设计	4 年 / 全日制	英语	27540 美元 / 年，1800 美元 / 学分	纽约
	室内设计	2 年 / 全日制			
	通信设计	1 年 / 全日制			
	数据可视化	1 年 / 全日制			
	设计与科技	2 年 / 全日制			
	设计与城市生态	2 年 / 全日制			
	照明设计	2 年 / 全日制			
	服装设计与社会	2 年 / 全日制		1800 美元 / 每学分	
	时尚研究	2 年 / 全日制			
	设计与策展研究史	2 年 / 全日制		27540 美元 / 年，1800 美元 / 学分	
	摄影	26 个月 / 全日制		1687 美元 / 学分	
	工业设计	2 年 / 全日制		27540 美元 / 年，1800 美元 / 学分	
	战略设计与管理	26 个月 / 全日制			
	全球领导力的战略设计	1.5 年 / 混合（现场国际强化 + 虚拟学习）		2326 美元 / 学分	
	纺织品设计	2 年 / 全日制		27540 美元 / 年，1800 美元 / 学分	
	跨学科设计	2 年 / 全日制			
	设计工程	11 个月 / 全日制		学费：55220 美元；学生活动费用：270 美元；学术和技术费用：800 美元；健康保险：1826 美元；	
	家具设计	2 年 / 全日制			
	绘画				
	插画				
	版画				

（续表）

学校	专业方向	学制	教学语言	学费	所在地
新学院大学帕森斯设计学院	平面设计	2或3年/全日制	英语	迎新费：200 美元；居住生活食宿：14790 美元	纽约
	陶瓷	2 年 / 全日制			
	雕塑				
	玻璃				
	珠宝设计和金属加工专业				
	数字媒体				
	摄影				
耶鲁大学	绘画 / 版画	2 年 / 全日制	英语	57898 美元 / 年	纽黑文
	平面设计				
	雕塑				
	摄影				
罗德岛设计学院	设计工程	2 年 / 全日制	英语	51800 美元 / 年	罗德岛州
	工业设计				
	家具设计				
	绘画				
	插画				
	版画				
	平面设计				
	陶瓷				
	纺织品设计				
	雕塑				
	玻璃				
	珠宝设计和金属加工专业				
	数字媒体				
	摄影				
	艺术 + 设计教学 + 学习				

（续表）

学校	专业方向	学制	教学语言	学费	所在地
麻省理工学院	媒体艺术与科学	2 年 / 全日制	英语	57590 美元 / 年	剑桥
芝加哥艺术学院	陶瓷	2 年 / 全日制	英语	1860 美元 / 学分	芝加哥
	雕塑				
	纤维和材料研究				
	新兴技术设计				
	艺术与技术研究				
	设计研究				
	电影、视频、新媒体和动画				
	摄影				
	绘画				
	平面设计				
	印刷媒体				
普渡大学	工业设计	3 年 / 全日制	英语	—	西拉法叶
	交互设计				
	室内设计				
	视觉传达设计				
	艺术教育				
	2D 媒体设计				
	工艺和材料研究				
	艺术、文化与科技				
	工艺美术				
伊利诺伊大学厄巴纳－香槟分校	工业设计	3 年 / 全日制	英语	—	厄巴纳－香槟
	可持续设计				
	创新设计				
	工作室艺术				
	可持续性城市设计				

（续表）

学校	专业方向	学制	教学语言	学费	所在地
伊利诺伊大学厄巴纳－香槟分校	艺术教育	3 年 / 全日制	英语	—	厄巴纳－香槟
	艺术史				

1. 哈佛大学

（1）学校简介

☑ 本科课程
☑ 硕士课程
☑ 博士课程

官网：https://www.gsd.harvard.edu/

哈佛大学是一所私立研究型大学，常年荣居 U.S. News 世界大学排名第一，是常春藤盟校、全球大学高研院联盟成员，坐落于美国马萨诸塞州波士顿都市区剑桥市，是美国本土历史最悠久的高等学府，建立于 1636 年。哈佛大学由十所学院以及一个高等研究所构成，坐拥世界上规模最大的大学图书馆系统。哈佛大学在文学、医学、法学、商学等多个领域拥有崇高的学术地位及广泛的影响力，被公认为是当今世界最顶尖的高等教育及研究机构之一。2019—2020 年，哈佛大学位列泰晤士高等教育世界大学声誉排名世界第一。2020—2021 年，哈佛大学位列 U.S. News 世界大学排名第一、软科世界大学学术排名第一、QS 世界大学排名第三、泰晤士高等教育世界大学排名第三。

（2）设计学硕士专业（表 2.3）

表 2.3　哈佛大学设计学硕士专业

专业	简介
设计研究	课程共三个学期，以独立或合作的形式完成研究（可拓展至四个学期）。研究方向为学术规划研究与设计实践研究 / 多学科交叉研究

（续表）

专业	简介
设计工程	课程主要开展在设计和工程的综合领域（通过学科综合创造超出学科领域多方面方案），学生需要对于环境的底层架构问题进行系统级理解，旨在培养出具有创造性和分析能力、战略性思考和擅长整合的创新者

（3）入学要求（表 2.4）

表 2.4　哈佛大学入学要求

申请条件	简介
学历要求	大学本科毕业，成绩优秀，GPA：3.2 分
语言要求	托福成绩：100.0 分 / 雅思成绩：6.5 分 /GRE：1400.0 分
材料清单	照片、毕业证书、在读证明、护照等
	中英文学术成绩单、语言成绩单
	个人简历、个人陈述
	有代表性的获奖证书、发表过的论文、作品集
	推荐信（3 封推荐信，推荐人须来自与学生申请专业相关的学术或商业领域，并能够证明学生在该专业上的能力与资历）
	财产证明（3 ～ 6 个月冻结期）

（4）奖学金（表 2.5）

表 2.5　奖学金

奖学金项目	简介
哈佛大学生命科学奖学金	申请条件：具有一定领导能力和学术成绩（达到 GRE：1500.0 分 /GMAT：740.0 分 / 托福：110.0 分 / 雅思：7.5 分）； 金额：20000 美元；范围：入学新生；名额：7 ～ 10 个
哈佛大学霍勒斯 · W. 戈德史密斯奖学金	申请条件：课外活动 / 非营利组织中的领导能力； 金额：10000 美元；范围：入学新生；名额：7 ～ 10 个

（5）学校环境和评价

波士顿都市区整体来说比较安全，而哈佛大学坐落的剑桥市（Cambridge）是最安全的片区之一。相对来说，整个城市中不太安全的就是市中心或者中心广场（Central Square）那种比较繁华的地方，所以同学们要多加注意。哈佛大学周围大多都是老房子，但是租房条件也算不错，大致一个月 1000 美元一间房。哈佛大学周围学术氛围非常浓厚，多样性也较强，可以接触到不同的人与事物，安全性也比较高，对待国际生很友好，所以能到这个地方读书绝对是人生值得骄傲的事情，我们如果有这个机会，一定要好好把握，尽可能地丰富自己的人生和经历！

2. 新学院大学帕森斯设计学院

（1）学校简介

☑ 本科课程
☑ 硕士课程
☑ 博士课程

官网：https://www.newschool.edu/parsons/

美国帕森斯设计学院是全美最大的艺术与设计学校，与世界时尚最高学府意大利马兰欧尼学院、英国中央圣马丁设计学院、巴黎高级时装学院 ESMOD 并称世界四大设计学院。帕森斯设计学院成立于 1896 年，共有 1700 多位学生，33 位全职教师，总师生比约为 1:15。1904 年，因艺术教育家法兰克·帕森斯的加入，该学院启动了一系列突破性的项目，设计开始走入日常生活。1970 年时，帕森斯设计学院正式与纽约的新学校（New School）合并，该举不仅为帕森斯设计学院拓宽了教育的平台，还加强了学术知识与社会实践的联系，帕森斯设计学院开始逐步成长为全美最大的艺术与设计学校之一。除纽约本部外，帕森斯设计学院在巴黎设立了校区，以及在多米尼加、日本、马来西亚和韩国也有相关的姐妹学校，是一个名幅其实的国际化院校。国际视野是帕森斯设计学院成功的重要因素之一。与此同时，帕森斯设计学院在孟买和上海设立了学术中心，为国际学子提供了更多求学的机会。

（2）设计学硕士专业（表 2.6）

表 2.6　新学院大学帕森斯设计学院设计学硕士专业

专业	简介
建筑与照明设计	此专业学生可以申请结合 NAAB 认证的建筑硕士和照明设计的双学位课程（不排除单个专业录取）。毕业生可从事工程、城市规划、景观设计或室内设计的工作
通信设计	该专业专为在图形和视觉通信方面拥有设计实践并正在寻求发展数字产品设计专业技能的人员量身定制。专注于数字产品设计，提供满足不断增长的市场所需的尖端概念和战略设计方法
数据可视化	此学位是一个多学科学位，将视觉设计、计算机科学、统计分析和数据表示相结合。该专业响应了对能够将数据转化为洞察力的专家日益增长的需求。将学习理解和应用数据呈现方式和在当今信息经济中塑造意见、政策和决策的方式
设计与科技	该专业以批判的眼光看待技术，展示计算技术对生活的影响。实践领域包括可穿戴技术、游戏设计、新媒体艺术、数字制造、物理计算、交互设计、数据可视化和批判性设计
设计与城市生态	该专业从根本上重构了设计与城市生态的关系，旨在为城市建设和设计提供实施方案
服装设计与社会	该专业是跨学科的和国际化的，专注于对全球时尚的研究，希望为时装设计做出实质性的贡献。该计划由校友唐娜·卡兰发起，得到了众多合作伙伴的支持
设计与策展研究史	帕森斯设计学院与史密森尼设计博物馆联合提供的这一硕士学位课程以策展研究和社会文化背景下的设计史为特色
工业设计	本课程将探索在本地化环境和全球化环境下生产商品的方式，将高级制作技能与批判性探究相结合
室内设计	帕森斯设计学院的室内设计课程具有独特的优势，将设计作为一种社会实践是该专业课程的理念

（续表）

专业	简介
灯光设计	灯光设计是帕森斯设计学院的特色专业，探究灯光设计理论、技术应用与能源节省之间的关系。此学科课程侧重于人类体验、可持续性和照明设计对社会的影响
战略设计管理	此课程将设计思维、管理和应用社会科学结合在一起，毕业生可从事国际展览、商业摄影、纪录片制作和艺术相关等多种职业
摄影	摄影专业致力于培养实践艺术家和学者，重新定义摄影在当代文化中的创造性作用。希望毕业生可以跳出当前的摄影范式和趋势
全球领导力的战略设计	该课程将设计思维、管理和应用社会科学结合在一起，以满足全球企业和组织应对 21 世纪复杂的经济、环境和社会挑战的需求
纺织品设计	此课程为与纺织品相关的越来越多的混合领域（如时装设计、产品设计、室内设计、纺织品研究、布景设计、美术、建筑设计等）提供人才
跨学科设计	该专业强调以设计为主导，采用协作的方法进行设计和研究

（3）入学要求（表 2.7）

表 2.7　帕森斯设计学院入学要求

申请条件	简介
语言要求	雅思成绩：7.0 分 / 托福成绩：92.0 分 /PTE 成绩：63.0 分
材料清单	申请表
	学士学位证书（需提供英文翻译附件）
	中英文学术成绩单（大学时期的学习成绩，或是在专业学术机构学习获得的学位或是学习证明，需提供英文翻译附件并且把成绩换算成美式成绩的格式）、语言成绩单（须是两年内成绩）
	个人陈述（概述申请人之前的学习经历，相关的工作经验，旅行、展览或演讲等经验，可详述所任职的日期和职位）
	作品集（提交 25 ~ 40 张图像，并且提供设计草图）
	推荐信（申请者须提交两份推荐信，来自老师或者一起工作过的专业人士）

（4）奖学金（表 2.8）

表 2.8　奖学金

奖学金项目	简介
约翰 · L. 迪西曼奖学金	申请条件：主要资助对象为对可持续发展、设计、建筑感兴趣的学生； 金额：40000 美元
威廉 · 伦道夫 · 赫斯特奖学金	申请条件：奖学金根据申请人的创意项目和经济状况进行发放。那些对城市和全球可持续、多样化问题做出提案，并通过艺术设计实践做出展示的学生，在申请时更有优势； 金额：2000 美元；范围：参与社会艺术与设计项目的学生；名额：6 个
新挑战奖学金	申请条件：针对当地或全球环境和社会面临的挑战问题，提出解决方案，并最终获胜的学生； 金额：2500 ~ 10000 美元

（5）学校环境和评价

帕森斯设计学院位于第五大道，地处繁华的曼哈顿。因不断地扩张，学院由原来的一栋楼，新增到两栋楼。帕森斯设计学院注重设计和创意，学校内的标语、标志等十分富有设计感。纽约市里很多博物馆、米其林餐厅，还有工作室，都很适合喜欢艺术的人。

3. 罗德岛设计学院

（1）学校简介

☑本科课程
☑硕士课程
☐博士课程

官网：https://www.risd.edu

罗德岛设计学院（简称“RISD”）是美国艺术与设计学院的先驱，创建于 1877 年 3 月 22 日，是一所在美国名列前茅且享誉全球的著名设计大学。学院十分注重学生的基本功，入学后第一年的基础课程里，学校会要求学生修读设计课程，例如平面设计、立体设计、素描、手绘等。罗德岛设计学院注重手工实作，以此来训练学生扎实的基本功与反复推敲的思考方法。学院的教授透过严谨的画室课程，着重教授创作过程；在教学中，他们会提出精湛的反馈，借以激励学生创作出拥有强烈自我风格的创新作品。学生一旦精熟各种素材，就可形成自己的艺术观点，并且学得独立解决问题的技能。在 RISD 就读等于拥有偌大的获得卓越资源、师资、设备及就业的机会。RISD 和布朗大学长期以来一直享有互惠互利的关系，每个学生都可以在对方学校免费注册选修课程。

（2）设计学硕士专业（表 2.9）

表 2.9　罗德岛设计学院设计学硕士专业

专业	简介
设计工程	设计工程艺术硕士是一项强化专业，旨在促进设计和工程交叉领域的创新。合作是该专业的核心，学生与一系列专家配合，共同完成公共卫生、教育、气候变化等问题的替代框架
工业设计	本专业学生主要学习工业设计的基础理论与知识，来处理各种产品的造型与色彩、形式与外观、结构与功能、结构与材料、外形与工艺、产品与人、产品与环境、产品与市场的关系，并将这些关系统一表现在产品的造型设计上

（续表）

专业	简介
家具设计	罗德岛设计学院的家具设计专业和投资研究合作者建立了合作，学生既可以帮他们设计商业产品，也有独立的自由展示自己设计的机会
绘画	绘画艺术硕士课程强调通过工作室实践来实现个人艺术素养的成长
插画	罗德岛设计学院的插画硕士课程鼓励具备较强的创作和批判性思维能力的有经验的视觉传播者前来学习
版画	此课程将新的艺术和技术方法与版画的历史相结合，探索印刷技术。课程中可以得到来自教师、来访艺术家和印刷界专业人士的指导。学生需掌握凹版印刷、平版印刷、丝网印刷、浮雕、照片和数字方法
平面设计	平面设计研究生课程通过强调社会背景、媒体和美学在可见语言系统生产中的作用，为学生的专业实践做好准备
陶艺	虽然陶艺专业在罗德岛设计学院规模相对小，但丝毫不比其他专业逊色。也正因为学生人数较少，罗德岛设计学院的陶艺专业基本上能满足学生和老师一对一的高辅导要求
纺织品设计	罗德岛设计学院的纺织专业有一个设备齐全的燃料实验室，几个丝网印刷室和一个计算机辅助实验室，里面装有最新的工业纺织设计软件
雕塑	雕塑课程内容是工作室实践、小组对话、与来访艺术家的讲座和会议，以及工作室选修课，以提高每位艺术家的技能和制作方法
玻璃	该校玻璃专业具有一个独特的学位项目工作室，该工作室每年都会邀请一大批业内艺术家、评论员以及美术馆馆长来访做讲座
珠宝设计和金属加工专业	此专业的罗德岛设计学院老师数量很多，而且他们都是珠宝设计行业的领先人，师生比率比其他院校高，所以学生与老师近距离接触交流的机会很多
数字媒体	该专业以批判性和去殖民化理论、环境科学、声音研究等为基础，鼓励学生使用广泛的研究方法和形式（包括数字和模拟）来研究作为一种创造性媒介和文化历史现象的技术
摄影	学院为研究生提供最先进的技术设备，课程包括胶片和数字摄影、数字视频和多媒体制作等，并为研究生提供独立工作室。本专业基础课程为胶片冲洗加工和暗房印刷，数字采集、成像等，专业课程还包括广告、时尚、杂志等商业摄影。学院教授均为国际认证摄影专家
艺术 + 设计教学 + 学习	教学艺术硕士是一项为期一年（夏季至次年春季）的密集型教师预备课程，面向有资格在美国工作的艺术家和设计师开设

（3）入学要求（表 2.10）

表 2.10　罗德岛设计学院入学要求

申请条件	简介
语言要求	雅思成绩：6.5 分 / 托福成绩：93.0 分
材料清单	申请表格与申请费
	中英文学术成绩单、语言成绩单
	作品集（包含 10 ~ 20 页视觉设计作品的作品集）
	意向书（须上传 500 ~ 750 词的书面意向书，说明学生之所以选择该专业的目的及兴趣所在）
	推荐信（3 封推荐信。推荐人必须能够直接与学生有联系，了解学生的艺术及学术成就，且能够对学生读研的潜力作出评价）

（4）奖学金

罗德岛设计学院向研究生提供研究生奖学金（Graduate Fellowship）、研究生助学金（Graduate Assistantship）（如 RA 奖学金），通常国际学生在入学第一学期不能申请助学、奖学金。

（5）学校环境和评价

罗德岛设计学院是一所集艺术与设计学科为一体的世界顶尖设计学院，工业设计专业一直稳定在全美第一的位置。学校在美国罗德岛州普罗维登斯城，离波士顿火车车程 1 小时，离纽约巴士车程 3 个半小时。普罗维登斯有欧洲城市的精致感，城市虽然不大，但“五脏俱全”，基本的生活需求在步行 20 分钟内都能完成。开车 20 分钟可以到达任何一家超市，包括中国和越南超市。罗德岛设计学院建筑沿河分布，博物馆定期会更新展品，本校的学生可以常去参观。

4. 耶鲁大学

（1）学校简介

☑ 本科课程
☑ 硕士课程
☑ 博士课程

官网：https://www.yale.edu

耶鲁大学是一所世界著名的私立研究型大学，美国大学协会的 14 所创始院校之一，也是著名的常春藤盟校成员。耶鲁大学作为美国最具影响力的私立大学之一，其本科学院与哈佛大学、普林斯顿大学本科生院齐名，历年来共同角逐美国大学本科生院美国前三名的位置。耶鲁大学的教师阵容、课程安排、教学设施方面堪称世界一流。耶鲁大学有 22% 的学生来自国外，为学生提供了多样而令人兴奋的全球性的学习环境。耶鲁大学于 19 世纪初就开始招收国际学生，目前，耶鲁已经招收了来自 123 个国家的国际生。其图书馆馆藏高达 1500 万册。

（2）设计学硕士专业（表 2.11）

表 2. 11　耶鲁大学设计学硕士专业

专业	简介
版画	在皇冠街 353 号有很多数百平方米的工作室，设施齐全，里面有铜版印刷机和平版印刷机，还有丝网印刷设备以及一些现代化计算机资源
平面设计	耶鲁大学的平面设计和一般艺术院校的平面设计不同，要求学生对作品进行研究，并且要求写论文，是很学术的一个专业

（续表）

专业	简介
雕塑	雕塑楼里每个学生都有单独的工作室，学校里有木工车间、金属车间、石膏设备、一个小型计算机实验室以及一些视频设备。学生和院系教师经常有 1 对 1 的讨论机会，整个雕塑专业也经常举办研讨会，以方便广大师生一起交流、共同进步。学校鼓励学生选修一些其他专业课程以丰富自己的知识面
摄影	此摄影研究生专业在全美排名第一。学生会得到一些黑白和彩色照片拍摄的指导。每周都有艺术家、评论家小组来访，和学生进行讨论，对学生的作品进行评价

（3）入学要求（表 2.12）

表 2.12　耶鲁大学入学要求

申请条件	简介
语言要求	雅思成绩：7.0 分 / 托福成绩：100.0 分，机考：250.0 分，传统：550.0 分，且听力与口语不得低于 28.0 分
材料清单	申请表
	学术成绩单（在初审环节中，学生必须向学校上传自己的非正式成绩单。学生只有在接到学校的面试通知之后，才需要向学校递交自己的正式成绩单）、语言成绩单
	个人陈述（篇幅在 1 页之内，词数不得超过 500，须介绍自己在专业上的影响、兴趣、目前的工作方向，并简要介绍自己到目前为止的生活经历以及申请研究生专业的原因）
	作品集（作品集至少一半的创作内容须为最近 1 年内创作，所有图片内容都必须为最近 3 年内创作，须从自己的作品集中选取一张图片作为“代表作”）
	推荐信（3 封推荐信，推荐人须来自与学生申请专业相关的学术或商业领域，并能够证明学生在该专业上的能力与资历）

（4）奖学金

耶鲁大学硕士项目通常没有奖学金，学生需自费攻读，仅有在经费有余的情况下，学生可申请本科助教，获得助教奖学金。

建筑学项目所有学生基本上一旦被录取，可自动考虑全额奖学金授予，无需单独申请。入学之初，奖学金形式主要以助教奖学金为主，研三开始以助研奖学金为主。奖学金可涵盖全部学费、生活补助和医疗保险。

（5）学校环境和评价

耶鲁大学是全美第三古老的高等学府，位于康涅狄格州的纽黑文市，是一个规模不大的城市。校园建筑风格多样，涵盖了各个历史时期的设计风格，例如哥特式风格与粗野主义风格。在耶鲁大学的生活丰富多彩，学校附近的自然公园很多，周末可以约上三两好友去踏青郊游，呼吸新鲜空气；体育馆对学生免费开放，篮球场、健身房、游泳馆都是世界级的标准，也有很多额外的舞蹈、体育技能课程可以付费学习；纽黑文市有很多酒吧，"欢乐时光"（happy hour）有的时候啤酒便宜得像白开水，爱喝酒社交的学生不要错过；康涅狄格州本身离纽约也很近，从耶鲁去曼哈顿只需要两小时的火车车程，周末很值得去逛逛博物馆或者改善伙食。

虽然是世界顶尖的学府，但耶鲁并非像世人想的那样严肃古板，其建筑以哥特式和乔治王朝式风格为主，多数建筑有百年以上的历史。古典建筑和少数现代风格的建筑交相呼映，一些现代建筑常被作为建筑史中的典范出现在教科书中。红砖白瓦，林荫小道，错落有致的房屋分布，即使作为百年学府，耶鲁也焕发着勃勃生机，被评为全美最美校园之一。走进耶鲁大学，著名的菲尔普斯门就是大家梦开始的地方。新生从这里鱼贯而入，毕业生走出大门走向社会，接受现实的洗礼。穿过菲尔普斯门，老校园就尽收眼底。最老的建筑可追溯至1750年的康涅狄格大楼，其余基本在19世纪建成。

5. 麻省理工学院

（1）学校简介

☑本科课程
☑硕士课程
☑博士课程
官网：https://www.mit.edu/

麻省理工学院位于美国马萨诸塞州波士顿都市区剑桥市，主校区依查尔斯河而建，是一所世界著名私立研究型大学。它的艺术设计学院主要包括两所：建筑学院和艺术学院。波士顿是世界著名的大学城，波士顿地区名校众多，麻省理工学院是这些大学中的佼佼者，尤其在工程技术方面的排名时常位列世界第一。麻省理工学院不仅综合实力稳居世界前列，还研发高科技武器。虽然麻省理工学院不是常春藤盟校成员，但基于其在学术领域的领先地位，麻省理工学院也常被纳入常春藤编外成员。麻省理工学院与哈佛大学、斯坦福大学、加州大学伯克利分校并称为“美国社会不朽的学术脊梁”。截至 2020 年 10 月，先后有 97 位诺贝尔奖得主曾在麻省理工学院学习或工作，在全球和全美高校中分别列第五名和第四名。先后有 26 位图灵奖得主在麻省理工学院工作或学习过，仅次于斯坦福，位列世界第二。有 8 位菲尔兹奖得主曾在麻省理工学院工作，位列世界第七。截至 2016 年，在麻省理工学院现任教授中共有 79 位美国国家科学院院士、57 位美国国家工程院院士

（2）设计学硕士专业（表 2.13）

表 2.13　麻省理工学院设计学硕士专业简介

专业	简介
媒体艺术与科学	学生通过位于麻省理工学院建筑 + 规划学院的媒体艺术与科学项目来到媒体实验室。每年，该专业接受大约 50 名硕士和博士候选人，他们的背景从计算机科学到心理学、建筑学到神经科学、机械工程到材料科学等

（3）入学要求

以下是麻省理工学院设计学专业研究生入学要求（表 2.14）。

表 2.14 麻省理工学院申请要求

申请条件	简介
语言要求	雅思成绩：7.0 分 / 托福成绩：100.0 分 /SAT 成绩：1520.0 分
材料清单	申请表
	大学成绩单（中英文版，成绩单上必须有毕业院校学籍管理办公室的公章）
	个人简历（中英文版，内容包括工作经验、旅行经历和展览等经验）
	作品集
	推荐信（由毕业院校的教师或教授，或曾任职的工作单位提供）

（4）学校环境和评价

麻省理工学院是位于美国马萨诸塞州剑桥市的私立研究型大学，成立于 1861 年。主校区沿查尔斯河而建，以响应当时美国与日俱增的工业化需求。学校采用了欧洲理工大学的模式办学，早期着力于应用科学与工程学的实验教学。

麻省理工学院最著名的是大理石建筑——罗杰斯楼。这座建筑以其壮丽的外观和精致的细节而闻名于世。罗杰斯楼作为学校的象征之一，不仅是学生们读书学习的地方，也是一座艺术品。著名的斯隆大草坪位于校园的中心，是学生们放松休闲的场所，也是举办校园活动的地方。此外校园里还有著名的艺术装置“大老虎”。

6. 芝加哥艺术学院

（1）学校简介

☑本科课程
☑硕士课程
☐博士课程
官网：https://www.saic.edu/

芝加哥艺术学院（简称“SAIC”）是美国顶尖的艺术教育机构之一，由博物馆和学校两部分组成，于1866年建校。前身为芝加哥设计学院（the Chicago Academy of Design）。芝加哥艺术学院隶属于芝加哥博物馆，以收藏大量印象派作品以及美国艺术品著称，如克劳德·莫奈、文森特·梵·高等画家的著作均藏于此。芝加哥艺术学院和博物馆现在仍是国际公认的美国最领先的两个艺术机构。五十多年来，芝加哥艺术学院在培养世界上最具影响力的艺术家、设计师和学者方面一直处于领先地位。芝加哥艺术学院位于芝加哥市中心，其美术研究生课程在美国新闻与世界报道排名中位居美国第二，提供跨学科的艺术和设计方法以及世界一流的资源，包括芝加哥艺术学院博物馆、校园画廊和最先进的设施。芝加哥艺术学院的学生可以自由冒险并创造改变芝加哥和世界的大胆想法，继续教育课程中的成人、青少年和儿童有机会探索他们的创造性、提高他们的技能。

（2）设计学硕士专业（表2.15）

表2.15　芝加哥艺术学院设计学硕士专业简介

专业	简介
陶瓷	本专业从丰富的技术和文化传统以及高科技工业应用中汲取灵感，学生将体验独特的当代陶瓷研究和实践。学院开设了探索陶瓷跨学科主题的课程，例如建筑、室内建筑和设计对象、纤维和材料研究、雕塑和性能之间的交叉和共享
雕塑	该专业提供了概念、空间、材料和基于过程的挑战，学生通过这些挑战学习、理解、为不断变化的文化景观做出贡献。学生可以探索新媒体、新兴技术和装置以及传统技能和媒体，如雕刻、焊接、模具制造和铸造工作

（续表）

专业	简介
纤维和材料研究	该专业为您提供纤维、材料和工艺的跨学科研究，其中包括：纺织品构造、雕塑、装置、动作和工艺等艺术制作方法。课程强调在当代艺术背景下生产纺织品和纤维艺术，并得到当前理论话语的支持。学生将学习广泛的纺织结构、表面技术和工艺，包括：编织、印花、染色、针迹、软雕塑、毡制、针织、钩针、纺纱、拼贴和装饰。学院工作室配备模拟和数字设备，学生在结合数字技术和计算机辅助制作方法的同时，可参与思考和使用手工流程
新兴技术设计	该专业为学生提供界面设计、物理交互设计、信息架构、物理计算、基于软件的优化和分析以及嵌入式控制和机器人激活设计方面的资源。这是一个 60 学分的课程，支持 14 个部门的创造性工作、探究和调查。我们鼓励、支持学生与研究任何领域的教师和同行合作
艺术与技术研究	艺术与技术研究是一个专注于将技术用作艺术媒介的美术专业。这两个领域的融合统一了该部门并为其实验精神奠定了基础。在目前的配置中，该专业教授许多课程。与其他使用技术为传统形式服务的学科不同，艺术与技术研究的教师和学生将技术本身作为他们的媒介
设计研究	设计研究课程适合希望推进、定义和重塑他们的实践的设计从业者。这是一个 60 学分的课程，旨在提供最大的灵活性来满足学生的个人需求
电影、视频、新媒体和动画	电影、视频、新媒体和动画专业支持并鼓励对激进形式和内容进行实验。该系涉及广泛的领域，包括电影、动画、基于时间的装置和新媒体。我们是这些艺术形式在其所有当代场所的理论实践者：博物馆、画廊、互联网、节日、电影院、街道、微型电影院、音乐俱乐部、移动设备、表演场所以及基于社区的公共项目
摄影	芝加哥艺术学院的摄影专业为媒体提供了多方面的方法，包括传统的图像制作形式和以概念为导向的实践，使学校摄影课程具有独特的多样性。摄影专业的学生将探索摄影的实践和理论，向具有多种媒体方法的杰出实践艺术家学习

（3）入学要求（表 2.16）

表 2.16　芝加哥艺术学院入学要求

申请条件	简介
语言要求	雅思成绩：6.5 分 / 托福成绩：80.0 分
材料清单	学术成绩单、语言成绩单
	个人简历、个人陈述（500 ~ 750 个单词）

（续表）

申请条件	简介
材料清单	作品集（提交电子作品集。内容需要包括至少 5 个不同项目，最多 20 张图片或者 10 分钟以内的现代媒体作品，也可以将两者适当混搭。没有设计经验的申请者可以提交一个写作样本或者一个视觉“文章”代替传统的设计作品集。写作样本需要展现申请人的兴趣点和关切点，可以包含图像）
	推荐信（2 封）

（4）学校环境和评价

芝加哥艺术学院位于芝加哥城市最繁华的库克郡鲁普区。交通便捷，捷运系统红、蓝、绿、棕、粉红、绿、紫线等可到达学校及美术馆，学校本身并没有所谓的校园，不过它的地理位置刚好就在密歇根湖畔，以及与千禧公园和格兰特公园相邻，使得学校环境令人感到优雅舒适，在每年四月中旬到九月份天气宜人时常吸引游客前来观光。该学校设有自己的艺术品展览馆（博物馆），拥有许多优秀的艺术作品（如莫奈、梵·高的作品等）供学生观摩学习。该校在《美国新闻与世界报道》艺术专业研究生院排名中位居第三位。

7. 普渡大学

（1）学校简介

☑ 本科课程
☑ 硕士课程
☑ 博士课程

官网：https://www.purdue.edu/

普渡大学是美国著名的理工科学校，特别是学校的工程学院在世界上处于顶尖行列，与麻省理工学院、斯坦福大学、加州大学伯克利分校等一同位列美国工科十强。除了工程学院，在航空航天领域，普渡大学被称为“美国航空航天之母”，也是美国第一所拥有自己飞机场的大学，更是培养出了大量的宇航员。除此之外，计算机也是该校的优势专业，普渡大学在1962年创办了美国首个计算机科学系，并在全美国排名前二十。2020年，根据QS世界大学排名，普渡大学在世界大学之中名前百强，是一所实力强劲的综合型大学。世纪工程胡佛水坝和金门大桥均出自普渡大学师生之手。在理科方面，普渡大学造就过13位诺贝尔奖得主。中国的两弹元勋邓稼先、第一代火箭专家梁思礼、热能工程奠基人陈学俊和王补宣均毕业于此。雄厚的理工科积淀使得普渡大学成为极少数在未开设医学院和法学院的情况下仍位列综合实力世界前一百的大学。

（2）设计学硕士专业（表2.17）

表2.17　普渡大学设计学硕士专业简介

专业	简介
工业设计	普渡大学工业设计提供的硕士课程将追求非凡的设计和制作技能，与开发产品创新和创造新商机所必需的知识、理论和方法相结合
交互设计	基于学校在设计教育和与行业合作方面的经验，交互设计在塑造日常生活方面具有迫切需求。该专业寻求在产品设计中创造物理和虚拟交互的和谐整合
室内设计	普渡大学室内设计培养学生进一步发展他们的独立研究兴趣和专业能力。该专业对室内设计知识的探究、应用和传播进行了实验。研究生课程包括设计方法、研究方法、历史、批判理论等
视觉传达设计	普渡大学视觉传达设计培养学生进一步发展他们的独立研究兴趣和专业能力。该专业对视觉传达设计策略知识的查询、应用和传播进行了实验。研究生课程包括设计方法、研究方法、排版、海报、信息设计、网络通信、高级色彩设计、历史、批判理论等
工艺美术	普渡大学艺术与设计系的工艺美术艺术硕士学位课程欢迎积极进取的学生，并帮助他们在充满活力的跨学科环境中茁壮成长
2D媒体设计	通过绘画、版画和素描，以及艺术创作和研究的多学科方法，二维扩展媒体将当代艺术问题的意识、审美和表达能力的发展以及批判性思维结合在一起，创造具有文化影响的图像和物体。此专业学生有机会将他们的工作与校园内外更大的社会技术话语联系起来，并被鼓励发展与学院内外其他研究领域的跨学科联系

（续表）

专业	简介
工艺和材料研究	通过跨学科的艺术实践和基于材料的技术技能和研究，工艺和材料研究专业的学生结合当代美术和工艺技能，使用尖端技术和批判性思维来想象和创造物体和环境；具有想象力、技术技能，以及对传统和现代材料和方法的理解和欣赏。此专业学生有机会将他们的工作与校园内外更大的社会技术话语联系起来，并被鼓励发展与学院内外其他研究领域的跨学科联系
艺术、文化与科技	通过跨学科的艺术实践和研究，艺术、文化和技术专业的学生将当代艺术、尖端技术和批判性思维结合起来，想象和创造具有文化影响力的作品
艺术教育	该专业研究生课程的重点是艺术教育的研究和理论基础，包括教育的哲学、历史和社会文化基础、教育发展、测量和评估以及课程和教学技术的研究

（3）入学要求（表 2.18）

表 2.18　普渡大学入学要求

申请条件	简介
学历要求	授予的本科、研究生或专业学位的累积平均绩点：3.0 分或同等水平（A=4.0 分）
	西方艺术或设计史至少 3 个本科学时
	室内设计学士或 BFA（仅室内设计需要）
	学习领域：大多数申请人主修艺术或设计，或在艺术或设计领域具有同等经验。所有申请人都应提交专业品质的作品集
语言要求	雅思成绩 6.5 分，阅读 6.0 分，听力 6.0 分，口语 6.0 分，写作 5.5 分 / 托福成绩：80.0 分，写作 18.0 分，口语 18.0 分，听力 14.0 分，阅读 19.0 分
材料清单	学术成绩单
	个人陈述【鼓励发表不超过两页的声明。内容包括描述个人对研究生学习的兴趣、想在本校学习的原因、个人的技能和能力如何与感兴趣的项目相匹配的例子，以及个人职业计划、职业目标或研究兴趣。还可以描述任何特殊情况，并详细说明个人特殊成就、奖项（包括奖学金）或出版的学术刊物】
	作品集（在过去 2 年中完成的至少 20 个作品。注明每件作品的标题、媒介、大小和创作日期）
	3 封推荐信

（4）奖学金

普渡大学研究生有多种资助选择可供探索，包括助学金、奖学金、赠款、贷款和其他财政援助。普渡大学对研究生的经济支持主要以助学金和奖学金的形式授予。超过 60% 的研究生可获得助学金。此外，奖学金办公室拥有许多资源，可提供给要申请奖学金的学生。

（5）学校环境和评价

普渡大学是拥有六个校区的州立大学系统，学生人数约四万人，主校区位于美国中西部印第安纳州蒂珀卡努县西拉法叶。普渡大学的地理位置比较方便，所在的西拉法叶横跨沃巴什河，是个纯朴安静的大学城。距全美第三大城芝加哥约 100 英里（约 160 千米），车程约两小时；距该州首府、全美第十二大城印第安纳波利斯约 65 英里（约 105 千米），车程约一小时。美国铁路每天都有列车经过此地，前往芝加哥或是印第安纳波利斯。因为校园地点十分接近芝加哥，因此在资源共享上，普渡大学不比芝加哥大学差。普渡大学有十五座分散各地的大学生及研究生宿舍区，大部分是双人间，无独立卫生间。也有单人间及三人间套房。有的公寓式宿舍有自己独立的厨房、卫生间等。每栋宿舍楼都有自己的洗衣房，有些宿舍楼有自己的食堂。

8. 伊利诺伊大学厄巴纳－香槟分校

（1）学校简介

ILLINOIS

☑ 本科课程
☑ 硕士课程
☐ 博士课程

官网：https://illinois.edu/

伊利诺伊大学厄巴纳－香槟分校（简称“UIUC”）创建于 1867 年，坐落于伊利诺伊州双子城厄巴纳－香槟市，是一所美国公立研究型大学。该校是美国“十大联盟”创始成员，美国大学协会成员，被誉为“公立常春藤”。校友和教授中有30位获得诺贝尔奖，25位获得普利策奖，在美国公立大学中仅次于加州大学伯克利分校。该校工科专业在全球享有盛誉，几乎所有专业均位列全美前十，其中电气、土木、材料、环境位列全美前五；计算机专业位列全美第二；信息科学专业常年位居全美第一；会计学专业位列全美前三。该校校友创建或参与创建了特斯拉、甲骨文（Oracle）、Youtube、贝宝（Paypal）、AMD、Yelp等世界知名的公司和IT产品，以及JavaScript、Swift等编程语言。该校还拥有全美第二大大学图书馆。

（2）设计学硕士专业（表2.19）

表2.19　伊利诺伊大学厄巴纳－香槟分校设计学硕士专业简介

专业	简介
艺术教育	艺术教育硕士学位是为希望对当代艺术和教育中的问题和辩论进行广泛而批判性的探索的学生而设计的。在伊利诺伊州，教师和研究生在一所研究型大学的背景下建立了一个充满活力的探究社区。这个社区包括教师，他们的兴趣范围涵盖当代艺术和教育中的视觉文化、正式和非正式学习、文化政策和城市研究以及教师培训和身份等主题，为研究生提供了一个激发智力的环境，让他们能为未来博士学习做准备
艺术史	在此专业课程的第一年结束时，所有硕士生都会决定一个专业领域，并确定该领域的哪位教员将成为他们的顾问。在与他们的顾问密切协商后，学生会撰写一份原创论文，作为他们的硕士论文或学术论文提交
工业设计	工业设计研究生的学习由几种类型的课程组成，涵盖设计研究、创新、可持续性、企业家精神和设计的理论背景。学生在研究生工作室有专门的工作站，他们每学期都在那里参加研究生工作室课程。您将在艺术＋设计学院和更广泛的大学的其他地方参加额外的研讨会课程、选修课和课程。该专业提供学生参与赞助研究和协作、跨学科项目的机会。研究生学习的核心是检查不断变化的社会／文化条件、人类需求、新材料、新兴技术以及产品开发中的设计创新机会
可持续设计	可持续设计重点是通过对环境敏感的产品、建筑、景观和城市的有意设计来建立可持续发展的社区；借鉴设计、建筑、景观建筑以及城市和区域规划等学科；专注于帮助解决可持续发展社会中的问题；在一个可持续发展的世界中为未来做好准备，解决复杂问题需要来自许多学科的想法
创新设计	创新设计侧重于研究和实践的跨学科制作。通过实践、学术研究或两者兼而有之，帮助学生为设计领域做出贡献。学生可以通过研究传统印刷媒体和新兴技术来探索负责任的未来，包括但不限于数据可视化、数字交互、信息设计、系统思维和视觉叙事。我们希望毕业生通过设计研究做出重大的学术贡献和实际影响

（续表）

专业	简介
工作室艺术	工作室艺术课程（绘画、雕塑、新媒体、版画和摄影）的学生可接触到整个大学可能的合作者和顾问。从历史上看，学生通过建筑、景观建筑或戏剧课程或在校园内通过性别和妇女研究、媒体和电影研究、历史或英语 / 创意等领域的学习，在美术和应用艺术学院内建立了联系
可持续城市设计	可持续城市设计专业为发展城市设计技能提供多种课程。它旨在为学生提供帮助解决复杂的当代城市设计和可持续性挑战所需的专业知识。该专业为磨练可持续城市设计专业知识提供了一条简明的途径，是在跨学科设计实践、规划和工程公司、政府机构和基于城市规划的非营利组织中寻求专业机会的跳板

（3）入学要求（表 2.20）

表 2.20　伊利诺伊大学厄巴纳 - 香槟分校入学要求

申请条件	简介
学历要求	申请人必须获得美国地区认可的大学的学士学位或美国之外国家认可的高等教育机构的同等学位。最后 2 年本科学习的平均绩点为 3.0（A=4.0）或与国际申请人相当的绩点是入学的最低要求。如果您的本科学习时间超过 4 年，则可能会使用额外的学期来计算入学绩点。请注意，拟议的学习计划可能需要比研究生院的最低标准更高的绩点
语言要求	雅思成绩：6.5 分 / 托福成绩：79.0 分
材料清单	个人信息、简历、个人陈述
	居住信息
	学术历史、成绩单
	推荐信 3 封

（4）奖学金

奖学金：有关奖学金的信息可从研究生院的奖学金办公室获得。

助学金：参加大多数研究生课程的助理可以免收全额学费和服务费，前提是预约时间不少于四分之一且不超过三分之二。

对于大学资助的奖学金、助学金和学费减免，对公民身份、年龄、性别、种族或国籍、婚姻状况没有限制。某些非大学资助的奖学金和助学金可能有限制。在申请此类奖项之前，请咨询学习计划办公室，了解可用的经济援助类型和经济援助截止日期。

（5）学校环境和评价

伊利诺伊大学校园内古老而经典的建筑最早可以追溯到 1800 年，有些还在第一次世界大战时被用作训练场。这所与威斯康辛、密歇根大学齐名的美国中西部顶尖公立学校，校内的设施配置堪称世界一流。如果你觉得耗资 2100 万美元藏书 2400 万卷的图书馆，拥有 5 个剧场、年演出场次超过 300 场的艺术表演中心不算稀奇的话，校内冰上运动场、摔跤场和高尔夫球场会不会让你小震撼一下？除去人数众多所带来的客观竞争之外，该校的录取流程实际上是非常规范化的。只要你在两篇文章中努力强调自己的社会经济背景、外语背景以及特殊天赋，你就有很大机会得到招生官的青睐。奖学金方面伊利诺伊大学厄巴纳－香槟分校也相当慷慨，每年有 1500 位学生可以凭借出色的学术成绩拿到相应的奖学金，其中当然包括全额奖学金。

三、英国设计学高校

本章节主要选取6所英国设计学高校：牛津大学、皇家艺术学院、伦敦艺术大学、伦敦大学学院、爱丁堡大学、拉夫堡大学，对这6所高校的设计学科简介和报考方式进行简要介绍。以下是这6所设计学高校2022年、2021年、2020年QS世界大学学科排名、THE世界大学学科排名和U.S. News世界大学学科排名及专业概览（表2.21、表2.22）。

表2.21　英国设计学高校2022—2020年设计学学科排名

学校	QS世界大学学科排名			THE世界大学学科排名			U.S. News世界大学学科排名		
	2022年	2021年	2020年	2022年	2021年	2020年	2022年	2021年	2020年
牛津大学	35	36	30	4	4	3	1	1	1
皇家艺术学院	1	1	1	—	—	—	—	—	—
伦敦艺术大学	2	2	2	—	—	—	—	—	—
伦敦大学学院	48	48	46	5	5	6	4	4	5
爱丁堡大学	51	4	51	10	10	11	7	7	8
拉夫堡大学	27	31	24	251	151	126	—	—	—

表2.22　英国设计学高校硕士专业概览

学校	专业方向	学制	教学语言	学费	所在城市
牛津大学	纯艺术	9个月/全日制	英语	28560英镑/年	伦敦
	艺术史	9个月/全日制			
皇家艺术学院	室内设计	2年/全日制	英语	29000英镑/年	伦敦
	动画				
	信息体验设计				
	视觉通讯				

（续表）

学校		专业方向	学制	教学语言	学费	所在城市
皇家艺术学院		交互设计	2 年 / 全日制	英语	29000 英镑 / 年	伦敦
		产品设计				
		全球创新设计				
		创新设计工程				
		服务设计				
		交通工具设计				
		绘画				
		版画制作				
		摄影				
		雕塑				
		陶瓷及玻璃				
		珠宝设计				
		纺织品				
		时装设计				
伦敦艺术大学	坎伯韦尔艺术学院	纯艺专业：版画 / 油画 / 绘画 / 数字艺术 / 摄影 / 雕塑	15 个月		23610 英镑 / 年	伦敦
		视觉传达设计	15 个月 / 全日制		23610 英镑 / 年	
		插画	1 年 / 全日制		23610 英镑 / 年	
		室内与空间设计	15 个月 / 全日制（线上或线下授课模式）		线下：26660 英镑 / 年 线上：18890 英镑 / 年	
		设计专业：陶艺 / 家具 / 珠宝	2 年 / 全日制		16945 英镑 / 年	
		设计与制作	15 个月 / 全日制		23610 英镑 / 年	
		全球联合设计制作	2 年 / 全日制		15165 英镑 / 年	

（续表）

学校		专业方向	学制	教学语言	学费	所在城市
伦敦艺术大学	中央圣马丁艺术设计学院	时装设计	1 年 / 全日制	英语	23610 英镑 / 年	伦敦
		时装专业：针织	1.5 年 / 全日制		第一年 21180 英镑 / 年，第二年 12710 英镑 / 年	
		时装专业：女装	1.5 年 / 全日制			
		时装专业：男装	1.5 年 / 全日制			
		城市设计	2 年（非全日制）/5 年（非全日制模块学校）		10355 英镑 / 年（非全日制）；2300 英镑每 20 学分单元	
		建筑设计	2 年 / 全日制		第一年 20210 英镑，第二年 19620 英镑	
		艺术与科学	2 年 / 全日制		15165 英镑 / 年	
		视觉传达设计	2 年 / 全日制		16945 英镑 / 年	
		动画角色设计	2 年 / 全日制		15165 英镑 / 年	
		数字艺术	2 年（线上）/ 全日制		12130 英镑 / 年	
		当代摄影；实践与哲学	2 年 / 全日制		15165 英镑 / 年	
		文化、评论与策展	1 年 / 全日制		23610 英镑 / 年	
		艺术与文化产业	2 年（83 周）/ 5 年（自由选择完成所有单元，非全日制）		10355 英镑 / 年（非全日制）；或 2300 英镑每 20 学分单元	
		纯艺术	2 年 / 全日制		13330 英镑 / 年	
		未来材料设计	2 年 / 全日制		13330 英镑 / 年	
		工业设计	2 年 / 全日制		13330 英镑 / 年	
		再生设计	2 年（60 周线上）/ 全日制		15165 英镑 / 年	
		生物设计	2 年 / 全日制		16945 英镑 / 年	
		设计专业：陶艺 / 家具 / 珠宝	2 年 / 全日制		16945 英镑 / 年	

（续表）

学校		专业方向	学制	教学语言	学费	所在城市
伦敦艺术大学	切尔西艺术设计学院	室内设计	1 年 / 全日制	英语	23610 英镑 / 年	伦敦
		平面设计	1 年 / 全日制		23610 英镑 / 年	
		纺织品设计	1 年 / 全日制		23610 英镑 / 年	
		纯艺术	1 年 / 全日制		23610 英镑 / 年	
	伦敦传媒学院	视觉传达设计	30 周 / 全日制		15740 英镑 / 年	
		视觉特效	15 个月 / 全日制		23610 英镑 / 年	
		品牌形象设计	15 个月 / 全日制		23610 英镑 / 年	
		平面媒体设计	15 个月 / 全日制		23610 英镑 / 年	
		艺术创意指导	15 个月 / 全日制		23610 英镑 / 年	
		社会创新与可持续发展设计	15 个月 / 全日制		23610 英镑 / 年	
		服务设计	15 个月 / 全日制		23610 英镑 / 年	
		3D 电脑动画	15 个月 / 全日制		23610 英镑 / 年	
		虚拟现实	15 个月 / 全日制		23610 英镑 / 年	
		用户体验设计	15 个月 / 全日制		23610 英镑 / 年	
		数据视觉化	15 个月 / 全日制		23610 英镑 / 年	
		交互设计	15 个月 / 全日制		23610 英镑 / 年	
		游戏设计	15 个月 / 全日制		23610 英镑 / 年	
		动画	15 个月（同时开设线上、线下上课模式）/ 全日制		线　下：23610 英镑 / 年 线　上：18890 英镑 / 年	
		设计、媒体与银幕专业	30 周（线上）/ 全日制		18890 英镑 / 年	
		声音艺术	15 个月 / 全日制		23610 英镑 / 年	
	伦敦时装学院	时尚设计与工艺	1 年 / 全日制		23610 英镑 / 年	
		表演服装设计	15 个月 / 全日制		23610 英镑 / 年	
		时尚设计管理	1 年 / 全日制		23610 英镑 / 年	
		时装设计与工艺专业：男装	15 个月 / 全日制		23610 英镑 / 年	
		时装设计与工艺专业：女装	15 个月 / 全日制		23610 英镑 / 年	

（续表）

学校	专业方向	学制	教学语言	学费	所在城市
伦敦大学学院	纯艺术	2 年 / 全日制	英语	29400 英镑 / 年	伦敦
	绘画	1 年 / 全日制		32100 英镑 / 年	
	建筑学	1 年 / 全日制		28500 英镑 / 年	
	艺术媒体	2 年 / 全日制		29400 英镑 / 年	
	雕塑专业	4 年 / 全日制		29400 英镑 / 年	
爱丁堡大学	可持续发展设计专业	2 年 / 全日制 4 年 / 非全日制	英语	23350 英镑 / 年	爱丁堡
	自然艺术空间设计专业				
	文化景观设计				
	设计和数字媒体				
	材料设计				
拉夫堡大学	2D 与 3D 可视化	1 年 / 全日制	英语	26500 英镑 / 年	拉夫堡
	艺术与设计				
	艺术和公共领域				
	工程设计				
	低碳建筑设计和建模				

1. 牛津大学

（1）学校简介

☑本科课程
☑硕士课程
☑博士课程
官网：https://www.ox.ac.uk/cn

牛津大学建立于12世纪，是世界十大学府之一，不仅以先进的学术研究闻名遐迩，而且它那美丽的大学城也为人们津津乐道，童话故事——爱丽丝梦游仙境即以此地为故事背景。在牛津处处都是优美的哥德式尖塔建筑，因此有“尖塔之城”之称。牛津大学是英国第一所国立大学，培育出了无数的顶尖杰出人士。该校包含36个学院，除了各自有不同的建筑特色之外，每个学院为独立自主的教学机构，提供学生课业及生活上的指导。在800多年的历史中，其中有5个国王、26位英国首相、多位外国政府首脑（如美国第42任总统克林顿）、近40位诺贝尔奖获得者就读于牛津大学。

（2）设计学硕士专业（表2.23）

表2.23　牛津大学设计学硕士专业

专业	简介
纯艺术	此专业特点：创新性与想象力。本专业历史悠久，能够为学生提供动态学习的环境，展现一个充满活力的艺术世界。该专业旨在培养学生独特、独立的艺术实践能力。课程包含艺术工作室实践、情境研究和专业实践
艺术史	艺术史本是为了那些对艺术史和实验室艺术有着浓厚的兴趣的学生所设计的专业。通过一系列的课程，学生将会通过不同的方法，透过不同的文化检验艺术，提高自身的研究和表达能力。实验室中的艺术训练将会提高学生的创新能力，可以专注地研究某个特定的时期，或者是特殊的表现形式、表现介质，也可以选择研究考古、建筑、服装等艺术形式

（3）入学要求（表2.24）

表2.24　牛津大学入学要求

申请条件	简介
学历要求	申请者必须获得正规大学本科文凭或同等学历，学院平等对待大学以及其他高等机构经过至少三年学习获得的学位、文凭、证书或其他正规奖励资质。学院也接受修完学业获得毕业证书，但没有学位证的申请者。其他有能力学习这些课程的申请者，学校也同样接收
语言要求	雅思成绩：7.5分/CAE A或者191.0分/CPE C或者191.0分
材料清单	申请表（需要在网上申请）
	学术成绩单、语言成绩单
	个人陈述

（续表）

申请条件	简介
材料清单	作品集（作品集由近期的作品组成，用图像或其他形式做成电子版，通过网站上传并将链接提供给校方。校方将从创造性思维、艺术成就和展示想法的清晰度 3 个方面来评价。图像最多 15 张，视频最长 12 分钟）
	推荐信（3 封）

（4）奖学金

表 2.25　奖学金

奖学金项目	简介
中国牛津奖学金	中国牛津奖学金于 1992 年成立，供已经取得牛津大学研究生入学许可的中国留学生申请，奖学金得主必须在学业完成后返回中国就业。奖学金金额从 1000 英镑至 12500 英镑不等
中国教育部及牛津大学奖学金	中国教育部及牛津大学奖学金是中国留学委员会和牛津大学合作出资的博士奖学金。这个奖学金每年有 5 个名额，是全额奖学金，包括学费和生活费
克拉伦登奖学金	克拉伦登奖学金成立已届满 10 年，是牛津大学规模最大的国际学生奖学金，这个奖学金每年提供 100 多个名额，支付学费和生活费

（5）学校环境和评价

牛津大学创建之时没有规划统一的校区，当时学生和教师都租住在城内不同地方。后来为了管理方便就采用独立学院联合办学的方式，逐渐建起了学院，至今仍保持着这一传统。牛津大学的学院及其机构散布于牛津全城。每个学院由 300~500 名师生组成一个集体，从事不同学科的教学与科研，文理工科基本齐全。大学的建筑也基本都是各个学院自成一体。学院都是由一片片绿茸茸的草坪与四周环绕的中世纪的土黄色哥特式建筑楼群构成的一座座四方院。并且大多数学院是院中有院。有的学院甚至河、湖、花、草、虫、鱼、鸟、兽一应俱全。汉语把英文词 college 译为“学院”，大概就来源于牛津和剑桥的四方“院”。另外，牛津的博物馆也是重要的文化代表。其中阿什莫尔博物馆建于 1683 年，是英国第一座博物馆，比大英博物馆早 70 年，现为英国第二大博物馆。其他如牛津故事博物馆、科学史博物馆、庇特河流人种史博物馆、现代艺术博物馆、大学自然历史博物馆等，在自然科学、艺术、文化等领域都享有很高的声誉。

2. 皇家艺术学院

（1）学校简介

☐ 本科课程
☑ 硕士课程
☑ 博士课程

官网：https://www.royalacademy.org.uk/

皇家艺术学院（简称“RCA”）成立于 1837 年，坐落于英国伦敦，是全球唯一的全研究制艺术院校（无本科教育）。教授们均为国际知名艺术家、从业者和理论家。皇家艺术学院为世界级的艺术与设计学院，也是迄今历史最悠久的艺术教育机构之一，被誉为全球艺术与设计大师的摇篮，学术声誉冠冕全球。在 QS“艺术类学术声誉”评估指标中，是全球唯一多年蝉联满分的学校。位于南肯辛顿地区的校区坐落于具有悠久的历史人文氛围的高尔街，毗邻皇家阿尔伯特音乐厅、皇家音乐学院、帝国理工学院、海德公园、维多利亚和阿尔伯特博物馆以及英国自然历史博物馆等。皇家艺术学院与帝国理工学院共享部分教育资源并有超过 35 年的合作办学的历史。

（2）设计学硕士专业（表 2.26）

表 2.26　皇家艺术学院设计学硕士专业

专业	简介
室内设计	该课程内容有教授讲座、研讨会、小组学习，最终需要交个人论文。皇家艺术学院室内设计有跨学科教育的资源，课程鼓励学生培养实际动手的能力，推动再创造的精神，学生能够在这里体会设计带来的美感与和谐

（续表）

专业	简介
动画	该校的动画专业是国际数一数二的，为学生提供了独特的学习和教导环境，在文化和科技快速变化的时代，学生能够扩大和熟悉动态变化的领域。学校动画专业的重点是培养与产业有关的导演、艺术家和电影制片人。动画专业非常注重视觉精致、创新、多学科艺术和设计，需要发展个人技能和专长
信息体验设计	该专业是植根于研究的一个专业，该专业的课程研究脱离传统工业化的浪潮，基于文化的、独立创造的观点。该专业不仅仅局限于传统的信息传播模式，也不是只追求商业目标。它致力于塑造一个全球信息研究的基地，交互设计的核心理念和信息交互体验设计将在此产生
视觉通讯	该校的视觉通讯课程在全球范围内居于领先地位，课程将充分考虑新兴技术和传统传播的结合，挖掘设计师和社会大环境之间多样性的变化关系，充分考虑产品制造和理念创新的区别。学校致力于通过技术、创新思想的发展，结合有力的行动，定义和创建一个更好的世界
交互设计	交互设计积极鼓励研究新的设计方法和新环境与角色的设计，其中涉及社会、文化和伦理道德对当前和新兴技术的影响
产品设计	产品设计专业认识到设计是一个从根本上塑造世界和改变世界的过程。学校目标是为学生们找到他们自己的位置。虽然专注产品家具设计，但学校并没有限制此专业涉及的领域，其课程性质是多元化的，鼓励学生拥有多样化的思想、观点和意识形态
全球创新设计	全球创新设计是英国皇家艺术学院和帝国理工学院合作创建的一个新课程，全球创新设计创造性地将欧洲、北美和亚洲三个地区顶尖的设计、文化和企业中心结合到了一起；四所国际知名学院的课程结合到一起体现课程设置的国际化，因此学校能够较好地利用四个学院教学经验丰富的教授以及互为补充的设计、工程、技术和商业课程
创新工程设计	该校的创新工程设计课程处在领域内的前沿地带，课程主要包含产品创新发展，同时还涉及实验、设计、工程和企业动态等领域。课程鼓励学生接触现实社会中存在的重要问题，发展和培养学生卓越的技术、设计能力和社会适应能力
服务设计	服务设计课程成功地创立了“伦敦设计”核心平台。该校为学生提供了跨学科互动的环境，旨在把学生培养成为服务设计领域的专家
交通工具设计专业	该校的交通工具设计专业是世界领先的。该专业旨在开拓新的设计、创新和方法，为大家的未来创造环境。交通工具设计是一个复杂的学科，涉及空气动力学、环境的影响、人体工程学、法律、材料、生产、安全和技术
绘画专业	设置绘画专业研究学位的主要目的是培养艺术家，这些艺术家都是工作了几年、有自己的研究项目和开始建立个人作品集的人。该专业提供机会给这些艺术家，让他们去发展、实现和呈现一个当代艺术界明确定义的项目，支持他们在当代艺术界的发展，以及在学术界达到最高水平

（续表）

专业	简介
摄影专业	该校的摄影教学方法有一个显著特点，它涉及当代艺术的实践和理论，而不是媒体和通信项目
版画制作专业	该校的版画专业引以为豪的是吸收学生的多样性和它承诺支持每个学生寻找一个适合自己兴趣和欲望的视觉语言。课程的独特之处是它在所有印刷工艺过程中提供专业技术指导员的支持
雕塑专业	该校的雕塑专业有着悠久的历史，随着社会、政治和经济形势的变化，雕塑行业也经历了潮涨潮落的过程，该校欢迎来自不同背景和有不同经历的人
陶瓷及玻璃专业	该校的陶瓷及玻璃专业在研究和实践方面是世界层面的佼佼者。但是，该校不将陶瓷及玻璃仅看作是媒介的混合，他们鼓励和欢迎学生具备多样性和广泛性的思想。学校相信学生在这里能学到决策技能和思想的同步发展。学生们通过工作讲座、教程和自己的实践学习和理解艺术
珠宝设计专业	该专业科系对社会和人文景观的变化有迅速反应，并借鉴历史和技术来培养有智慧和创造性思维的艺术家，以推动珠宝首饰行业的发展
时装设计专业	该专业近些年不断发展，因此越来越具有支持性、挑战性的和与它的学生和时尚界的需求有关。课程内容包括技术研讨会、专业实践计划、国际访问和嘉宾演讲
纺织品专业	该专业学生采用传统和创新的技能，同时探索不断变化的材料和技术。他们创造多样化的解决方案，跨学科学习，包括时装、室内设计、汽车设计和画廊的布置。个人的研究和独特的设计理念是纺织品研究生的核心课程

（3）入学要求（表 2.27）

表 2. 27　皇家艺术学院入学要求

申请条件	简介
学历要求	申请者必须获得正规大学本科文凭或同等学历，学院平等对待大学以及其他高等机构经过至少 3 年学习获得的学位、文凭、证书或其他正规奖励资质。学院也接受修完学业获得毕业证书，但没有学位证的申请者。其他有能力学习这些课程的申请者，学校也同样接收
语言要求	研究生文凭课程：雅思总分 5.5 分，写作 5.5 分，其他技能 5.5 分；TOEFL iBT 总分 72.0 分，写作 17.0 分，听力 17.0 分，阅读 18.0 分，口语 20.0 分
	MA 和 MRes 课程（GID 除外）：雅思总分 6.5 分，写作 6.0 分，其他技能 5.5 分；TOEFL iBT 总分 88.0 分，写作 20.0 分，听力 17.0 分，阅读 18.0 分，口语 20.0 分

（续表）

申请条件	简介
语言要求	MA/MSc 全球创新设计：雅思成绩：7.0 分，写作 6.5 分，其他技能 5.5 分；TOEFL iBT 总分 95.0 分，写作 22.0 分，听力 17.0 分，阅读 18.0 分，口语 20.0 分
	MPhil 课程：雅思总分 6.5 分，写作 6.5 分，其他技能 5.5 分；TOEFL iBT 总分 88.0 分，写作 22.0 分，听力 17.0 分，阅读 18.0 分，口语 20.0 分
	PhD 课程：雅思总分 7.0 分，写作 7.0 分，其他技能 5.5 分；TOEFL iBT 总分 95.0 分，写作 24.0 分，听力 17.0 分，阅读 18.0 分，口语 20.0 分
材料清单	申请表
	学士学位证书
	英文学术成绩单、语言成绩单
	护照副本、签证、移民历史
	个人陈述（字数限制在 300 字，主要介绍个人情况、兴趣和申请皇家艺术学院的原因，以及未来的计划）、写作样本
	作品集（提交 5 个项目，使用 PNG 或者 JPG 格式的文件上传。每个项目都需注明项目标题、项目时间、简短的项目描述等信息。需要注意的是，上传时应注明是否为团队或者个人项目，如果是团队项目一定要注明自己负责的部分）
	推荐信

（4）奖学金（表 2.28）

表 2.28　奖学金

奖学金项目	简介
Ameea 奖学金	4 项智能交通奖学金、1 项纺织奖学金； 奖学金价值：全额学费奖学金，外加 2000 英镑的生活费
巴宝莉设计奖学金	奖学金价值：7 份全额学费奖学金
中国社会科学院艺术奖学金	奖学金价值：1 份全额学费奖学金
Liu Ling 奖学金	奖学金价值：全额学费奖学金，外加每学年 12000 英镑的生活费津贴

（5）学校环境和评价

英国皇家艺术学院坐落于伦敦著名的历史文化区南肯辛顿，毗邻皇家阿尔伯特音乐厅、皇家音乐学院、帝国理工学院、海德公园、维多利亚和阿尔伯特博物馆及英国自然历史博物馆，地理位置优越，艺术氛围浓厚。皇家艺术学院是全世界唯一的全研究制大学。不同于英国其他大学硕士学制 1 年，皇家艺术学院学制为 2 年。位于巴特西的新校区已投入使用，2015 年全部建成，超过 300 名学生在这里学习生活。皇家艺术学院每年都会接受大量的访问学者，开设交流演说等一系列学术活动，为学生提供了国际化的视野和在艺术领域深造的机会。英国皇家艺术学院已经接收了来自全球 60 多个国家的学生。

3. 伦敦艺术大学

（1）学校简介

☑ 本科课程
☑ 硕士课程
☑ 博士课程
官网：https://www.arts.ac.uk/

伦敦艺术大学（简称“UAL”）前身为伦敦学院。1986 年成立于英国伦敦，采用书院联邦制。UAL 将世界上最著名的致力于艺术、设计、表演等相关领域的多所建于 19 世纪的古老艺术学院联合。该校涌现了许多艺术、时尚、传媒等领域的杰出人才，培养了大量世界著名的艺术家、演员、设计师与艺术工作者。伦敦艺术大学由 6 所学院组成：中央圣马丁艺术设计学院、伦敦传媒学院、伦敦时装学院、切尔西艺术设计学院、坎伯韦尔艺术学院、温布尔登艺术学院。这几大学院虽同属伦敦艺术大学，但各自又都有较高的独立性，因此有些专业在不同的学院都有开设相关课程，申请时需格外注意。这些专业虽名称相同，但不同学院的授课风格却迥然不同。

（2）设计学硕士专业（表 2.29）

表 2.29　伦敦艺术大学设计学硕士专业

学院	专业	简介
坎伯韦尔艺术学院	纯艺术：版画/油画/绘画/数字艺术/摄影/雕塑	此专业提倡“实践即调研”的理念，在专业进修中，艺术实践和整体的创造被视为一种调研模式。讲座、研讨会为学生定位实践方向提供思路，并加深学生对社会、文化和伦理环境的理解。此课程将鼓励学生表达想法并将作品通过批判性创作和演讲的方式传播
	设计与制作	本课程提供了很多机会通过实践和理论来进行研讨和研究。欢迎美术与设计背景的学生申请，也面向包括建筑师、手工艺家、一次性和小批量产品的制造商、制陶艺术家、模型设计师、珠宝设计师等人员来报名进修
	视觉传达设计	本课程旨在培养视觉创意设计师。通过提供有支撑效果和灵活的模式鼓励独特视角的探索和实现，并对过程或技术的创新使用或者是对新的创作模式进行研究。在课程中需要在广泛的文化背景下探讨实践的可能性，思考在社会、环境和道德问题中的角色和责任，学会挑战并重新定义现有的设计疆界
	全球联合设计制作	本专业是一门从不同方法和背景解读联合国可持续发展目标的课程。该项目应对全球挑战，包括贫困、不平等、气候变化、环境退化、和平与正义等主题。由英国伦敦的坎伯韦尔艺术学院和日本京都的京都理工学院共同设计和主办。学生在毕业后将会获得两个硕士学位。欢迎来自所有设计学科的申请者，以及来自与设计重叠的领域的申请者
	设计：陶艺/家具/珠宝	陶艺、家具和珠宝的设计工作对学生关于历史文化和传统的理解都有很高的要求。此外课程还会涉及与人体有关的手工产品。此课程致力于开发学生的创造力、想象力，提高其专业化水平
中央圣马丁学院	时装设计	此专业课程为期一年，旨在为学生提供一个以全新视角去审视他们的工作和创作方向的机会。同时学生将从中了解服装设计的背景或与其紧密相关的规则。本课程的教学重点强调学生的自由创作和探索，以及为学生提供体验伦敦的机会

（续表）

学院	专业	简介
中央圣马丁学院	时装：针织	时装硕士课程是一个享有国际盛名的课程。该课程设计是为了扩大和深化学生现有知识，并给予他们在最高水准的国际时装界工作的必要经验和信心。在国际产业大背景下，课程会激励和巩固学生的想象力和创造性。课程的一个突出的特点就是与业界紧密相连，学生有最直接的机会参与到高端设计中去，并与世界上的知名设计师一起工作。目前，已有众多毕业生们与世界上最知名的时尚领袖和评论家们一起，从事着为人瞩目的时装事业
	时装：女装	
	时装：男装	
	城市设计	本课程借助伦敦市中心的优势位置，将设计作品逐渐由伦敦辐射到世界。课程能够通过提升策略与方法论来发展壮大所针对地区的变化，同时也将给予高效的可持续性发展战略
	建筑设计	此专业课程从艺术与设计实践的角度出发，旨在培养动态的设计及制作理念。此外，课程帮助学生在成为职业建筑师的道路上提供了第二阶段的专业指导——完成此课程的学生可获得英国建筑师注册委员会 ARB 所认证的 Part2 资格
	艺术与科学	本课程旨在在当下社会和文化大背景下研究艺术与科学之间的联系
	视觉传达设计	该课程在动态数据、图像制作、信息和交互设计、摄影、编程、排版、写作或者新兴的还未被定义的产品中显现出来
	动画角色设计	本课程专注于人物动画领域，扩充并挑战对动画现有认识的同时吸收传媒、项目管理等先进技术
	数字艺术	本课程专注产品家具设计，但课程性质多元化，鼓励多样化的思想、观点和意识形态。目标是培养学生发展个性化风格
	当代摄影；实践与哲学	本课程注重个人认知方式的提升以及创造性意图的发展。批判性辩论包括关于摄影师的伦理和社会责任以及对于个人位置的思考。课程与设计学科紧密连接，具有批判性的思考关系理论
	文化、评论与策展	本课程是一门交叉学科，旨在探讨历史框架中出现的文化。课程结合了创新调研、利用图形技术和文本分析、处理档案中的实际工作、策展和写作，是批判性参与创意技巧和学术性研究和文化创意产业的良好结合尝试。课程旨在培养学生成为高水平的研究者和创新实践者
	艺术与文化产业	此专业培养以可能面对的文化创意领域中的挑战与机会为出发点，旨在让学生深入学习艺术管理与文化产业。课程为需要学习创作及策划原创艺术作品及文化活动，以及带领艺术实践团队的个体所设计

（续表）

学院	专业	简介
中央圣马丁学院	艺术研究：展览研究	此专业旨在解决美术研究的专业领域问题，并探讨此专业和更广泛的纯艺术范畴之间的关系。课程的三个方向为学习提供了焦点，同时也希望学生去探索和分享更多学术领域的问题
	艺术研究：动态图像	
	艺术研究：理论与哲学	
	纯艺	此专业培养了众多国际艺术家，课程中学生会接触绘画、雕塑、印刷、装置、数字等方向。此方向的艺术家们，不仅在扩展他们的实践，更在创造新的艺术领域，以批判性的角度研究项目的发展，并持续地练习
	未来材料设计	未来材料专业的课程旨在关注材料的特有属性和设计语言，以实践为导向，启发和鼓励设计革新。与其他硕士专业，例如工业设计、创意策展、陶艺、珠宝、家具设计进行联合讲座与项目实习，创造出一种全新的具有挑战性的多元环境，培养实验型和革新型的设计人才
	工业设计	本课程旨在创造革新和改变工业设计各个领域：耐用消费产品、资本货物、交通、包装、卫生器具、家具（私人、公司和公共环境）、建筑空间、交互界面、设计管理、企业和政府发展战略
	再生设计	本专业课程为线上课程，拥有不同的艺术和设计背景的学生将进行合作，成为线上社区设计师的一员，以当地情况为背景，参考当地文化、原住民需求和社会文化，推进一个可实施的项目，以帮助当地恢复生态圈
	生物设计	本课程为 2 年制课程，课程内容目的是培养多学科背景的设计师：生态系统、合成生物学、计算机设计、数字与生物制造科技。旨在精准替代、开创新设计主题，为新兴的生物循环经济重新定义能源、水、空气、废弃物与材料的用途
	设计：陶艺 / 家具 / 珠宝	本课程对于陶艺、家具和珠宝的设计工作以及历史文化和传统的理解有深入研究。同时本课程还注重与人体有关的手工产品
切尔西艺术学院	室内设计	本课程培养学生们在室内设计领域内可适应性的思维方式，同时提供机会批判性地参与到现代设计中。课程将会学习如何传达设计，阐明意愿，并学习到许多解决问题并具有广泛实用性的技能与专业设计师所必须具备的概念性和实践性的技能
	平面设计	本课程将研究平面设计思维和制作技术，介绍平面设计的关键元素，以及历史和当代的理论背景；以项目为导向的学习，培养基础所需的技能，如排版、模拟和数字图像制作和当代演示技术

（续表）

学院	专业	简介
切尔西艺术学院	纺织品设计	本课程会拓展纺织设计方面的知识和技能，课程内容为在不同情况下应用和调整使用纺织设计相关技术
	纯艺术	本课程旨在发展个性化研究方向，朝着既定的目标独立工作；根据当代艺术实践，定位想法和实践并批判性地看待文化和理论；将实践与理论元素相结合，创新性地发展自己的艺术、工艺和专业技巧；发展批判性的作品
伦敦传媒学院	视觉传达设计	该专业课程既有全日制文凭课程，也有兼职证书课程，旨在培养想转行、想以成熟技能者身份工作的人员。课程内容为学习设计理论和实践技能——视觉语言、排版、色彩和信息设计等一系列技能
	视觉特效	本课程探索了视觉效果的理论和历史背景，课程内容为了解到视觉特效动画中一系列制作技术和概念方法，通过课程学习到生成短格式动画来探索视觉效果的技术和制作流程。课程提供专业的视觉和计算机培训，将计算机生成的图像无缝融入实时动作
	品牌形象设计	本专业致力于培养多才多艺、创意丰富、了解行业、社会和文化背景的设计从业者。本课程鼓励学生辩证性地观察组成当代视觉识别的平面元素。注重实践的设计，并以理论与清晰的研究方法做支持
	插画和视觉媒体	这是一门为了探索视觉媒体中插画相关理论和实例的基于动手的课程。本课程需要对抽象概念有一定的调查研究，通过视觉语言将这些概念向观众传达。实践项目和技术工作室将和理论课相联系，以支持未来的学习和实践
	平面媒体设计	本专业注重培养每个学生的独特兴趣爱好，以设计技巧、知识和鉴赏能力为基础，进行平面设计、排版印刷或者相关领域的研究。本专业鼓励学生对既有的设计方法和概念提出挑战，研究新方法。本课程由原平面设计专业升级而来，继承了一流的教学团队以及在该领域良好的声望
	艺术创意指导	此课程为视觉传播者和设计师提供实用、批判性和概念性的技能，以开发他们在艺术方向领域的潜力。本课程鼓励培养跨部门协作的潜力者，以便为商业、文化和非营利部门开展教育和创新活动
	社会创新与可持续发展设计	此专业将探索以人为本的设计方式为第一教学目标，通过跨学科的合作和沟通将互动和创新转变为思维的核心。课程通过与利益相关者合作设计来连接学习框架，并重新定义所学内容
	服务设计	本课程结构是在设计服务中发展设计知识。致力于了解各学科之间的创新和设计。该专业还同其他的顶尖学术机构有合作

（续表）

学院	专业	简介
伦敦传媒学院	3D 电脑动画	来自不同媒体学科的学生将创建 3D 计算机动画产品，过程中协作工作是课程理念的重要组成部分，将与行业伙伴和伦敦传媒学院其他课程学生合作
	设计管理	本专业将学术研究与实践有机结合，从跨学科视角学习商业和艺术。课程内容包括学科最前沿的知识与热门话题：设计研究方法、文化产业创新下的设计思考、品牌、流行预测、品牌管理、满足社会需求和可持续发展的设计、项目管理、企业家精神与创新、变化管理和设计领导
	虚拟现实	本专业尝试使用新技术，并探索虚拟体验的设计和概念化。课程的第一和第二学期，将会探索和利用一系列虚拟现实软件，包括虚拟现实绘画、3D 建模和环境设计、360 度视频捕捉和游戏开发等
	用户体验设计	本专业主要为了解如何设计、测试和评估用户体验。涵盖了用户体验设计的技巧，包括通过关键理论背景进行用户研究的方法和实践。课程专注于复杂的系统、新兴的技术和集成体验的设计，可通过开放式查询，开发基于图形、通信和界面设计的呈现方法。研究的整个过程都强调了用户研究的方法和工具，其中包括可穿戴技术的用户体验、智能城市、数据可视化和社会转型等各种主题
	数据视觉化	本专业在数据驱动的社会中，企业、决策者、政府和非政府组织使用不同的可视化工具和技术来连贯地交流数据。提高将数据转换为创造性叙事的能力，使用最合适的沟通设计形式，进行打印、环境设计或基于屏幕的交互
	交互设计	本专业提供了一个在设计领域持续探索物理和数字方面的机会。课程通过关注综合思考和严格的设计原型、数字进程和用户期望，反映出互动实践在当代设计、媒体和交流工业中的重要性。课程的教学方法提供批判性思考的机会并将其应用到设计中
	游戏设计	本专业批判地分析了“玩”这一概念，进而在理论层面规范了游戏设计。该课程关注游戏设计规范在更大范围内的影响，关注这些想法是如何影响数字文化的
	动画	本专业是一门广泛的、实验的视觉实践类课程。课程引领学生探索动画理论与实践，旨在培养学生使用各类先进的视觉媒体来表达自己的创意
	声音艺术	本专业提供在理论和实际研究两方面发展自己的创意理念和技巧的机会
	摄影	本专业旨在通过提高对当代摄影和视觉文化理解的方式培养自由摄影师。通过研究和实践提升自己在美学上的、技巧上的、概念上的实际操作能力

（续表）

<table>
<tr><th>学院</th><th>专业</th><th>简介</th></tr>
<tr><td rowspan="5">伦敦时装学院</td><td>时尚设计与工艺</td><td>专业课程时间为期 1 年，是为希望在时装理论、时装制作和生产方面完善自己，走向时尚产业或晋升到硕士课程学习的国际毕业生专门设计的。课程涵盖了男装和女装的时装设计、产品开发、服装技术和图案切割，鼓励学生拓宽创造性思维和创新性设计手法</td></tr>
<tr><td>表演服装设计</td><td>此专业致力于提升学生的实践能力与自信，帮助其超越传统设计的束缚，推动表演服装设计产业的发展。参与课程教学的是具有相当高的教育资质的老师或高级研究人员</td></tr>
<tr><td>时尚设计管理</td><td>此专业主要是针对相关设计专业毕业、希望从事与设计管理相关行业的人员，为其将来的职业发展打下坚实的基础；或致力于为继续深造做准备的毕业生。课程鼓励学生以创意性的、批判性的方式分析现代时尚产业中的现象以及问题，并以此类推到更广的世界时尚领域层面</td></tr>
<tr><td>时装设计与工艺：男装</td><td rowspan="2">该专业课程为学生提供了向工艺挑战，以及掌握服装制作过程与革新技术的机会。学生将向美学发起挑战，并在推广领域中发挥自己的独创性。课程为学生提供了相当多的原理与知识构架帮助其进行独立性的学习</td></tr>
<tr><td>时装设计与工艺：女装</td></tr>
</table>

（3）入学要求（表 2.30）

表 2.30　伦敦艺术大学入学要求

申请条件	简介
语言要求	雅思成绩 6.5 分或以上，阅读、写作、听力和口语不低于 5.5 分
学历要求	拥有相关专业本科荣誉学位；或其他同等学历
材料清单	个人陈述（500 字左右，内容需包含选择这门课程的原因、目前的创作实践及它对个人未来的计划有什么帮助和影响；如果没有任何正式的学历，请详细描述个人教育经历）
	推荐信
	作品集（展示个人独立、持续工作的能力；与专业硕士水平相匹配的连贯的思想及关注点；能够批判性反思；有清晰的对未来工作和学习的方向感；对艺术和其他视觉艺术形式有强烈的兴趣）
	视频要求（学生需要提交一个 2~3 分钟的视频，需要使用正视摄像角度，使用英语清楚流利地进行说明；视频将和作品集一起提交。视频内容将根据学生申请的专业方向有不同要求）

（4）学校环境和评价

伦敦艺术大学在伦敦市中心共拥有 18 处校园。每处校园均占据着伦敦市内别具特色的一处。坎伯韦尔艺术学院位于佩卡姆，靠近市区仅几步之遥；中央圣马丁艺术设计学院坐落于考文特花园内，就在伦敦剧院区附近；伦敦时装学院位于英国著名的商业街牛津街。伦敦艺术大学的每座校园内均建有优良的专业设施，包括剧院、时装表演 T 型台、艺术工作室、美容厅，以及提供学习资料的图书馆与设施完备的计算机房。伦敦艺术大学的多座图书馆内收藏着许多珍贵的作品与档案资料。这几座图书馆包括：伦敦规模最大、坐落于伦敦时装学院的时装图书馆；保存着英国黑人视觉艺术家的重要作品、坐落于切尔西艺术设计学院内的档案馆，以及中央圣马丁艺术设计学院内的艺术与设计档案馆。

4. 伦敦大学学院

（1）学校简介

UCL

☑ 本科课程
☑ 硕士课程
☑ 博士课程

官网：https://www.ucl.ac.uk/

伦敦大学学院（University College London，简称“UCL”），原名“伦敦大学”（London University），1826 年创立于英国伦敦，是世界顶尖的公立研究型大学，为伦敦大学联盟的创校学院、罗素大学集团和欧洲研究型大学联盟创始成员，被誉为金三角名校和 G5 超级精英大学。伦敦大学学院的标志性校园建筑为 UCL 本部大楼（是多部影视作品的拍摄取景地），大楼中央部分通常被称作“威尔金斯楼”或“八角大楼”，是主图书馆、弗拉克斯曼艺术廊、八角圆顶以及北部回廊的所在地，亦为该大楼最古老的部分。至于被“U”字形包围着的方庭院的延伸部分则是在 1985 年（威廉·威尔金斯逝世后）才建成。方庭院面向高尔街，内设有草地、人行过道以及大量的长凳，还有两座被弃置的天文观测台。

（2）设计学硕士专业（表 2.31）

表 2.31　伦敦大学学院设计学硕士专业

专业	课程简介
纯艺术	课程主要涵盖油画、现代艺术和雕塑等领域。伦敦大学学院为学生提供了大量的文化资源，学校教师均为职业经验丰富的艺术家
绘画	课程侧重培养学生的坚定意志，鼓励学生追求自己的想法，充分发挥想象力和实验精神。学院会为每位学生安排工作室和一对一教学，并定期举办研讨会，学生的作品可在此平台进行交流和展示。院校还安排了学术演讲、研讨会及艺术家、评论家的拜访活动
艺术媒体	课程鼓励用多样化方法来探索媒体与创意。该领域允许学生在选定的一个领域中增加专业知识。课程内容包括电影、视频、摄影、印刷、电子与数字媒体、绘画、表演、美声、手工与文字出版物的制作出版。课程旨在基于实验培养批判性思维
雕塑专业	课程目的在于发展个人能力，强调工作实践。第 1 年注重工作方法、技术和研究方法的建立。第 2 年学生在春季学期会被分配到本科生的研讨小组进行教学。第 2 年旨在运用实践来巩固学生的个人方法论，为今后工作或向着博士目标继续学习做好准备

（3）入学要求（表 2.32）

表 2.32　伦敦大学学院入学要求

申请条件	简介
学历要求	国内大学本科毕业，获得学士学位； 在校（国内 985 大学）加权均分 80 分或（国内 211 大学）85 分，双非大学要求 90 分
语言要求	雅思成绩：6.5 分，单项 6.0 分 / 托福成绩：92.0 分，阅读 24.0 分，写作 30.0 分，口语 20.0 分，听力 30.0 分
材料清单	申请表
	学术成绩单、语言成绩单
	个人陈述
	作品集

（4）奖学金（表 2.33）

表 2.33　奖学金

奖学金项目	简介
Cochlear Graeme Clark 奖学金	该奖学金奖励 5 名学生，每人 6000 英镑，Cochlear Graeme Clark 奖学金只授予全世界接受耳蜗神经核移植的学生
杰出女性学生 Gay Clifford Fees 奖励	该奖学金奖励 4 名女硕士研究生，每人 2500 英镑
Frederick Bonnart-Braunthal 奖学金	此奖学金奖励 2 名学生，每人 12000 英镑，旨在奖励有计划进行宗教、种族和文化歧视方面的探索，寻求与之斗争的方法的学生
Fulbright-UCL 奖励	此奖学金奖励 1 名学生 20000 英镑
研究生跨学科训练研究奖学金（一年）	此奖学金奖励 4 名学生，每人 14988 英镑
伦敦大学学院香港校友奖学金	此奖学金奖励 1 名学生 10000 英镑

（5）学校环境和评价

留学生和其他学生一样有权利使用学校各项设施，并且与其他学生相比有额外的服务，以帮助他们平稳过渡。这些服务有：

① 伦敦大学学院图书馆藏有超过 130 万本的书刊；

② 计算机中心设备非常完善；

③ 学院语言中心开设一年制英语证书课程、学前及学期中语言课程；

④ 拥有 PCs、Macs 和 Unixworkstations 等电脑器材、电脑软件，多媒体、视频会议都被用作教学媒介，科技力量十分发达；

⑤ 提供近 4000 个宿位，宿舍条件很好，基本能够满足所有新生的需求；

⑥ 校学生会下属有 80 多个学会，包括活跃的中国同学会；

⑦ 拥有特别效果剧院、多元化体育设施、日间托儿所、保健中心和学生辅导服务。

5. 爱丁堡大学

（1）学校简介

☑ 本科课程
☑ 硕士课程
☑ 博士课程
官网：https://www.ed.ac.uk/

爱丁堡大学是英国六所最古老、最大的大学之一，也是在各种全球大学排行榜上多次名列全球前 20 强的著名大学，与牛津大学、剑桥大学一起，是最早名列罗素教育集团的多科性综合大学，为超过 2000 名学生提供艺术与设计、建筑、艺术史和音乐学等高等教育。爱丁堡艺术学院是一所位于苏格兰爱丁堡的艺术、设计、创意及表演艺术院校，为爱丁堡大学下属学院之一。学院也是一所充满生机的研究机构，有世界级水平的建筑、园林建筑、艺术、设计、艺术史和音乐等科目。它是欧洲最大、建校历史最长的艺术学院之一，学院建于 1760 年，现用校名和校址更定于 1907 年。先前与赫瑞瓦特大学（Heriot-Watt University）相关联，自 2004 年开始其学位由爱丁堡大学授予。

（2）设计学硕士专业（表 2.34）

表 2.34 爱丁堡大学设计学硕士专业

专业	简介
可持续发展设计	本专业课程分为两学期，第一学期涉及可持续性专业的理论和背景中的建筑环境，推出了一系列的短期项目，了解运用理论来设计的可能性。第二学期课程重点为城市环境和可持续发展——转化为建筑和城市设计的社会，经济和环境的驱动程序
自然艺术空间设计	本专业提供了多学科的框架，探索创作实践、理论空间和环境问题之间的复杂交叉点。课程探索创新的方法和技术的比较模式，帮助学生今后从事复杂的环境规划工作

（续表）

专业	简介
文化景观设计	本课程融合了理论和当代艺术、文化地理、视觉文化、建筑史、艺术史、保护和景观建筑等领域
设计和数字媒体	课程涉及设计和数字媒体之间的复杂关系
材料设计	课程采用创新、跨学科的角度来学习如玻璃、纺织品、建筑材料和金属材料等材料的制造和使用。课程分为 2 个学期，第 1 学期学生将参加爱丁堡艺术学院不同工作室的项目。包括玻璃、纺织品、五金、建筑材料和数字化制造，该部分课程目的是发展个人素质和对材料的理解。在第 2 个学期开展合作项目，在本质上进行跨学科、跨材料研究，并通过材料的做法解决当代问题

（3）入学要求（表 2.35）

表 2.35　爱丁堡大学入学要求

申请条件	简介
语言要求	雅思成绩：6.5 分，各项 6.0 分 / 托福成绩：92.0 分，各项 20.0 分
材料清单	毕业证书、学位证书、在读证明，提供原件复印件及其英文翻译件
	中英文学术成绩单（原件及翻译件）、语言成绩单
	获奖证书、资历证明等
	个人简历、个人陈述
	作品集（线上上传 PDF 文件，A4 大小，横向排列。在第 1 页标注姓名，其后需展示个人简历和个人陈述。还需在作品集中给项目起标题，给绘画做注释。将作品以易于理解的方式排列）
	推荐信（必须提供英文原件或者英文翻译件。应届毕业生由学校开具 2 封推荐信，非应届毕业生由学校、公司各开具 1 封推荐信或由 2 家公司各开具 1 封推荐信）

（4）奖学金（表 2.36）

表 2.36　奖学金

奖学金项目	简介
麦克莱恩社会工作奖学金	申请条件：在社会工作实践中有突出表现的学生，鼓励他们继续在社会工作中做出更大的努力； 范围：所有爱丁堡大学学生

（续表）

奖学金项目	简介
玛格丽特·坎贝尔·斯科特奖学金	申请条件：此奖学金提供给即将来到爱丁堡大学物理学院学习且成绩最好的中国本科生，鼓励他们更好地在爱丁堡大学学习； 金额：1000 磅 / 年的生活费，分 2 次发完； 范围：物理学院本科入学成绩第 1 名
Bader Bursaries 奖学金	范围：爱丁堡大学化学学院中国本科新生
大学研究生研究助学金	申请条件：在学术上获得一定成就的研究生和博士生，鼓励他们更好地在爱丁堡大学学习，在研究中取得更多进步和突破； 金额：视具体情况而定，主要提供生活费，减免学费及其他费用； 范围：所有爱丁堡大学学生
艾莉·唐纳德助学金	申请条件：在爱丁堡大学学习英语的优秀研究生，鼓励他们更好地在爱丁堡大学学习； 金额：1500 磅 / 年的生活费； 范围：爱丁堡大学英语系学生

（5）学校环境和评价

爱丁堡大学下的艺术学院在爱丁堡有三个校区。劳瑞斯顿（Lauriston）和格拉斯马基特（Grassmarket）校区位于爱丁堡市中心，距爱丁堡主要大道王子街步行不到 10 分钟。因弗利斯（Inverleith）校区距市中心乘车 10 分钟。许多美术硕士生住在因弗利斯校区。传统的教学方法加上先进的技术和新的教学方法使学院形成了融洽、活跃并富有创造力的学习氛围。爱丁堡艺术学院的画室和创作室都根据学科配有极好的学习设施。除一年级学生以外，每个学生在画室和创作室都有自己的位置。学院为学生提供画室，鼓励其进行实验和创新。同时助教和导师与学生联系紧密，从而使学生受益颇深。

6. 拉夫堡大学

（1）学校简介

☑ 本科课程

☑ 硕士课程

☑ 博士课程

官网：https://www.lboro.ac.uk/

拉夫堡大学的前身可以追溯到1909年建立的拉夫堡学院，1966年取得大学的资格，称为拉夫堡技术大学，也是英国第一所技术大学。1996年，大学更名为拉夫堡大学。经过二十世纪两次院校合并和调整，拉夫堡大学已发展为全英第六大的综合性大学。其拥有世界一流的科研水平，是M5大学联盟和1994联盟的创始成员。拉夫堡大学历史悠久，建立在其独特的特色之上。如今，它是英国最杰出的大学之一，在教学和科研领域享有杰出声誉，与商业和工业联系密切，体育成就无与伦比。

（2）设计学硕士专业（表2.37）

表2.37　拉夫堡大学设计学硕士专业

专业	课程简介
2D与3D可视化	课程旨在获得可视化教育同时扩大可视化的认识和发展独特方法。课程内容主要包括绘图、造型、原型设计和基于计算机的活动，此专业是拉夫堡大学设计学院和艺术学院的重点和教学研究的特点
艺术与设计	课程设计是为了能让学生有更多的机会接触广泛的艺术学科和其相关的知识，提高个人艺术与设计的素养。欢迎该专业与跨学科的专业的学生申请
艺术和公共领域	课程为有兴趣探索当代艺术在公共领域舆论形成过程的艺术家、策展人开设
工程设计	课程使学生有效地适应工程设计的角色并高效地完成设计工作。课程涉及产品的设计、流程或系统。理论与实践的平衡结合能够帮助学生有效地解决实际的工程设计问题
低碳建筑设计和建模	课程的目的是使学生具备使自己摆脱惯常的商业建筑设计，而转向寻找创新型、低能源的设计解决方案的必要技能。课程每周将进行一个模块的个人设计项目以及专业知识学习

（3）入学要求（表 2.38）

表 2.38　拉夫堡大学入学要求

申请条件	简介
学历要求	国内 211，985 大学毕业，学士学位，均分需达 80 分
语言要求	雅思成绩：6.5 分，各项 6.0 分
材料清单	介绍信
	学术成绩单
	个人简历、个人陈述（请提交一份清楚且诚实的相关信息，包括个人规划、兴趣、爱好、能力和技巧。校方关注学生个人的工作定位、兴趣、成就等）
	荣誉和功绩表
	作品集
	推荐信

（4）奖学金

拉夫堡大学乐意提供研究生授课型奖学金。奖学金适用于永久性居住在欧盟成员国以外国家的自费的全日制国际新生。

拉夫堡大学研究生国际奖学金金额相当于 10%~25% 的学费，用于学费减免。奖学金发放的依据一般是突出的学术成绩和学习潜力。

（5）学校环境和评价

拉夫堡大学位于英格兰中部，莱切斯特省郡郊外的拉夫堡市镇上，该镇是英国地理位置上的中心。这里的交通非常便捷，从拉夫堡乘火车到伦敦只需 90 分钟，距离东

米兰机场近在咫尺，到莱切斯特也就是十几分钟的车程。拉夫堡与诺丁汉、德比呈三足鼎立之势，仅数十公里之遥，在当地车站可以乘坐游览全英各地的大巴。小城小巧玲珑，无论是上百年的老教堂、古老宅院，还是新式现代建筑，都风格迥异，错落有致，保存完好。

四、俄罗斯设计学高校

据《中华人民共和国教育部教育涉外监管信息网》显示，俄罗斯目前共有 555 所高校是被我国所承认学历的，回国后可进行学位学历认证。其按专业门类分为 91 所综合类院校、175 所理工类院校、76 所师范和语言类院校、39 所经济类院校、12 所法律类院校、16 所国家行政类院校、49 所医学类院校、12 所体育类院校、59 所农业类院校、19 所建筑和艺术类院校以及 7 所服务类院校。其中艺术类院校有列宾美术学院、莫斯科国立苏里科夫美术学院、圣彼得堡国立大学艺术设计学院、圣彼得堡国立工业艺术大学（穆希娜美院）、圣彼得堡国立工业艺术与设计大学、克拉斯诺亚尔斯克国立美术学院。综合俄罗斯设计学高校排名与世界大学设计学学科排名榜，本章节选取圣彼得堡国立大学、圣彼得堡国立工业技术与设计大学、俄罗斯高等经济研究大学、托木斯克国立大学、俄罗斯国立工艺美术学院进行介绍（表 2.39、表 2.40）。

表 2.39　俄罗斯设计学高校 2020—2022 年设计学学科排名

学校	QS 世界大学学科排名			THE 世界大学学科排名			U.S. News 世界大学学科排名		
	2022 年	2021 年	2020 年	2022 年	2021 年	2020 年	2022 年	2021 年	2020 年
圣彼得堡国立大学	—	—	—	101	201	201	—	—	—
圣彼得堡国立工业技术与设计大学	—	—	—	—	—	—	—	—	—
俄罗斯高等经济研究大学	151	101	151	151	201	176	207	—	—
托木斯克国立大学	—	—	—	151	151	201	—	—	—
俄罗斯国立工艺美术学院	—	—	—	—	—	—	—	—	—

表 2.40　俄罗斯设计学高校硕士专业概览

学校	专业方向	学制	教学语言	学费（卢布 / 年）	所在城市
圣彼得堡国立大学	平面设计	2 年 / 全日制	英语和俄语	280800	莫斯科
	环境设计				
圣彼得堡国立工业技术与设计大学	广告中的平面设计	2 年 / 全日制	英语和俄语	340000	圣彼得堡
	室内设计				
	环境设计				
	服装设计				
	设计（时尚行业：艺术、商业、技术）				
	数字媒体设计				
俄罗斯高等经济研究大学	工业设计	2 年 / 全日制	英语和俄语	420000	莫斯科
	艺术指导				
	动画				
	系统游戏设计				
	城市环境的地域品牌和设计				
	环境设计				
	私人和公共室内设计				
	景观设计				
	博物馆和展览设计				
	插图和漫画				
	书籍装帧设计				
	沟通设计				
	媒体与设计				
	3D 后期制作				
	游戏设计				

（续表）

学校	专业方向	学制	教学语言	学费 （卢布 / 年）	所在城市
托木斯克国立大学	工业设计	2 年 / 全日制	英语和俄语	327600	圣彼得堡
	家具设计				
	环境设计				
	平面设计				
	服装设计				
俄罗斯国立工艺美术学院	环境设计	2 年 / 全日制	英语和俄语	15000	莫斯科
	室内设计				
	工业设计				
	交通工具设计				
	家具设计				
	数字艺术与设计				
	策展设计				
	多媒体设计				
	纺织设计				
	平面设计				

1. 圣彼得堡国立大学

（1）学校简介

圣彼得堡国立大学

☑ 本科课程
☑ 硕士课程
☑ 博士课程

官网：https://spbu.ru/

圣彼得堡国立大学，始建于 1724 年，由彼得大帝下令建造，是俄罗斯最古老的大学，是世界著名的综合性大学，也是俄罗斯教育科学文化中心之一。圣彼得堡国立大学艺术设计学院成立于 2010 年，是圣彼得堡国立大学最年轻的院系之一，该院校为学生提供古典艺术与现代技术相结合的专业课程，注重发掘学生的创造力。同时，该院校与欧洲、美国的大学积极地开发国际合作，使得该院校的学生不断有机会积累不可或缺的国际合作经验。该院校按照俄罗斯教育标准及批准的学习计划进行系统教学。该院校教学特点不仅使圣彼得堡国立大学学生掌握专业知识，而且使学生得到有重大价值的大学教育。人文课程是由一流的圣彼得堡国立大学的教员专门为本教学项目而开设的。专业课程是由俄罗斯美术家协会成员、俄罗斯设计师协会成员、高等艺术学院的教员教授的。

（2）设计学硕士专业（表 2.41）

表 2.41　圣彼得堡国立大学设计学硕士专业

专业	简介
环境设计	学生需要学习历史遗产保护、建筑和城市建设艺术的历史、环境艺术管理学。要求学生毕业后能够在相关行业中担任城市环境、景观、室内装饰和建筑物的设计师，或综合环境项目概念研究员以及跨学科创作团体的领导
平面设计	课程为在职业的跨学科背景下培养平面设计师提供独特条件。课程包括印刷出版设计、多媒体设计、品牌设计、艺术设计和博物馆设计。课程重点培养学生的研究和创作实践、使其能够独立进行科学研究和创作工作

（3）入学要求（表 2.42）

表 2.42　圣彼得堡国立大学入学要求

申请条件	简介
语言要求	俄语等级考试 B2 证书、毕业院校开具的俄语授课证明
材料清单	签名的教育课程申请表（通过圣彼得堡国立大学官方网站注册的“个人中心”填写及提交）
	按规定准备的学位证书 / 文凭【部分学位证书须经公证才可在俄罗斯联邦得到承认（需获得认证书或同等资格证书）】
	学术成绩单
	个人身份证件复印件，护照（申请人护照有效期限应不少于 18 个月，假如没有俄罗斯签证，请填写签证邀请函申请表并上传到“个人中心”），证件照（3cm × 4cm），个人信息处理、保存及数据传输的同意书
	作品集

（4）奖学金（表 2.43）

表 2.43　奖学金

奖学金项目	简介
俄罗斯联邦政府奖学金	俄罗斯联邦政府奖学金是俄罗斯联邦政府颁发给外国留学生可以就读俄罗斯高校的公费名额，由俄罗斯外交部下属独联体、境外同胞事务及国际人道主义合作署通过自己在海外的代表处或俄罗斯驻外大使馆进行选拔。每年俄罗斯联邦政府会提供 15000 个该奖学金名额，由俄罗斯境内 505 所高校予以招收申请学生。目前，中国留学生是享受该奖学金名额最多的国家之一，每年有近千人可获此奖学金

（5）学校环境和评价

圣彼得堡国立大学共有 21 个宿舍，其中 12 个坐落在圣彼得堡市彼得宫区，8 个位于圣彼得堡市瓦西里岛区，还有一个在圣彼得堡市涅瓦区。

在所有的宿舍中瓦西里岛宿舍拥有最便利的交通条件，其中第 1、2、3、19 宿舍靠近普利莫地铁站（濒临芬兰湾，晴天时有美丽的夕阳，高层则是海景房），第 17、18 宿舍靠近瓦西里和体育场地铁站（虽然没有海景房，但离斯莫尔尼河很近）。

夏宫的宿舍则离市区较远，但胜在位于郊外，环境静谧、空气清新。第 6 宿舍虽然位于中心区，附近却没有地铁站。好在其周边有电车站和公交站，宿舍面积也大。第 4、5 宿舍离公交车站近，到市区也相对方便。宿舍区都设有 24 小时保安值勤。宿舍室内环境非常好，会定期更换床单被罩。宿舍周边有一个很大的超级市场，宿舍对面有车站可直达圣彼得堡最大的超市，路程大概 10 分钟。学生入学要缴纳医疗保险，有效期为 1 年，医生可以上门看病。

2. 圣彼得堡国立工业技术与设计大学

（1）学校简介

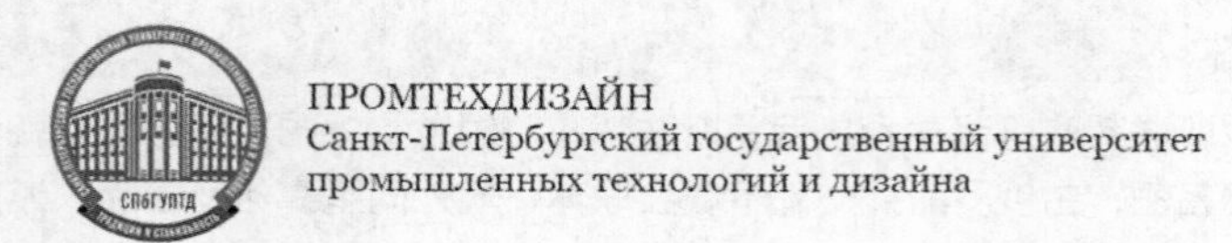

☑本科课程
☑硕士课程
☐博士课程
官网：https://sutd.ru/

圣彼得堡国立工业技术与设计大学是俄罗斯最大的历史悠久的艺术与工艺大学，也是俄罗斯唯一一所大学级的轻工业院校，是国际顶级设计学府，全俄排名第一的金牌设计学院。大学成立于19世纪初俄罗斯工业经济蓬勃发展之际，距今已经有170多年的历史。大学原名为列宁格勒纺织学院，是苏联创办最早的一所培养轻工各产业设计师、工艺师、造型艺术家的大学。由本校自1995年主办的“国际太平洋时装周”现已成为全欧洲规模最大的设计比赛，参赛者分别来自俄罗斯与其他20多个国家和地区。

（2）设计学硕士专业（表2.44）

表2.44　圣彼得堡国立工业技术与设计大学设计学硕士专业

专业	简介
广告设计	学生将掌握图形编辑工作、制作矢量计算机图形、绘画、雕塑、摄影技术以及印前准备的技能。课程内容主要包括为企业和组织创建企业形象、开展广告活动和展览、制作各种类型的广告和印刷产品
室内设计	课程内容为室内设计项目的复杂创作、图纸的准备和可视化。室内设计专业旨在培养学生开展室内设计工作的能力并教会学生如何使用分析方法解决建筑环境问题能力
服装设计	课程内容为掌握服装设计以及材料艺术理念，学生在服装设计领域进行研究和相关工作，参加表演和比赛，创造和展示自己的服装设计作品
环境设计	课程内容主要为掌握环境的重建，学习创建城市规划概念和多功能综合体，设计住宅和公共环境，创作展览作品，并获得开发景观和室内设计项目的经验

（续表）

专业	简介
数字媒体设计	学生将掌握运动设计、网站界面设计和移动应用程序等方面的技能。专业课程涉及如何创建多媒体内容，学习创建媒体材料、报告的工具，掌握摄影技巧和制作广告的技巧。学生毕业后多在视频制作工作室、移动和计算机应用程序中担任多媒体和图形内容的领先开发人员和设计师
设计（时尚行业、艺术、商业、技术）	课程内容为掌握“时尚产业、艺术、设计、技术”、参与时装领域的艺术设计；掌握教育技能、教学方法、心理学知识、教育领域基本法和监管法律行为、组织学生教育活动的基本技术；学习时尚理论和设计技术实践领域的分析和教学活动；在服务市场推广创意产品；组织和举办展览、比赛、节日、演讲

（3）入学要求（表 2.45）

表 2.45　圣彼得堡国立工业技术与设计大学入学要求

申请条件	简介
语言要求	俄语对外等级考试 2 级
申请材料及要求	入学申请表（可通过圣彼得堡国立工业技术与设计大学官网领取申请表，申请表用俄文或英文填写）
	经过合法化翻译的俄语最高教育证书（如中学毕业证书、大学毕业证书）
	身份证明复印件、护照首页扫描复印件、经过公证的护照首页翻译、8 张一寸白底照片（3cm × 4cm）
其他要求	所有文件必须翻译成俄文并经过公证； 外国公民和无国籍人可以申请预算和非预算（付费）名额

（4）奖学金（表 2.46）

表 2.46　奖学金

奖学金项目	简介
国家奖学金	奖学金每月支付一次。发放时间为当月 25 日至次月 5 日（12 月的奖学金发放时间不迟于当年 12 月 31 日）。奖学金金额：为俄罗斯联邦教育和科学部制定的技术和自然科学工作者专业论文做准备的研究生提供 10445 卢布；为其他科学领域的科学家准备专业论文的研究生提供 5715 卢布

（续表）

奖学金项目	简介
俄罗斯联邦总统奖学金	俄罗斯联邦总统奖学金为高等教育机构的学生、研究生、兼职人员、学生和学员提供 4500 卢布；奖励在与俄罗斯经济现代化和技术发展优先领域相对应的培训（专业）领域学习的学生和研究生 14000 卢布
俄罗斯联邦政府奖学金	俄罗斯联邦政府为研究生和在联邦高等和中等职业教育国家教育机构全日制教育的学生提供俄罗斯联邦政府特别奖学金 3600 卢布。俄罗斯联邦政府为在与俄罗斯经济现代化和技术发展优先领域相对应的培训（专业）领域学习的学生和研究生提供奖学金 10000 卢布

（5）学校环境和评价

圣彼得堡是俄罗斯第二大城市，圣彼得堡的历史中心古迹建筑成为联合国教科文组织世界遗产，是俄罗斯的中央直辖市，列宁格勒州的首府，是俄罗斯西北地区中心城市和全俄重要的水陆交通枢纽，是世界上人口超过百万的城市中位置最北的一个，又被称为俄罗斯的“北方首都”。圣彼得堡国立工业技术与设计大学宿舍共有 15 层，每个房间住 2~3 人，提供公共厨房、卫生间、洗浴室。宿舍里有洗衣店。圣彼得堡国立工业技术与设计大学的 3 座宿舍与圣彼得堡国立文化艺术大学、圣彼得堡航空航天大学这两所大学的宿舍一起坐落在科西金大街，有公交车和地铁，乘车到学校需要 45 分钟左右。圣彼得堡国立工业技术与设计大学为丰富预科学生的学习及生活，在学习俄语之外，学生们还可以参加旅游、参观剧院、听音乐会、参加城市探索游戏、国家节日等各种各样的课外活动。

3. 俄罗斯高等经济研究大学

（1）学校简介

☑本科课程
☑硕士课程
☐博士课程
官网：https://design.hse.ru/ba

俄罗斯高等经济研究大学是俄罗斯顶尖的综合性大学之一，在各个最新的世界顶尖大学排名和俄罗斯大学排名中，多学科专业位列全俄第一。特别是经济学、社会科学、艺术设计、政治科学和国际关系研究、数学、计算机科学与信息技术、教育学、传播与媒体研究、商业和管理等，不仅在东欧地区位于前列，世界排名也逐年攀升。俄罗斯高等经济研究国家大学在QS世界大学排名（2021年）位于298名。2020年福布斯“俄罗斯大学前100”排名中，俄罗斯高等经济研究大学居首位，被评为俄罗斯最好的大学。自2013年以来，俄罗斯高等经济研究大学一直是“5-100计划”俄罗斯学术卓越项目的成员，该项目旨在提高俄罗斯大学的国际竞争力。该校是俄罗斯和整个东欧最大的社会和经济智库，同时还被称为俄罗斯研究中心。

（2）设计学硕士专业（表2.47）

表2.47 俄罗斯高等经济研究大学设计学硕士专业

专业	简介
工业设计	课程学习掌握激光切割、3D打印、陶瓷铸造、设计产品并生产、使用聚合物，以及基于Arduino和类似物的物联网对象的设计方法。在学习过程中，学生使用Oculus Quest虚拟现实设备在数字环境中进行素描
动画	课程中会分析动画创作的各个阶段，考虑不同的写作方法，开发故事板和动画，构建剪辑短语，和音响工程师一起工作等。作为这项工作的结果，每个学生都会收获自己的动画电影

（续表）

专业	简介
艺术指导	此专业是专门为已经拥有基本知识和技能的实践设计师设计的。在培训期间，学生不仅可以定性地提高他们的设计技能并熟悉当前的设计技术，还可以获得类似于在真正的设计工作室工作的独特体验。沉浸在各种专业领域快速获得缺失的知识和能力，并发现该行业的新方面，并相应地发现新的职业前景
系统游戏设计	课程为已经在游戏设计和相关学科领域拥有知识和技能，但希望提高专业水平的人而设计。课程的目的是培养游戏行业的高素质专业人士，深入而有意义地分析已经发布或准备发布的游戏
城市环境的地域品牌和设计	课程为想要掌握设计城市公共空间、地域品牌工具的理论和实践，以及了解城市环境设计的现代趋势的学生而设计。该计划的定性优势在于学生同时掌握沟通和平面设计的基本工具，并学习在城市环境中与特定对象的研究和项目工作中应用新知识。学生将获得建筑、城市规划、景观和工业设计、城市经济结构和交通系统领域的必要知识
插图和漫画	课程内容包括基本绘画技巧、角色设计、剧本创作平面设计和排版以及数位绘图技术等。旨在为学生提供全面的插图和漫画创作技能，培养他们成为专业的插图师、漫画家、动画师或相关领域的创意从业者
书籍装帧设计	课程内容包括图形设计基础、书籍设计原理、色彩与材质使用、印刷工艺与艺术排版与版式设计等
环境设计	课程内容为环境设计领域的基本知识和技能，涉及四个主要部分：小型建筑形式、室内设计、展览和景观设计
私人和公共室内设计	该专业为准备加深知识的新手设计师和在建筑或环境设计领域有经验的学生以及受过专业教育（学士或专家）的人员而设计
景观设计	该专业旨在使学生获得景观建筑领域必要的理论和实践知识。第一年的课程致力于私人和公共室内领域的项目实践。第二年的课程致力于研究景观设计的语言，如创建主题公园、将公园区域与现有城市环境联系起来等
博物馆和展览设计	该专业的目的是培养不仅具有展览和博览会的基本技能，而且在历史、理论和鉴赏领域具有深厚知识的专家。通过课程的学习培养学生的创造性思维、设计能力和展现博览会艺术形象的能力，掌握使用博物馆和展览空间的技术
沟通设计	该专业为没有设计实践经验的人所设计，通过学习，学生将能够掌握在定性水平上成功担任设计师所需的基本能力，深入开发技能，以便在该设计领域进一步发展
媒体与设计	该专业基于各种设计工具的开发，注重研究信息空间的现代组织形式，以及意义的形成和文本内容与视觉内容的联系
3D 后期制作	该专业基于四个基本方向：外观开发、CG 监督、技术指导和渲染艺术。每个学生将能够在各个方向上并行发展，并为自己选择最感兴趣的作为优先项，将注意力集中在相应的职业上

（续表）

专业	简介
游戏设计	该专业为想要改变职业并在游戏行业开始职业生涯的申请人设计，他们无需在游戏设计方面拥有知识和初步经验。学生将学习设计游戏不同部分的技巧和实践，以及它们如何在不同的游戏平台上进行交互

（3）入学要求（表 2.48）

表 2.48　俄罗斯高等经济研究大学入学要求

申请条件	简介
材料清单	申请人必须提供动机信和有关其先前专业经验的信息。外国申请人在填写入学申请时，需在其个人账户中附上动机信和作品集
其他要求	在面试过程中，申请人有机会最充分地展示其对教学设计的积极性和兴趣水平，并回答考试委员会关于自己在艺术和设计领域的偏好的问题。与外国申请人的面试可以通过 Skype 远程进行

（4）奖学金

外国学生考进俄罗斯高等经济研究大学可申请国家奖学金项目。这些奖学金项目涵盖该校本科和研究生的大部分课程费用。申请人需要填写报考志愿申请表，申请中需要注明是否需要奖学金（如果选择的课程在奖学金的支付范围内）。如果委员会通过您的申请，经奖学金项目配额，您将能获得免费就读奖学金支付范围内的课程。除政府奖学金外，该校还会给非俄罗斯国籍的学生提供学生奖学金。

（5）学校环境和评价

俄罗斯高等经济研究大学存在偏科的现象，但是更具现代特色，会倾听学生意见，世界视野宽广，教学要求严格、规范。在俄罗斯高等经济研究大学，中国学生人数比

较少，以公费生和交换生为主，自费学生很少。

作为新型现代化学校，学校办学理念和校内设施都极为先进。莫斯科校区位于市中心，学生宿舍在莫斯科红场附近（13 个宿舍区分布在莫斯科各个地方，基本 40 分钟可以到市中心，但 8 号宿舍区地理位置较为偏远，但环境非常好）。

4. 托木斯克国立大学

（1）学校简介

☑本科课程
☑硕士课程
☐博士课程
官网：https://www.tpu.ru/

托木斯克国立大学原名沙皇俄国托木斯克帝国大学，建于 1878 年，是一所世界著名的公立研究型大学。其任务以高等教育和基础科学研究为基础，已为苏联和俄罗斯培养了 10 万多名优秀专业人才。它是四所最顶尖的俄罗斯国立大学之一，仅次于莫斯科国立大学、圣彼得堡国立大学、新西伯利亚国立大学。托木斯克国立大学是欧洲大学协会（EUA）成员和北极大学联盟成员之一，“5–100”计划重要成员之一，也是吸引创意人才的中心、先进思想的发源地。该校在物理、数学、化学、地质科学、生物学、力学和控制学等教学领域具有世界顶级教学水平。托木斯克国立大学现共有 21 个不同学科的研究所、学院系，该校博士生专业均设有全英文教学。该校国际学生来自世界各地：美国、英国、德国、法国、澳大利亚、意大利、中国、韩国、哥伦比亚、土耳其等。在该校的发展路程中，它一直根据学术过程和基础科学研究的整合原则从事科学和管理人才的培训。这是一个吸引创意人才的中心，是先进思想的发源地，是遵循俄罗斯高等教育最佳传统的典范。

（2）设计学硕士专业（表 2.49）

表 2.49　托木斯克国立大学设计学硕士专业

专业	简介
工业设计	该专业的特点是在设计工程、艺术 3D 建模和动画、可视化、技术设计和增材技术、人道主义、社会、经济学科的领域深入培训。该专业的独特之处在于学生有机会参与研究工作，为新设备、工业和医疗设备创建设计项目，并在学习过程中使用信息技术和机器人学院的最新设备和人力资源

（3）入学要求（表 2.50）

表 2.50　托木斯克国立大学入学要求

申请条件	简介
材料清单	学位证书和毕业证书原件（到达俄罗斯后，需进行学历认证）
	学术成绩单
	护照、健康证书（要求 3 个月内，并翻译成俄语由公证人员公证）、8 张照片（3cm × 4cm）

（4）学校环境和评价

此校是俄罗斯百年老校，顶尖学府，全俄排名第四，在金砖国家和世界排名中也位列前茅，中俄教育部互认学历。托木斯克市是俄罗斯著名的大学城，具有良好学习和生活环境，社会治安良好，消费水平较低，且留学生活成本较低，生活费 1500 元 / 月。学费较低，各专业学费总体在 9 万卢布到 18 万卢布（主要是艺术类）之间（10000 元 / 年到 20000 元 / 年）。大部分集中在 16 万卢布左右（17000 元 / 年）。一年全部费用 4 万元左右。预科费用约 17 万卢布左右（18000 元 / 年）。该校坐落于俄罗斯西伯利亚附近，距离我国新疆乌鲁木齐约1500km。往返方便，机票相对便宜。学校对于留学生管理严谨有序，新生入学，有专车和专职教师接机，协助新生安排入学和住宿手续。住宿环境良好，这里的留学生宿舍是全俄最好的留学生宿舍之一，宿舍有三人间和两人间可供选择，按个人意愿分配和外国人或中国人同住，环境优美，设施齐全（有健身房、餐厅等）。住宿费约700元/年。

5. 俄罗斯国立工艺美术学院

（1）学校简介

☑本科课程
☑硕士课程
☑博士课程

官网：https://xn----7sbabalfgj4as1arld1aqs8v.xn--p1ai/

俄罗斯国立工艺美术学院也称“莫斯科国立工艺美术学院”，位于莫斯科市中心。该校的油画、雕塑、公共交通外形设计、工业设计、珠宝设计、家具修复、平面设计等相关专业水平在俄罗斯排名第一，在世界应用美术教学领域名声显赫，是教育部国家留学基金委俄罗斯联邦艺术类公派留学重点派出院校。该校以其创始人“谢尔盖·斯特罗加诺夫伯爵”的名字命名，是俄罗斯历史最悠久的艺术院校之一。学校成立于1825年，至2023年已有198年历史，前身是1825年斯特罗加诺夫伯爵在莫斯科建立的第一家私人艺术学校。1843年，学校变更为国有。1920年，学校改组为“佛库特玛斯”设计学院，与德国“包豪斯”同时期成立，成为当时俄国三个前卫艺术设计运动——构成主义、理性主义和至上主义的中心。1996年正式更名为“俄罗斯国立工艺美术学院”。学校共设有数十个系、五十多个本科专业，学校拥有艺术类博士（相当于国内的博士后）学位答辩委员会，是全俄为数不多的有资质颁发艺术类博士学位的学校。学校现有专任教师200余名，其中包括具有博士学位的100余人和具有博士后学位的30名教授。

（2）设计学硕士专业（表 2.51）

表 2.51　俄罗斯国立工艺美术学院设计学硕士专业

专业	简介
环境设计	课程旨在对环境系统和综合体设计领域的学者进行高度专业的培训，共同创造具有创新成分的环境未来概念设计。根据硕士课程的研究内容，学校开发了特色课程：项目前期分析方法论、设计研究工作基础、现代设计问题、艺术与形象建模方法论、设计中的社会文化分析基础等
多媒体设计	课程内容包括特殊环境设计中的多媒体设计、媒体重建、环境对象、素描与电脑插画、游戏设计、项目前期分析方法等
平面设计	学习的过程中，学生与老师在平等的基础上进行沟通。学生需要以正确的态度及方法面对挑战，希望学生在了解设计的过程中可以既简单又愉快
工业设计	课程为准备从事设计领域的硕士提供各类专业设计活动，发展创造性思维，拓宽艺术视野
数字艺术与设计	课程目的是培养未来的媒体设计硕士，以解决艺术设计领域与现代数字技术相关的专业问题。培养未来硕士的设计思维，了解数字设计领域艺术和设计活动的可能性
策展设计	课程提供以下领域的专业化硕士课程：为组织工业和设计展览、主题和专业展览、博物馆、画廊和陈列室而开发策展项目；为举办线上和线下形式的设计节和竞赛提供概念和方案；开发策展项目，在设计、艺术设计和应用艺术领域举办创意活动；分析设计作品
交通工具设计	该专业提供的具体设计对象有汽车、摩托车、水上及铁路运输设备和特种设备。该课程在特殊课程的框架内，使学生获得空气动力学基础、结构安全、交通工具的人体工程学和三维计算机设计领域的知识，传递视觉设计工具细节的基础知识以及汽车设计史的相关内容。夏季，学生还会在莫斯科的设计工作室进行实践培训
家具设计	课程为学生提供大量专业设计的练习，使他们能够从设计实践的各个方面（如设计方案、材料、生产技术、风格归属等）考虑设计主题。在课程中，无论其复杂性如何，都可提出设计对象与对象空间环境的交互问题
纺织设计	根据纺织品生产的技术条件开发装饰面料，进行小规模纺织品的设计，并随后实施；考虑到时尚行业的要求，开发服装和配饰的设计元素（如围巾、披肩、包等）；为公共和住宅建筑对象的内部空间设计具有纪念意义的纺织品（如面板、挂毯、三维组合物、窗帘）；设计和创作用于各种用途的住宅和公共室内艺术纺织品等
室内设计	此专业旨在探索建筑和艺术的传统和创新，在艺术综合的基础上创造和谐的室内艺术解决方案，使用造型艺术的形象化手段，在单一构图中发挥作用。研究设计住宅内部、复杂的展览综合体、剧院和娱乐空间、博物馆和展览、复杂的公共建筑以及功能和技术流程系统的方法

（3）入学要求（表 2.52）

表 2.52　俄罗斯国立工艺美术学院入学要求

申请条件	简介
材料清单	本科毕业证、学位证
	俄语公证大学成绩单（中英文版，成绩单上必须有毕业院校学籍管理办公室的公章）
	护照复印件、2 寸免冠白底证件照片电子版
	个人作品（素描头像、油画头像、素描人体、油画人体、创作作品等）

（4）学校环境和评价

莫斯科国立工艺美术学院坐落于莫斯科自治市，地理位置优越，环境优美，是俄罗斯顶级学府，工艺美术全俄排名第一，艺术类高校排名相当于清华美院。

五、德国设计学高校

本章节主要选取5所德国设计学高校：魏玛包豪斯大学、汉堡大学、柏林艺术大学、波茨坦应用技术大学、亚琛应用技术大学，对这5所高校的设计学科简介和报考方式等进行简要介绍。以下是这5所设计学高校2022年、2021年、2020年QS世界大学学科排名、THE世界大学学科排名和U.S. News世界大学学科排名（表2.53）以及专业概览（表2.54）。

表2.53　德国设计学高校2020—2022年设计学学科排名

学校	QS世界大学学科排名			THE世界大学学科排名			U.S.News世界大学学科排名		
	2022年	2021年	2020年	2022年	2021年	2020年	2022年	2021年	2020年
魏玛包豪斯大学	51	51	51	—	—	—	—	—	—
汉堡大学	—	—	—	99	86	91	133	112	124
柏林艺术大学	33	41	40	—	—	—	—	—	—
波茨坦应用技术大学	—	—	—	—	—	—	—	—	—
亚琛应用技术大学	—	—	—	—	—	—	—	—	—

表2.54　德国设计学高校硕士专业概览

学校	专业方向	学制	教学语言	学费	所在城市
魏玛包豪斯大学	公共艺术/空间与新艺术策略	2年/全日制	英语	没有学费，但注册学生必须支付注册费	魏玛
	媒体艺术/媒体设计	1年/全日制	德语		
	媒体艺术与设计	2年/全日制	英语		
	产品设计	1年/全日制	英语		
	视觉传达	1年/全日制	德语		

（续表）

学校	专业方向	学制	教学语言	学费	所在城市
汉堡大学	艺术史	2年/全日制	德语	没有学费，但注册学生必须支付注册费和其他行政费用	汉堡
柏林艺术大学	美术	1年/全日制	德语和英语	没有学费，但注册学生必须支付注册费和其他行政费用	柏林
	产品设计	1年/全日制			
	时尚设计	1年/全日制			
	艺术和传媒	1年/全日制			
	设计与计算	2年/全日制			
	整合设计	2年/全日制			
	数字媒体艺术	2年/全日制			
波茨坦应用技术大学	设计（产品设计和界面设计）	1年/全日制	德语	—	勃兰登堡
亚琛应用技术大学	传播设计与产品设计	1.5年/全日制	德语和英语	—	亚琛

1. 魏玛包豪斯大学

（1）学校简介

Bauhaus-Universität Weimar

☑本科课程
☑硕士课程
☑博士课程
官网：https://www.uni-weimar.de/

魏玛包豪斯大学是位于德国魏玛的一所艺术设计类大学。该校是世界现代设计的发源地，对世界艺术与设计的推动有着巨大的贡献，它也是世界上第一所完全为发展设计教育而建立的学校。该校的前身是创建于1860年的大公爵萨克森美术学校，1919年该校由一批杰出的艺术家和设计师接手成立，以包豪斯之名成为了开创新时代的先锋派艺术家们反传统、推行现代艺术设计理念的战场和精神基地。由于战争关系，学校再次易主，包豪斯理念也由此被压制，但仍有部分坚定的包豪斯推动者留在了德国，而后这座几经兴衰易名的学校最终在两德统一后的 1995 到 1996 年间被德国政府重新复名为包豪斯，成为著名的公立综合设计类大学性质的学术机构。

（2）设计学硕士专业（表 2.55）

表 2.55　魏玛包豪斯大学设计学硕士专业

专业	简介
公共艺术 / 空间与新艺术策略	该专业是一个以跨学科和实践为基础的艺术专业，旨在培养学生在公共领域中从事艺术创作和策略性实践的能力。来自世界各地的学生接受面向国际的硕士课程的培训。学位课程有 30 个名额
媒体艺术 / 媒体设计	此专业课程注重理论与实践齐头并进，注重将艺术、设计和技术结合起来，培养学生在数字媒体、交互设计、虚拟现实、数字艺术和创意媒体等领域的综合能力。毕业后，学生可以选择从事数字媒体设计师、交互设计师、媒体艺术家、虚拟现实开发人员等职业
产品设计	该专业为学生提供了一个创新、实践导向的学习环境，培养他们成为具有全面设计能力的专业人才。毕业后，学生可以在产品设计领域从事产品设计师、设计顾问、创新研究员、自主创业者等职业，并为社会创造有价值的产品和解决方案
视觉传达	该专业旨在培养学生在视觉传达领域的创造力、设计技巧和传达能力，使他们能够通过视觉语言传达信息、表达观点和影响受众。课程内容涉及平面设计、排版、信息设计、舞台和纪实摄影、图像以及文本概念、广告、电影 / 视频、视觉文化等领域。毕业后，学生可以选择从事平面设计师、品牌设计师、广告创意总监、视觉艺术家等职业，为各种媒体和品牌提供视觉传达解决方案

（3）入学要求（表 2.56）

表 2.56　魏玛包豪斯大学入学要求

申请条件	简介
学历要求	申请者必须获得正规大学本科文凭或同等学历（至少 3 年学习获得的学位、文凭、证书或其他正规奖励资质）； 也接受修完学业获得毕业证书，但没有学位证的申请者； 其他有能力学习这些课程的申请者，学校也同样接收
语言要求	剑桥高级英语证书：C 级 / 雅思成绩：7.0 分 / 托福成绩：95 分（基于互联网）/ 联合国信息中心：3 级 / 其他证明英语水平的证书
	歌德学院或等效证明，或提供至少 130 至 160 节德语课程的成功出勤证明
	国际申请者必须以原文以及英文或德文翻译提交证书和证书； 中国的申请者需要获得北京德意志学术考试中心颁发的证书（通过能力倾向测试后）

（续表）

申请条件	简介
材料清单	学术证书考试委员会确定申请人是否符合入学要求，还将根据艺术能力评估程序进行筛选，包括申请人提交的艺术作品的文件，以及在规定的时间内完成布置的作业
	请在线注册能力倾向评估程序
	每年 3 月 31 日之前通过大学的申请人门户将布置的作业与以下文件一起上传：作品集、表格形式的简历、有权学习的证书副本、艺术大学学位证书的复印件、语言证书

（4）学校环境和评价

魏玛包豪斯大学改革后以两大块为主：一方面是建筑，一方面是造型艺术。这也是包豪斯作为艺术类大学的立校之本。校舍在德国图林根州魏玛市，现在有且只有这么一个校区。

建筑方面有建筑学院和土木工程学院。造型艺术方面有艺术与造型学院以及媒体学院。艺术与造型学院下有视觉传达设计、产品设计、媒体艺术、自由艺术、艺术教育学。而艺术与造型学院又在 2016 年衍生出一个新的教育机构：图林根州立艺术大学。这暗示着包豪斯将会在艺术与造型这块投入更大的精力与资源。在德国，魏玛包豪斯大学处于中等偏上水平。

2. 汉堡大学

（1）学校简介

☑本科课程
☑硕士课程
☑博士课程
官网：https://www.uni-hamburg.de/

汉堡大学成立于1919年，是德国北部最大的学术研究和教育中心与德国规模最大的十所大学之一。在其相对较短的建校历史中，诞生了6位诺贝尔奖得主，6位莱布尼茨奖得主，3位蓝马克斯科学文化勋章获得者，1位普朗克奖章获得者和沃尔夫数学奖获得者，也是德国顶尖大学联盟“U15”中的一员，并在2019年7月入选德国精英大学联盟。

汉堡大学坐落于有着德国最大的海港城市与第二大金融中心之称的汉堡市，有着“世界桥城”的美称，是欧洲最富裕的城市之一，被誉为“德国通往世界的大门”。作为一所综合性大学，其在人文科学、社会科学及自然科学领域内的学术研究水平在世界范围内享有盛名。根据QS世界大学排名公布的结果，汉堡大学的语言学、法学、物理学与天文学专业进入了世界前50名；政治学、哲学、医学、经济学、社会学进入了世界前100名。

（2）设计学硕士专业（表2.57）

表2.57　汉堡大学设计学硕士专业

专业	简介
艺术史	该专业从最多样化的美术领域研究艺术品的起源、独特性、功能和效果：建筑、雕塑、绘画、图形和应用艺术以及设计、摄影和视听媒体。课程内容为历史和美术理论领域的全面知识，以及处理不同时代和艺术流派及其具体研究问题的系统能力。研究和教学中体现了广泛的艺术史研究方法，包括政治图像学、物质图像学、接受美学和科学史；学习科目包括艺术的物质与理想要求、艺术材料与技术、艺术家培养史、艺术理论、艺术批评与美学。其目标是培养学生开展独立和批判性的科学工作、转移方法和知识以及应用科学理论、方法和知识的能力

（3）入学要求（表 2.58）

表 2.58　汉堡大学入学要求

申请条件	简介
学历要求	艺术史学士学位或同等学历（需有第一学位证明文件）
语言要求	欧洲共同语言参考框架（CEFR）的 B1 级别
	拉丁语知识达到小拉丁语的程度。如果没有学校报告可证明学习了拉丁语知识，需相应证明成功地参加了某处语法课程和阅读课程
	语言能力证明必须不迟于注册硕士论文时提交
材料清单	申请表、申请信（1 页）；英语语言能力证明（如适用）
	学位证书（德语翻译）、完成大学学业的证明或临时成绩单
	英语语言能力证明（如适用）/ 拉丁知识证明（如适用）
	简历

（4）学校环境和评价

汉堡大学的建筑物散布在整个市区。其主校园包括学校的主楼、主图书馆、大教室和其他建筑物，位于市区的西部。其物理系的建筑散布得非常广。医学系主要位于附属医院。主校园有三座食堂，其中学生会的食堂最大，这里还将建造一座为有孩子的学生服务的幼儿园。除主图书馆外各个系和机构还有 65 个图书馆，其中最大的是 2005 年建成的、五层楼高的法学图书馆。汉堡濒临大海，所以汉堡大学的海洋和气候研究有着得天独厚的条件和很强的实力（有着两个特殊研究方向和两条科学考察船），这些也为环境研究提供了有利条件，比如为地质化工等相关学科提供帮助。

3. 柏林艺术大学

（1）学校简介

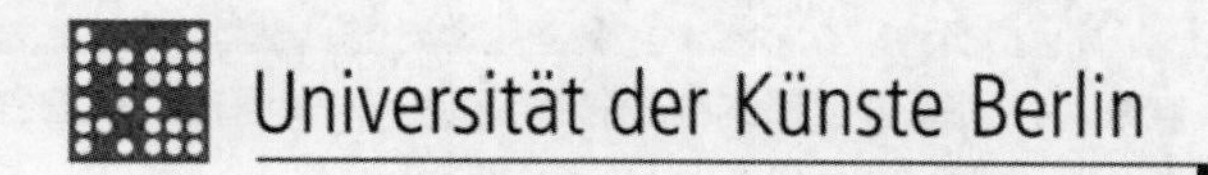

☑本科课程
☑硕士课程
☑博士课程
官网：https://www.udk-berlin.de/

柏林艺术大学（HDK）拥有300多年的建校历史，是德国最大最古老的艺术院校，同时也是欧洲最著名的大学之一。学校在19世纪60年代进行体制改革后，重组为4大学院30多个科系，目前在校学生4000人，其中留学生有800人之多，同时，每年大约100多名学生被派往其他高等艺术院校学习、交流，因此，柏林艺术大学被誉为“国际交流与对话中心”。学院非常重视培养学生的自主创造能力，培养出了一大批名扬世界的艺术家，不管从教育和研究方面取得的成果来看，还是从学校的总体构架来看，柏林艺术学院都可以称之为德国院校发展先锋。

（2）设计学硕士专业（表2.59）

表2.59　柏林艺术大学设计学硕士专业

专业	简介
美术	课程内容为熟悉各种艺术表达方式，并学习发展自己的艺术地位。美术学习计划包括绘画和免费图形艺术、雕塑和装置以及新媒体领域
产品设计 时尚设计	课程提供两个方向：MA时装设计和MA产品设计。课程时间在10周到10个月，旨在培养能够面对各自领域当前和未来挑战的创新型设计师
服装设计	课程为期4个学期，重点是将艺术意图的构思和实现作为服装设计师的核心竞争力。在公共艺术过程中，通过艺术实践进行实验和研究
艺术和传媒	课程重点是理解艺术实验和技术媒体之间的相互作用，学校为学生提供了特殊的学习计划
设计与计算	该专业旨在培养学生在设计和计算机科学领域的综合能力，使他们能够将创意设计与先进技术相结合，创造出创新的数字化设计作品
建筑学	该专业致力于培养学生在建筑设计、建筑理论和建筑实践方面的专业知识和技能，使他们能够成为具有创意思维和扎实技术背景的建筑专业人才

（3）入学要求（表 2.60）

表 2.60　柏林艺术大学硕士入学要求

申请条件	简介
语言要求	国际申请人必须提供足够的德语技能证明：入学语言证书 B2（如果注册时无法获得此级别，则必须提交至少 B1 级别的证明）
材料清单	大学毕业证书（从同等学位课程转学的学生必须附上以前的学习和考试的成绩证明）、外国证书必须进行翻译（德语或英语）并证明
	简历、实践培训 / 实习等证明
	递交银行对账单作为处理申请的 30 欧元费用的支付证明（如果从国外转移付款证明）或营业额视图（如果是网上银行）。不接受其他证明 / 收据（如转移单）

（4）学校环境和评价

柏林艺术大学是无数想要前往德国留学的学生的梦想，但柏林艺术大学每年每个专业招收的学生数都在个位数，申请难度非常大。

据校友介绍，柏林艺术大学上课都是会议讨论的形式，需做演讲汇报。一周有 2 天正式的专业课，其他是选修课。

4. 波茨坦应用技术大学

（1）学校简介

☑ 本科课程
☑ 硕士课程
☑ 博士课程

官网：https://www.fh-potsdam.de/

波茨坦应用技术大学（FHP）成立于1991年，位于波茨坦北部，拥有广泛的转学和培训机会。该大学提供了有吸引力的就业机会和发展前景。目前拥有在校生3000余人。波茨坦应用技术大学设有社会学院、建筑艺术与城市建筑学院、建筑工程学院、设计学院和信息学院等。其开设的本科、硕士专业如社会学、培养与教育、家庭社会学、建筑艺术与城市建筑、建筑修复、文化遗迹、建筑研究、建筑保护、端口设计、通讯设计、产品设计、设计学、建筑学、图书馆管理学、文献资料学、文献资料职业培训等。此外，波茨坦应用技术大学还和波茨坦大学合作开设有欧洲媒体学本科和硕士专业。波茨坦应用技术大学是德国勃兰登堡州唯一的一所开设建筑学与城市设计专业的学校，同时也是在德国范围内唯一一所开设界面设计学的学校。

（2）设计学硕士专业（表2.61）

表2.61　波茨坦应用技术大学设计学硕士专业

专业	简介
设计（产品设计和界面设计）	产品设计专业旨在培养学生在设计、创新和技术方面的综合能力，使他们能够开发出功能性、可持续和符合人机工程学原则的产品。界面设计通常涉及设计和开发用户与软件、应用程序或其他数字产品交互的界面。包括视觉设计、用户体验设计、用户界面设计等方面

（3）入学要求（表2.62）

表2.62　波茨坦应用技术大学入学要求

申请条件	简介
材料清单	正式认证的大学入学资格或大学学位证书复印件
	大学学位证书或记录的当前成绩单，包括以前获得的ECTS学分和以前获得的成绩（如果学位课程尚未完成）
	提案摘要、1个DIN A4页面（包含以下信息：标题、简短描述、中心问题、设计项目）
	动机信1.5～2页、个人简历、参加的设计项目和作品集
	学生法定健康保险的健康保险证明或通过电子学生注册程序免除法定保险义务的证明
	学期费用的付款/订单确认证明，以及其他费用（如适用）

（4）学校环境和评价

位于勃兰登堡州州府的波茨坦应用技术大学，是于 1991 年成立的新兴大学。波茨坦应用技术大学是当时勃兰登堡州新建的五所新兴的应用技术大学之一。其历史虽然没有柏林洪堡大学等其他德国大学悠久，但它打破了德国大学学制较长的局面，其对学生照顾得更加全面，注重学生实践技能的发展。目前，波茨坦应用技术大学已成为学生青睐的对象之一。

5. 亚琛应用技术大学

（1）学校简介

FH AACHEN
UNIVERSITY OF APPLIED SCIENCES

☑ 本科课程
☑ 硕士课程
☐ 博士课程

官网：https://www.fh-aachen.de/

亚琛应用技术大学，成立于 1971 年，是德国著名的应用技术大学之一。拥有区域性大学自然科学学科教研中心、研究开发中心、技术转化中心。其工程学专业在全德同类大学（应用技术大学）中排名第二位。在合并了多所应用技术大学和职业培训中心之后，它落实了 100 多年来以实践为导向的教育传统。1976 年，联邦教育框架法将所有应用技术大学的法律地位提升到与传统大学同等的地位。

（2）设计学硕士专业（表 2.63）

表 2.63　亚琛应用技术大学设计学硕士专业

专业	简介
传播设计与产品设计	该专业课程由不同观点、经验和技能的网络构成。在复杂的背景下思考如何使毕业生有资格成为实践者和战略家。课程时长三个学期，包含传播设计和产品设计两个学科。该课程整合了不同的设计方向，从而使毕业生能够胜任设计、实施和领导复杂的工作，同时进行批判性反思

（3）入学要求（表 2.64）

表 2.64　亚琛应用技术大学入学要求

申请条件	简介
学历要求	第一个专业大学学位达到 180ECTS（或相当），最低等级为 2.5（或相当）
材料清单	通过程序考验获得入学资格（4 个工作日内）

（4）学校环境和评价

10 个学院中有 7 个位于亚琛，建筑、土木工程、设计、电气工程和信息技术、航空航天工程、商学、机械工程和机电一体化专业的学生共有 8000 多名。此外，区长办公室、总部和中央图书馆也在这里。其中，化学和生物技术、医学技术和应用数学以及能源技术 3 个学院共有 3000 多名学生。亚琛应用技术大学与传统德国大学一样，并没有所谓的校园，它的设施分布在亚琛市的 7 座建筑中，其中一些建筑具有独特的设计风格。

六、新加坡设计学高校

本章节主要选取两所新加坡设计学高校：新加坡国立大学、南洋理工大学。对这两所高校的设计学科简介和报考方式等进行简要介绍。以下是这两所设计学高校2022年、2021年、2020年在QS世界大学学科排名、THE世界大学学科排名和U.S. News世界大学学科排名（表2.65）以及专业概览（表2.66）。

表2.65　新加坡设计学高校2020—2022年设计学学科排名

学校	QS世界大学学科排名			THE世界大学学科排名			U.S. News世界大学学科排名		
	2022年	2021年	2020年	2022年	2021年	2020年	2022年	2021年	2020年
新加坡国立大学	31	28	30	34	37	35	50	61	68
南洋理工大学	36	43	37	101	126	101	88	78	82

表2.66　新加坡设计学高校硕士专业概览

学校	专业方向	学制	教学语言	学费	所在城市
新加坡国立大学	工业设计	2年/全日制	英语	—	新加坡
	综合可持续设计	1年/全日制			
南洋理工大学	艺术、设计与媒体	1年/全日制	英语	—	新加坡
	艺术与教育	1年/全日制			

1. 新加坡国立大学

（1）学校简介

☑本科课程
☑硕士课程
☑博士课程
官网：https://www.nus.edu.sg/

新加坡国立大学（National University of Singapore，简称“国大”或“NUS”），是一所位于新加坡的公立研究型大学，在国际框架下推展高深优质的教育与科研之际，突出展现亚洲视角和优势，是环太平洋大学联盟、亚洲大学联盟、全球大学校长论坛、亚太国际教育协会、国际研究型大学联盟、Universitas 21、新工科教育国际联盟、国际应用科技开发协作网等高校联盟的成员，商学院获有 AACSB 和 EQUIS 认证。NUS 设计与工程学院自 2022 年 1 月 1 日起正式成立，由原设计与环境学院、工程学院两所世界顶级学院合并而成。建立在工程、建筑和设计学科间的融合之上，学院为学生提供独特的跨学科教育体验，并为科研学者营造一个尖端且多学科的研究环境。

（2）设计学硕士专业（表 2.67）

表 2.67　新加坡国立大学设计学硕士专业

专业	简介
工业设计	该专业课程高度专业化，将技术、不墨守成规的工程、艺术和商业创业的最有创意的方面结合在一起，其目的是创造人们喜爱的新产品、服务、空间、应用程序、用户体验和业务
综合可持续设计	该专业课程为期 1 年，通过解决建筑和城市规模，并整合建筑、工程、景观设计、规划、城市设计和生物科学学科的知识，应对全球可持续发展挑战。该专业深入探讨物质、技术、空间和社会系统，将它们与亚洲城市的城市化直接联系起来

（3）入学要求（表 2.68）

表 2.68　新加坡国立大学入学要求

申请条件	简介
学历要求	工程、计算机、商业研究、工业设计或同等学科的学士学位，且具有实践经验
语言要求	托福成绩：85.0 分 / 雅思成绩：6.5 分
材料清单	个人陈述（原因、观点）、个人简历
	作品集（不超过 20 页，A4 尺寸，以 PDF 格式上传。对于集体作品，须明确阐述申请者在作品中的贡献。对于在实践机构中完成的作品，须提供表述申请者在项目中贡献的证明）

（4）学校环境和评价

新加坡国立大学的校园非常现代化，没有诗情画意的历史建筑，更多的是一栋栋摩登的现代建筑，配套齐全的大草坪、自习室、图书馆、健身房、游泳池及运动场馆。新加坡国立大学的校园还有 2 个极为需要夸赞的因素，一是安全性极高，二是特别适合运动健身，到处都是健身房和运动场。

2. 南洋理工大学

（1）学校简介

☑ 本科课程
☑ 硕士课程
☑ 博士课程

官网：https://www.nus.edu.sg/

南洋理工大学（Nanyang Technological University，简称“南大”或“NTU”），是新加坡的一所世界著名研究型大学。南大是环太平洋大学联盟成员、全球大学校长论坛、新工科教育国际联盟成员、全球高校人工智能学术联盟创始成员、AACSB认证成员、国际事务专业学院协会（APSIA）成员，也是国际科技大学联盟的发起成员。新加坡南洋理工大学人文、艺术与社会科学学院拥有一所亚洲顶尖的新闻传播学院、一所具有独特优势且发展迅猛的人文和社会科学学院，同时还有新加坡第一所提供艺术、设计和互动数字媒体学位课程的专业艺术学院。艺术、设计与媒体学院的跨学科课程旨在将富有创造力的学生塑造成为杰出的艺术家、设计师、动漫师、新媒体表演者甚至商业领袖。学生可以在这里释放想象力，将突破性设计作为生活的一部分。

（2）设计学硕士专业（表2.69）

表2.69　南洋理工大学设计学硕士专业

专业	简介
艺术、设计与媒体	课程内容为研究领域包括数字人文、文化与身份、文化与遗产、艺术与公共空间、东南亚艺术设计和媒体、生产文化、运动中的艺术、视觉与声音、设计研究。课程包括展览设计、新媒体艺术、体验艺术与科技等
博物馆研究和策展实践	课程以不断扩大的当代策展和当代艺术领域为依托，在教学中结合历史，与艺术史学家和当代艺术策展人合作，解决理论和实践的挑战

（3）入学要求（表2.70）

表2.70　南洋理工大学入学要求

申请条件	简介
学历要求	学士学位（在与来自公认大学的拟议研究课题相关的领域），至少2等荣誉或荣誉（优异）或同等学历
语言要求	雅思成绩：7.0分
材料清单	为了证明申请人有能力完成自己选择的研究领域，应在申请中附上一份1000字的研究提案；作品集（申请专业相关）；学术写作样本；以及关于为什么继续拟议研究领域的个人陈述

（4）奖学金（表 2.71）

表 2.71　南洋理工大学奖学金

奖学金项目	简介
南洋校长奖学金	申请条件：优秀的毕业生或即将毕业的在南大攻读全日制博士学位的学生； 金额：3100 新元 / 月；范围：不限国籍、专业
南洋理工大学研究生奖学金	申请条件：满足研究生助学金计划（GPA）要求的学生； 金额：1900 新元 / 月；范围：不限国籍、专业

（5）学校环境和评价

南洋理工大学的校园在“全球最美丽的校园”中，排名前 15。除了自然风光外，校园内的标志性建筑也是学生和访客按下快门的热门地点。历史悠久的云南园，著名的“the Hive”创意之室，充满现代感的艺术、设计与媒体学院，以及绿色建筑“the Wave”体育馆。这些建筑不但别具一格，也充分体现了环保理念。校内共有 57 栋建筑物获得了新加坡建设局绿色建筑标志认证。南洋理工大学校内有校车和两个线路的公交车（179 和 199）直达，任何人都可以进，没有校门。新加坡的公交车是不报站的，站牌也没有站名。南洋理工大学里还有两种校车是绕校区的环线，叫“Campus Loop”，也是免费的，游客可以乘车在校区里参观。

七、日本设计学高校

本章节主要选取4所日本设计学高校：千叶大学、东京大学、武藏野美术大学、筑波大学。并对这4所高校的设计学科简介和报考方式等进行简要介绍。以下是这4所设计学高校2022年、2021年、2020年QS世界大学学科排名、THE世界大学学科排名和U.S. News世界大学学科排名（表2.72）以及专业概览（表2.73）。

表2.72　日本设计学高校2020—2022年设计学学科排名

学校	QS世界大学学科排名			THE世界大学学科排名			U.S. News世界大学学科排名		
	2022年	2021年	2020年	2022年	2021年	2020年	2022年	2021年	2020年
千叶大学	50	51	—	—	—	—	—	—	—
东京大学	39	38	—	53	47	38	131	135	116
武藏野美术大学	—	—	—	—	—	—	—	—	—
筑波大学	51	51	无	97	101	101	—	—	—

表2.73　日本设计学高校硕士专业概览

<table>
<tr><th>学校</th><th colspan="2">专业名称</th><th>学制</th><th>教学语言</th><th>学费</th><th>所在城市</th></tr>
<tr><td rowspan="7">千叶大学</td><td rowspan="5">工业意匠计划讲座</td><td>人机工程学</td><td rowspan="5">2年/全日制</td><td rowspan="5">日语</td><td rowspan="5">约535800日元/年</td><td rowspan="7">千叶</td></tr>
<tr><td>材料计划</td></tr>
<tr><td>设计系统计划</td></tr>
<tr><td>产品设计</td></tr>
<tr><td>环境设计</td></tr>
<tr><td rowspan="2">传达意匠讲座</td><td>设计文化计划</td><td rowspan="2">2年/全日制</td><td rowspan="2">日语</td><td rowspan="2">约535800日元/年</td></tr>
<tr><td>设计造型</td></tr>
</table>

（续表）

<table>
<tr><th>学校</th><th colspan="2">专业名称</th><th>学制</th><th>教学语言</th><th>学费</th><th>所在城市</th></tr>
<tr><td rowspan="2">千叶大学</td><td rowspan="2">传达意匠讲座</td><td>视觉传达设计</td><td rowspan="2">2 年 / 全日制</td><td rowspan="2">日语</td><td rowspan="2">约 535800 日元 / 年</td><td rowspan="2">千叶</td></tr>
<tr><td>设计心理学</td></tr>
<tr><td rowspan="6">东京大学</td><td colspan="2">原型设计</td><td rowspan="6">2 年 / 全日制</td><td rowspan="6">日语</td><td rowspan="6">约 2300000 日元 / 年</td><td rowspan="6">东京</td></tr>
<tr><td colspan="2">设计和生产工程</td></tr>
<tr><td colspan="2">设计工程与人类服装工程</td></tr>
<tr><td colspan="2">感性设计</td></tr>
<tr><td colspan="2">数字化设计</td></tr>
<tr><td colspan="2">设计创新</td></tr>
<tr><td rowspan="13">武藏野美术大学</td><td colspan="2">视觉传达设计</td><td rowspan="13">2 年 / 全日制</td><td rowspan="13">日语</td><td rowspan="13">—</td><td rowspan="13">鹰之台和市谷</td></tr>
<tr><td colspan="2">工艺工业设计</td></tr>
<tr><td colspan="2">空间演出设计</td></tr>
<tr><td colspan="2">基础设计</td></tr>
<tr><td colspan="2">影视</td></tr>
<tr><td colspan="2">摄影</td></tr>
<tr><td colspan="2">设计信息学</td></tr>
<tr><td colspan="2">日本画</td></tr>
<tr><td colspan="2">油画</td></tr>
<tr><td colspan="2">版画</td></tr>
<tr><td colspan="2">雕塑</td></tr>
<tr><td colspan="2">艺术与设计科学</td></tr>
<tr><td colspan="2">艺术文化</td></tr>
<tr><td rowspan="6">筑波大学</td><td colspan="2">建筑设计</td><td rowspan="6">2 年 / 全日制</td><td rowspan="6">英语，日语</td><td rowspan="6">约 535800 日元 / 年</td><td rowspan="6">筑波</td></tr>
<tr><td colspan="2">环境设计</td></tr>
<tr><td colspan="2">产品设计</td></tr>
<tr><td colspan="2">信息设计</td></tr>
<tr><td colspan="2">视觉传达设计</td></tr>
<tr><td colspan="2">工艺学</td></tr>
</table>

（续表）

学校	专业名称	学制	教学语言	学费	所在城市
筑波大学	造型艺术与混合媒体	2 年 / 全日制	英语，日语	约 535800 日元 / 年	筑波
	艺术与设计科学				
	书法				
	雕塑				
	日式绘画				
	西洋画				
	艺术环境支持学				
	艺术史				

1. 千叶大学

（1）学校简介

☑本科课程
☑硕士课程
☑博士课程
官网：https://www.chiba-u.ac.jp/

千叶大学是日本文部科学省的超级国际化大学计划投资的一所一流大学、日本G30成员、日本旧制官立大学之一，其医学部是旧制六大医科大学中的一所。千叶大学是日本首都圈内拥有独特高水平学部学科的综合大学，其法政经学部、园艺学部、看护学部是国立大学里独有的学科。该大学的工程设计学院和综合科学与工程设计研究生院（硕士 / 博士课程）具有悠久的历史和传统，并且一直都在进行适合时代的设计学教育和研究。除了取得了丰硕的成就外，学院还将融合各种设计研究领域的最新知识，继续在该领域发挥领导作用，扮演日本高级设计师和设计研究人员的最佳教育和研究机构的角色。

（2）设计学硕士专业

千叶大学设计学硕士专业主要有人机工程学、设计系统计划、产品设计、环境设计、设计文化计划、设计造型、视觉传达设计、设计心理学。

（3）入学要求（表 2.74）

表 2.74　千叶大学硕士入学要求

申请条件	简介
学历要求	在国外完成 16 年学校教育以及预计在入学前一年的 3 月可完成学业者
语言要求	托福成绩：90.0 分 / 日语成绩：N1
材料清单	入学申请表
	毕业证书（结业）或预期毕业证书（结业）、学位授予证书 、预计完成主要课程的证书
	托业或托福成绩表、口试结果通知信封
	留学生简历
	注册事项证明书

（4）奖学金（表 2.75）

表 2.75　千叶大学硕士奖学金

奖学金项目	简介
日本政府（文部科学省）奖学金	申请条件：大使馆推荐，日本政府（文部科学省）通过在外日本公馆募集公派留学生和进行第 1 次选拔。第 1 次选拔通过材料审查，可进行笔试以及面试。在外日本公馆根据结果向文部科学省推荐候选人，由文部科学省决定最终合格者
学习奖励费	申请条件：私费留学生中学业人品非常优秀者，可于每年 3 月中下旬进行申报；范围：在校学生
短期留学推进制度	此奖学金以该校的来自海外协定大学的短期留学生为对象，该校的海外协定大学须事先发送千叶大学短期留学募集要点
民间团体等奖学金	申请条件：此类奖学金也可直接应募申请，可于每年规定的时间（新入生在 3 月下旬办理入学手续时）进行申报

（5）学校环境和评价

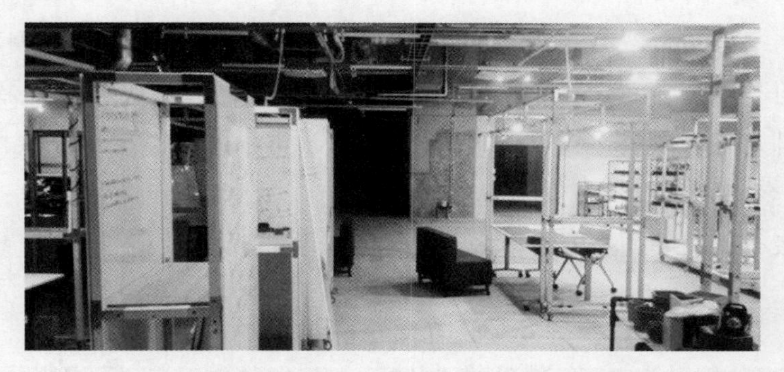

千叶大学在3个校区设有附属图书馆，总馆（西千叶校区综合校区）、亥鼻分馆（亥鼻校区医学院、看护学院）和松户分馆（松户校区园艺学院、农学院）。晚上及周末均开放。馆内资料齐全，不仅有供大学生们使用的教材，还有教育类书籍、进行学术研究所需要的专业性书籍及学术性杂志。另外，馆内还有录像、DVD、CD-ROM等视听资料、电子资料、海外卫星广播等供学生们使用。学校附属图书馆，除了置有内容丰富的资料外，还与校园网连接，可以通过国内外电子报刊、百科全书、报纸及文献等数据库来查询各类学术信息。如果校内没有自已想查询的资料，还可以从其他的图书馆复印或者邮寄所需的资料。

2. 东京大学

（1）学校简介

☑本科课程
☑硕士课程
☑博士课程
官网：https://www.u-tokyo.ac.jp/zh/

东京大学，简称“东大”，是一所本部位于日本东京都文京区的综合性国立大学，是日本文部科学省“超级国际化大学计划”A类顶尖名校，日本学术研究恳谈会、指定国立大学、卓越研究生院计划、领先研究生院计划、国际东亚研究型大学协会、亚洲大学联盟、全球大学校长论坛、日瑞Mirai等组织成员。东京大学诞生于1877年，由“东京开成学校”与“东京医学校”在明治维新期间合并改制而成，初设法学、理学、文学、医学4个学部和1所大学预备学校，是日本第一所国立综合性大学，其部分科系最早可以溯源到灵元天皇时期；学校于1886年更名为“帝国大学”，这也是日本建立的第一所帝国大学；1897年，其易名为“东京帝国大学”；1947年9月，正式定名为“东京大学”。东大位列2022泰晤士高等教育世界大学排名第35名；2022QS世界大学排名第23名；2022U.S. News世界大学排名第77名；2021软科世界大学学术排名第24名。

（2）设计学硕士专业（表2.76）

表2.76　东京大学设计学硕士专业

专业	简介
原型设计	课程旨在探索关于机器人和航天器等使用先进技术而尚未确立设计方法的领域，研究先进制造技术带来的新创造，以及与人体和人造物体密切相关的医疗保健领域
设计和生产工程	探索设计和生产工程的领域，是与制造业相关的行业之一。课程目标是培养能够自己思考和行动并具有领导能力的创造性人才
数字化设计	课程主要研究上游阶段的物理模型技术、游戏设计方法，在不影响正常用户体验的情况下减少负用户体验，利用信息技术扩展记忆
设计创新	设计创新研究旨在通过认知神经科学方法，从作为生物基础的大脑中理解人的心理和行为，来传感感性并进行建模。使用测量人类生物信号的技术，如功能磁共振成像（fMRI）和视线测量
新兴设计与信息学	本课程有三个主要研究领域：媒体艺术和数字内容、空间设计和模拟、机器人和接口

（3）入学要求（表2.77）

表2.77　东京大学入学要求

申请条件	简介
学历要求	大学毕业或即将大学毕业；已完成或将要完成16年的学校教育；已完成15年的学校教育，以优异的学习成绩取得了所需学分并获得东京大学研究生院的认可；被东京大学研究生院认可的具有硕士或高于硕士能力者
申请材料	上次在籍教育机构成绩证明，载有申请人在籍教育经历简介、课程内容和教材，以及课时数、评分和评价标准等的册子
	个人简历；其他如研究经验、国际活动经验、实际工作经验、取得资格、各种国家认证考试、发表论文、著作、在学会等发表的实绩、获奖经历等
	个别入学资格审核时点的意向课程

（续表）

申请条件	简介
申请材料	在 3 号长形信封（12cm×23.5cm）上填上申请人本人的姓名，并贴上 344 日元的邮票

（4）奖学金（表 2.78）

表 2.78　东京大学奖学金

奖学金项目	简介
研究奖励金	申请条件：东京大学研究生院自费外籍留学生中表现优异者 金额：150000 日元 / 月
日本政府（文部科学省）奖学金	申请条件：大使馆推荐、大学推荐 金额：172000 日元
民间机构或组织提供的奖学金	申请条件：自行申请 金额：150000 日元（1 年或 2 年）/180000 日元（2 年）

（5）学校环境和评价

东京大学校区设在东京都内文京区本乡，占地面积 40 公顷，全校绝大部分机构均在这里。另外在目黑区驹场另建一新校区，为教养学部及部分后勤设施所在地。附属学校、工同研究部门，实验实习基地（如农场、林场、地震、火山、天文等观察站）、师生员工宿舍等分布于全国各地。赤门是日本东京大学本乡校区的一个大门，原为加贺藩的御守殿门。依古代日本习俗，御守殿门一旦受灾损毁便不能重建，而东京大学的赤门是唯一留存下来的御守殿门，已有百年以上的历史，殊为难得。赤门也是东京大学的代表性象征之一，被假借为东京大学的代称，也因而常被误以为是东京大学的正门，但其实东京大学的正门另在不远处。东京大学的宿舍价格比较便宜，但数量并不多，留学生们想要住校内宿舍应提前申请。申请方式可以通过教授或者朋友代为寻找，争取到达东京前落实住宿。

3. 武藏野美术大学

（1）学校简介

☑ 本科课程
☑ 硕士课程
☑ 博士课程

官网：https://www.musabi.ac.jp/

武藏野美术大学建校于1962年，前身是始于1929年的帝国美术学校。武藏野美术大学是一所美术造型艺术教育的综合性大学，共有包含美术和设计在内的11个学科。2012年武藏野美术大学成功纳入日本全球人才育成推进事业计划，是日本学科领域分类最多并且教育规模最大的美术专门高等学府，主要校区分布在鹰之台和市谷两地，并拥有远程教育项目，并且是日本规模最大的艺术大学。位列“东京五美大”（多摩美术大学、武藏野美术大学、东京造型大学、女子美术大学、日本大学艺术学部）之一。

（2）设计学硕士专业（表2.79）

表2.79　武藏野美术大学设计学硕士专业

专业	简介
视觉传达设计	课程内容包含信息科技、生态学以及关于人体与认知的知识革命，探究21世纪已创造出的对表达设计新想法的需求。课程目标是要帮助学生找寻新的设计，将沟通视为一个动态的过程，并透过理论和实务研究，建立自己的专业领域
工艺工业设计	本课程包含工业设计、室内设计和工艺设计。其中工艺设计又依材料区分成五项科目：金工、陶艺、木工、纺织品及玻璃工艺。学生选择一个研究领域作为学习的延伸。在考量其作品在社会情境中的设计可行性后，计划并制作相关设计
空间演出设计	课程内容为探索人与空间的关系，并通过其专业的研究领域来探索如何与社会获得更紧密的联系，以创造更加令人满足、愉快的环境为目标。课程的焦点在于三大方面：从布景视角反映出时间与空间轨迹的舞台设计、表现与规划视角的展演设计，以及时尚和环境情境角度的服装设计

（续表）

专业	简介
基础设计	课程的研究将设计的个别领域及常见问题视为整体，从社会、人类和文化的观点来探讨设计理论、设计史，以及造型与颜色的理论和历史。检视这些领域间的关系、信息与沟通的科技进展，还有产业结构和生活方式等领域的社会变迁
影视	课程内容为分析视觉影像在当代社会的不同形式和功能，思考其意义和所拥有的各种可能性
摄影	该专业以整合、多方位的角度来解析当代摄影环境，思考联结新表达模式，并在能够充分表达摄影语言的环境中进行实践
设计信息	课程专注于从创意、认知心理学、科技等方面出发的广泛研究。本课程也以贡献社会为目标，从全球文化、社会、经济和环境的观点找寻问题，探讨它们与信息科技的连结，并提出新的解决方案
日本画	课程以大学习得的日本画知识为基础，分为三个实验性学习的不同阶段，启发学生对新的表达形式产生更大的热忱，帮助学生彻底理解创造性活动的意义
油画	课程旨在提升技巧及感受性，帮助学生以更仔细、更专业的方式思考创作中所面临的问题。课程中的油画风格丰富，具象到抽象皆有
版画	课程旨在通过各种不同的传达媒介，从传统技法到融入摄影和电脑绘图，版画课程开阔学生的创作视野，同时确保学生关注自己原创的主题。课程目标在于为下一代的版画家和研究者提供实务的训练
雕塑	课程由两年与社会的开放交流所组成，学生将学习自我表达的形式，并借此习得更多未来作为雕塑家和艺术家所需的专精技术
艺术与设计科学	本专业课程（非必修课）旨在鼓励学生独立研究与发展。为加深学生对专业性和设计整体的理解，课程以讲课、专题讨论和口头指导为主
艺术文化	课程内容从政策与文化的角度来看艺术与设计，探讨与此相关的想法，以及研究其系统化的可能性

（3）入学要求（表 2.80）

表 2.80　武藏野大学入学要求

申请条件	简介
学历要求	通过在日本接受外国学校函授教育，完成外国学校教育的 16 年课程，并取得相当于学士学位的学历；在国外完成 16 年学校教育课程并取得相当于学士学位者
语言要求	在日本留学考试（EJU）日语（阅读、听力和听力理解）中得分超过 200 分 / 达到日语水平考试（JLPT）的 N2 或更高级别

（续表）

申请条件	简介
材料清单	在线申请系统注册，在指定时间内提交必要的文件
	通过入学考试并提供志愿申请表、用英文或日文书写的官方文件，可以识别新旧姓名（仅限申请时的姓名和证书等姓名不同者）
	高中毕业证明、学术成绩证明书 / 毕业证明书、日本语能力等级证明文件
	日本居住资格证明文件
	作品集

（4）奖学金（表 2.81）

表 2.81　武藏野大学奖学金

奖学金项目	简介
武藏野美术大学自费外国人留学生奖学金	申请条件：品格、成绩优秀的学生 范围：本校在读本科生、研究生 金额：300000 日元 名额：16 人

（5）学校环境和评价

武藏野美术大学的图书馆由著名建筑师藤本壮介设计，是一座基本由木材和玻璃构成的两层建筑。内部由贯穿和连接地面和天花板的书架构成，空间布局上呈螺旋线形状，形成了类似迷宫的空间效果；视觉感官上看似错综复杂而又井然有序。其教学楼也是出自名家之手，由建筑家芦原义信设计。经过半个世纪的建设和拓展，武藏野美术大学逐步发展为今日的规模，分为工房、画室、体育馆、运动场、美术馆、教学楼等约 20 个不同的教学区域。每年秋季这里会举办校园艺术节，会场的装饰、运营、各式展览、表演、模拟商业街、研讨会都是由学生自主规划和管理，每届前来参观艺术节的人数高达3万人以上，是日本美术类大学中规模最大的。

4. 筑波大学

（1）学校简介

☑本科课程
☑硕士课程
☑博士课程

官网：https://www.chiba-u.ac.jp/

筑波大学，简称筑波大，校区位于日本茨城县筑波市，是日本著名的研究型综合国立大学，世界一流学府。该校入选日本超级国际化大学计划A类顶尖校，同时也是日本学术研究恳谈会（RU11）、卓越研究生院计划指定国立大学，以及国际大学协会和东亚研究型大学协会等学术组织和项目的重要成员。筑波大学前身东京师范学校诞生于1872年。1949年，实行新学制而改名为东京教育大学。1967年9月，日本内阁批准东京教育大学等36所机关作为筑波地区的迁移预定机构。1972年5月，日本内阁决定了筑波新大学（暂定名）等42所机构作为迁往筑波研究学园都市的研究教育机构。1973年10月，筑波大学成立。2004年4月1日，国立大学法人筑波大学成立。截至2015年2月，筑波大学占地约258公顷，下设9个学群，54个专业。

（2）设计学硕士专业（表2.82）

表2.82 筑波大学设计学硕士专业

专业	简介
环境设计	课程旨在通过引入生态学、物理学、生物学、考古学、地质学、信息科学等学科的方法论，促进基于建筑、城市、园林绿化或土木工程设计的人与城市、农村和自然之间的和谐
产品设计	产品设计涵盖了从日常设备到空间开发设备的所有内容，已经成为国内外知名的产品设计教育基地，其培养的学生不仅具备扎实的理论基础和实践能力，还拥有创新思维和团队合作的能力

（续表）

专业	简介
信息设计	本专业旨在创建一种易于使用的设计，在交互设计、有形图形、普适计算和物理计算等领域开设课程。学生将学习如何设计信息设备、Web 系统、游戏、数字内容、展览、信息系统等
视觉传达设计	课程涉及使用与媒体相关的设计，通过视觉和美学手段有效地形成图像。还对产品促销、创建品牌、编辑设计和书籍设计以及图片和漫画书籍进行研究
工艺	该专业的目标是让学生通过创建工具和手工艺作品来了解人与工具、物品等之间理想或真实的关系，并使学生获得高水平的知识和技能
造型艺术与混合媒体	课程包括造型艺术和混合媒体理论、现代艺术理论等理论方法，通过对游戏和游乐设备、电子图像等的研究，帮助学生发展高水平的研究和创作能力
艺术与设计科学	课程旨在通过对不同艺术媒体常见的重要和基本问题进行专门研究，为未来的建设性艺术家、教师和研究人员提供高水平的建设性技能
书法	学生可以通过参加理论和实践课程来获得专业知识与技能。课程主要包括“书法理论”和“书法欣赏”。实践课程包括“旧汉字书法艺术”“以半正方形和标准风格写成的汉字书法”“以半标准风格和草写风格写成的汉字书法”“假名笔法”
雕塑	硕士学位课程旨在培养具有建模和雕刻方面专业知识和技能的专家。该课程包括艺术理论和艺术史，以及建模、木雕、石雕、金属加工和兵马俑雕刻方面的研讨会和实践研讨会
日式绘画	日式绘画专业课程面向攻读艺术与设计专业学生开设。目的是培养该领域的有才能的领导者，以满足社会未来的需求
西洋画	课程旨在进一步发展画家的作品，使这些画家在学院学习后可以为日本的艺术和教育文化发展做出贡献。课程能够加深学生的艺术敏感性，并培养与提高他们成为独立画家或木版画家的能力
艺术环境支持	课程内容包括美术理论、美术收藏理论、艺术展览理论、与艺术教育有关的理论，并且通过筑波大学艺术收藏品展览的实际计划和艺术教育活动提供的实践课程，使学生反思艺术与人类健康的关系——人与人的发展
艺术史	对日本艺术史和西方艺术史这两个研究领域进行研究。目标是培养在该领域具有广泛知识的，并致力于将该学术知识和研究方法应用于其专业领域的研究人员

（2）设计学入学要求（表 2.83）

表 2.83　筑波大学入学要求

申请条件	简介
学历要求	具有 6 年的正规教育经历，本科预毕业及以上学历

（续表）

申请条件	简介
语言要求	日语达到 1 级，英语达到托福成绩：80.0 分
材料清单	由学校开具并带有学校公章的相关的各种材料：毕业证明书、成绩证明书、日语能力证明书、英语能力证明书
	推荐信、护照复印件
	入学愿书、履历书
	体现明确的学习目标研究方向和时间计划的研究计划书

（3）奖学金（表 2.84）

表 2.84　筑波大学奖学金

奖学金项目	简介
面向留学生的奖学金	申请条件：每年 6 月下旬至 7 月，成绩、人品优秀的外籍留学生（休学者除外）填写申请书 范围：未获得其他奖学金者日本筑波大学研究生 金额：本科 6 万日元 / 月，研究生 8 万日元 / 月

（4）学校环境和评价

筑波大学占地约 2.58 平方千米，是日本面积最大的大学之一。系科设置与一般大学不同，教学与科研分开。大学位于东京东北部 60 公里处的茨城县土浦市，北依筑波山，东临霞浦湖，风景十分优美。筑波大学位于筑波科学城的中心。因为环境的影响，筑波大学内部的学习氛围非常浓重，在校内设有多处读书角供学子们读书闲谈，也有很多自带便当的人把这里当作午间的就餐地点。一所学校的成就，从知名校友中可见

一斑。筑波大学在这方面可以说文武双全，从体育到政治，科研到文学，几乎每个行业都能找到知名校友的身影。

筑波大学不设围墙，校内配有人工湖和绿草地。主校区在筑波，分为北、中、南、西四块。其中中块为教学区，主要的学群和少量学系均在这里；南块为研究区，大部分学系、研究中心设在这里；西块为医学区域，西块和北块为学校师生食宿设施区域。主校区占地 246.5 万平方米。此外，筑波大学在东京文京区、大冢等地亦有一些占地，主要为一些附属学校及少数研究中心所在地。

八、部分欧盟国家设计学高校

本章节主要选取8所欧盟国家设计学高校：奥地利的维也纳应用艺术大学、芬兰的阿尔托大学、法国的巴黎第一大学、意大利的米兰理工大学、荷兰的埃因霍温理工大学和代尔夫特理工大学、西班牙的巴塞罗那大学、瑞典的于默奥大学，对这8所高校的设计学科简介和报考方式等进行简要介绍。以下是这8所设计学高校在2020、2021、2022年在QS世界大学学科排名、THE世界大学学科排名和U.S. News世界大学学科排名（表2.85）。

表2.85　欧盟国家设计学高校2020—2022年设计学学科排名

国家	学校	QS世界大学学科排名			THE世界大学学科排名			U.S. News世界大学学科排名		
		2020年	2021年	2022年	2020年	2021年	2022年	2020年	2021年	2022年
奥地利	维也纳应用艺术大学	101	51	50	—	—	—	—	—	—
芬兰	阿尔托大学	7	6	6	126	151	126	—	—	—
法国	巴黎第一大学	101	101	151	48	50	47	—	116	138
意大利	米兰理工大学	6	5	5	151	151	126	—	—	—
荷兰	埃因霍温理工大学	—	—	—	—	—	—	—	—	—
	代尔夫特理工大学	—	11	13	—	65	42	90	74	67
西班牙	巴塞罗那大学	51	101	151	101	101	151	100	107	109
瑞典	于默奥大学	26	33	43	301	301	301	—	—	—

表 2.86 欧盟国家设计学高校硕士专业概览

学校	专业方向	学制	教学语言	学费	所在城市
维也纳应用艺术大学	艺术与科学	2 年 / 全日制	英语	380 欧元 / 年	维也纳
	艺术与文化研究	2 年 / 全日制			
	跨学科设计	2 年 / 全日制			
	社会设计 – 艺术作为城市创新	2 年 / 全日制			
	跨艺术 – 跨学科艺术	2 年 / 全日制			
阿尔托大学	时装、服装和纺织品设计	2 年 / 全日制	英语	以英语授课的硕士课程的学费 为 15000 欧元 / 年（学费适用于欧盟、欧洲经济区或瑞士以外的国家的公民）	赫尔辛基
	国际设计商务管理				
	创意可持续性				
	当代设计				
	协作与工业设计				
	北欧视觉研究与艺术教育				
	视觉传达设计				
	视觉文化、策展与当代艺术				
	新媒体				
	游戏设计与开发				
	声音新媒体专业				
	摄影				
巴黎第一大学	艺术与国际创作	2 年 / 全日制	法语	注册费 300 欧元	巴黎
	造型艺术与当代创作	2 年 / 全日制			
	创新管理艺术与创意产业	1 年 / 全日制			
	设计、艺术、媒体	1 年 / 全日制			
	互动多媒体	2 年 / 全日制			
	艺术与文化管理	1 年 / 全日制			
	公共空间文化项目	1 年 / 全日制			
	展览科学与技术	1 年 / 全日制			

（续表）

<table>
<tr><th>学校</th><th>专业方向</th><th>学制</th><th>教学语言</th><th>学费</th><th>所在城市</th></tr>
<tr><td rowspan="7">米兰理工大学</td><td>数字与交互设计</td><td rowspan="7">2 年 / 全日制</td><td>英语</td><td rowspan="7">注册费 1600 欧元 / 年</td><td rowspan="7">米兰</td></tr>
<tr><td>通信设计</td><td>意大利语、英语</td></tr>
<tr><td>产品服务体系设计</td><td>英语</td></tr>
<tr><td>时尚系统设计</td><td>英语</td></tr>
<tr><td>设计与工程</td><td>英语</td></tr>
<tr><td>集成产品设计</td><td>意大利语、英语</td></tr>
<tr><td>室内与空间设计</td><td>意大利语、英语</td></tr>
<tr><td>埃因霍温理工大学</td><td>工业设计</td><td>2 年 / 全日制</td><td>英语</td><td>16200 欧元 / 年</td><td>埃因霍温</td></tr>
<tr><td rowspan="5">代尔夫特理工大学</td><td>交互设计</td><td rowspan="5">2 年 / 全日制</td><td rowspan="5">英语</td><td rowspan="5">约 17666 欧元</td><td rowspan="3">代尔夫特</td></tr>
<tr><td>集成产品设计</td></tr>
<tr><td>战略产品设计</td></tr>
<tr><td>大都会分析、设计与工程</td><td>阿姆斯特丹</td></tr>
<tr><td>生物机械设计</td><td>代尔夫特</td></tr>
<tr><td rowspan="4">巴塞罗那大学</td><td>视觉艺术与教育硕士：建构主义方法</td><td rowspan="4">1 年 / 全日制</td><td>西班牙语、加泰罗尼亚语和英语</td><td rowspan="4">每个学分 7920 欧元（中国学生可以享受跟欧盟学生一样的学费）</td><td rowspan="4">巴塞罗那</td></tr>
<tr><td>城市设计硕士：艺术，城市，社会</td><td>西班牙语（75%）、英语（5%）、葡萄牙语（20%）</td></tr>
<tr><td>设计高级研究</td><td>英语</td></tr>
<tr><td>制作与艺术研究</td><td>加泰罗尼亚语（35%）、西班牙语（40%）、英语（25%）</td></tr>
</table>

（续表）

<table>
<tr><th>学校</th><th>专业方向</th><th>学制</th><th>教学语言</th><th>学费</th><th>所在城市</th></tr>
<tr><td rowspan="5">于默奥大学</td><td>高级产品设计</td><td rowspan="3">2 年 / 全日制</td><td rowspan="3">英语</td><td rowspan="3">总学费 585000 瑞典克朗</td><td rowspan="5">于默奥</td></tr>
<tr><td>交通设计</td></tr>
<tr><td>交互设计</td></tr>
<tr><td>建筑与城市设计</td><td rowspan="2">2 年 / 全日制</td><td rowspan="2">英语</td><td>总学费 374400 瑞典克朗</td></tr>
<tr><td>美术</td><td>总学费 729000 瑞典克朗</td></tr>
</table>

1．维也纳应用艺术大学

（1）学校简介

☑本科课程
☑硕士课程
☑博士课程
官网：https://www.dieangewandte.at/

维也纳应用艺术大学，也称“维也纳应美”，1692 年创建，位于奥地利首都维也纳，是众多业内行家公认的全球最具含金量建筑院校之一，也是欧洲最古老的艺术学院之一。

1867 年，维也纳应用艺术大学建筑学院在戈特弗里德·森佩尔（建筑四要素提出者）的倡导下创立并指导教育实践。其教育体系培养了古斯塔夫·克林姆（Gustav Klimt）、埃贡·席勒（Egon Schiele）、奥斯卡·柯克西卡（Oskar Kokoschka）等与维也纳学院派为代表的旧宫廷艺术决裂的艺术家，并同其他建筑师与设计师于 1897 年创立了维也纳分离派。如今学校已有 300 多年历史，培养出许多著名艺术家，在艺术界享有很高的声誉和地位。

（2）设计学硕士专业（表 2.87）

表 2.87　维也纳应用艺术大学设计学硕士专业

专业	简介
艺术与科学	课程目的是研究不同的艺术和科学文化之间的关系，以及相关的知识和研究方法。学生可以在课程中，特别是在艺术和自然科学领域中，学习跨学科的研究方法，课程以项目为导向，学习模型和理论的形成以及方法的应用
跨学科设计	课程内容主要为高密度城市环境及其物理结构和社会条件、技术进步和数据增强设计、社会参与和社区发展、设计中的系统思维和协作
艺术与文化研究	课程特点是在艺术课程中直接接近实践，从而将科学、艺术和工艺技术科目交织在一起，通过部门的长期合作确定跨学科的课程方向
全球挑战与可持续发展	此课程与上海同济大学合作，作为 5 个学期的双学位硕士课程
社会设计	该硕士课程针对不同研究领域的毕业生，因此以跨学科团队合作为课程教学和学习的中心形式。课程致力于应对城市社会系统的挑战，并提出相关解决方案
跨艺术 - 跨学科艺术	课程的重点是研究当下的相关艺术表现形式，将不同艺术和科学学科的可能性和效果以及实践专业经验“跨学科”地融合在一起

（3）入学要求（表 2.88）

表 2.88　维也纳应用艺术大学入学要求

申请条件	简介
学历要求	完成奥地利中学（12 或 13 年级）
	来自欧盟成员国的同等资格
	成功完成三年制学士学位
	公认的国内或国外的英语语言
语言要求	英语语言能力证明：B2 级 / 托福成绩：85.0 分 / 雅思成绩：6.0 分 / 剑桥英语：一级证书（FCE）B 级或 C 级 / 高级英语证书（CAE）–B2 级 / 商务英语证书高级 BEC- B2 级 注：这些证书不得超过 3 年
材料清单	在线申请表、学位证书毕业证书 / 在读证明
	学术成绩单、语言成绩单
	简历、意向书
	作品集

（4）学校环境和评价

维也纳应用艺术大学已有300多年历史，培养出许多著名艺术家，在艺术界享有很高的声誉和地位。19世纪，学校建筑风格一改往日形象，直到今天也是一种城市特色。这些建筑艺术中许多都是由当时本校老师和学生合作而成的。1938年，由于战争，学校关门，艺术家分散世界各地；1988年后重建校园；1998年改名为维也纳应用艺术大学。学校的图书馆建于1493年，有80000多册书和200多种艺术杂志。

2. 阿尔托大学

（1）学校简介

☑ 本科课程
☑ 硕士课程
☑ 博士课程
官网：https://www.aalto.fi/en

阿尔托大学，简称“Aalto”，位于芬兰首都赫尔辛基，是一所古老而创新力强的北欧著名高等学府，为北欧五校联盟成员之一。阿尔托大学的历史可追溯到1849年建立的赫尔辛基理工大学，后由赫尔辛基理工大学、赫尔辛基艺术设计大学，以及赫尔辛基经济学院3所在各自领域著名的大学于2010年合并建成。芬兰半数以上的工程师出自该校，该校专注于工程与技术、设计与商学领域的教育与研究。阿尔托大学艺术设计学院位于被称为“艺术设计之城”的阿拉比阿海滨。赫尔辛基市要求所有在阿拉比阿海滨地区的开发商将 1% ~ 2% 的房屋建筑投资投入到该位置的艺术项目当中。

（2）设计学硕士专业（表 2.89）

表 2.89 阿尔托大学设计学硕士专业

专业	简介
时尚、服装和纺织品设计	时尚、服装和纺织品设计研究使学生能够积极主动地、创造性地应对未来的全球社会技术挑战，并为全球纺织和时尚领域带来新的可持续和文化包容性的设计解决方案。这些研究教育设计师具备知识、技能和态度，以满足时尚和纺织品的未来需求。毕业生拥有在全球环境中从事时尚和纺织品设计行业以及相关媒体和教育职业所需的技能和知识
国际设计商务管理	通过一个开创性的学习计划，将设计和技术与全球业务发展相结合，体现了阿尔托大学的愿景。通过跨学科的团队合作，体验现实生活中的商业挑战，使学生尽快成长为下一代创意专业人士
创意可持续	可持续性是一个越来越被关注的设计视角。此课程为学生在设计、商业、材料和化学工程领域提供了一个多学科的处理可持续性问题的不同框架的学习平台
当代设计	当代设计是设计硕士课程的三个专业之一，其他两个是时尚、服装和纺织品设计，协作与工业设计。此外，设计硕士课程与创意可持续性和国际设计商务管理硕士课程密切合作
协作与工业设计	课程和国际设计商业管理密切合作。所有这些课程都是两年制，学生毕业时获得设计硕士学位
北欧视觉研究和艺术教育	课程内容为全面了解北欧在艺术教育、视觉文化和文化工作方面的实践和传统。通过北欧视觉研究和艺术教育硕士教育，可获得在跨文化和国际环境中工作以及艺术、教育和文化方面的相关实践和理论能力
视觉传达设计	课程目的为支持个人重新思考和重新定义自己的设计实践，以便将其置于更广泛的社会和环境框架中。该课程鼓励将设计实践转向公共和可持续，以及多个不同的知识领域
视觉文化、策展与当代艺术	课程将艺术实践、策展和理论相结合，除传统教学外，加入一系列社会、政治、经济、生态、科学和技术环境等考虑因素，带领学生探究学习
新媒体	课程专业旨在培养学生拥有为艺术、技术和专业发展提供支持和建设性提议的能力。鼓励学生走出舒适区，熟悉各种工具和技能，了解数字媒体的特征
游戏设计与开发	课程基于项目实践，培养来自不同背景的学生。学生毕业后能够分析游戏并确定游戏的娱乐性，并知道如何设计引人入胜的游戏

（续表）

专业	简介
声音新媒体专业	课程目的是探索、发现和理解新兴的数字技术及其对社会的听觉影响；寻找和利用它为声学交流、声音互动和音乐表达的新界面开放的可能。此外，该课程旨在开发学生的艺术和设计思维
摄影	此专业旨在研究当代多样化的摄影和艺术领域，研究强调摄影作为一种独立和多学科的表现工具，意在培养学生的艺术思维和研究思维

（3）入学要求（表 2.90）

表 2.90　阿尔托大学入学要求

申请条件	简介
学历要求	中国的学历和成绩单需经过教育部学位与研究生教育发展中心的官方认证并由该机构直接寄送到该校。本科教育最后一年的学生也可向阿尔托大学提出申请，若符合要求，将得到条件式录取。若尚未完成学业，请随附一份学位管理办公室（或同等部门）提供的书面声明，说明预计的毕业日期
语言要求	雅思成绩：6.5 分（写作 5.5 分）/ 托福（IBT）成绩：580.0 分（写作 22.0 分）/ 剑桥高级英语证书或剑桥英语水平证书（CAE 或 CPE）：A、B、C 级或 PTE（学术类）总分 59.0 分（写作 50.0 分）
材料清单	学术成绩单、语言成绩单、学位证明
	简历（学校将主要根据简历评估专业经验，考虑申请人的专业经验，尤其是与所申请专业相关的工作经验）
	动机信（申请人必须通过写动机信来传达专业学习计划中的学习动机。每个专业对动机信有不同的问题，可以通过访问阿尔托官网的 Study options 查询，浏览动机信的相关要求）
	护照
	作品集（展示的作品需说明申请人的设计见解、技巧以及艺术表现力。如果是团队合作作品，需阐明申请人在该项目中的特殊角色和对项目的贡献。作品集中所包含的作品必须进行分类，至少列出标题或主题。目录还必须详细说明在何处以及何时展示或发布作品。具体的作品集要求可通过访问阿尔托官网的 Study options 查询，浏览相关要求）

（4）奖学金（表 2.91）

表 2.91　阿尔托大学奖学金

奖学金项目	简介
阿尔托大学奖学金计划	申请条件：有才华的非欧盟 / 欧洲经济区学生； 金额：学费的 50%/ 学费的 100%/ 支付芬兰的生活费用
阿尔托大学奖励奖学金计划	申请条件：在阿尔托学习中取得良好进步（在一学年内根据批准的个人学习计划完成了至少 60 个 ECTS 学分的学习）； 金额：1500 欧元
芬兰硕士生奖学金	申请条件：在阿尔托大学支付学费的非欧盟 / 欧洲经济区申请人可以申请芬兰奖学金，奖学金以成绩为基础，并根据每个学习选项的学术评估标准在竞争的基础上授予； 金额：学费的 100%（作为学费减免）和 5000 欧元（搬迁费和第一年学习的其他费用）

（5）学校环境和评价

阿尔托校园位于赫尔辛基市。整个赫尔辛基市的一个半岛都是阿尔瓦 · 阿尔托的伟大建筑遗产。而这位伟大的设计师的建筑到现今仍在用于教学。学校里时常会碰到带着长枪短炮摄影器材专门来拍摄阿尔托建筑的人。除了硬件设施以外，校园中最不乏的就是自然景观。森林和海就像空气一样包裹孕育着这座学校。很多北欧人，不论春夏秋冬，都穿梭在学校内的小森林和海边。就算下雪，他们也要穿上特制的跑步鞋跑上几公里。这些地方一般都修缮了专门用于行人跑步或散步的步道。

3. 巴黎第一大学

(1) 学校简介

☑本科课程
☑硕士课程
☐博士课程
官网：https://www.pantheonsorbonne.fr/

1968年法国学潮之后，法国政府为改善教育品质，将原巴黎大学拆分成13所各自独立的大学。巴黎第一大学（先贤祠－索邦大学，法语又名“La Sorbonne”和“Paris 1”）作为原巴黎大学的最主要的部分，在巴黎拉丁区索邦神学院的旧址上获得独立和重建。目前有在校学生近4万人，分别在14个教学与科研单位和5个专门学院中注册，与世界五大洲的所有著名的大学都有重要交往。巴黎第一大学的艺术系成立于1970年，其教学着眼于学生的创造力和艺术思考，学院提供了从本科到硕士的一系列课程：艺术、设计、媒体、技术。艺术系共接待近3000名学生和近600名远程教育的学生。在2021-2022年QS世界大学排名当中，巴黎第一大学取得了第290名的好成绩。该大学是法国第三所拥有最多课程的机构，在世界上名列前茅。

（2）硕士专业（表 2.92）

表 2.92　巴黎第一大学设计学硕士专业

专业	简介
艺术与国际创作	课程旨在让学生参与符合国际专业环境、符合社会和创新逻辑的研究
造型艺术与当代创作	课程内容为对当今艺术实践和想象的更新特别敏感，这门课程在以方法论的角度考虑实践与理论之间的不断对话方面发挥了创新作用
创新管理艺术与创意产业	造型艺术和以知识为基础的文化经济对商业发展产生了巨大影响，艺术是 M2 创新管理艺术与创意产业硕士建议理解和教授的管理实践的灵感来源
设计、艺术、媒体	此课程基于对设计、艺术和媒体之间可行并且已经建立的关系的研究。研究内容为扩展演示、装置、通信的某些问题。研究过程中，重点是理解和解释设计、艺术和媒体领域可能提出的任何期望和问题，特别是历史和概念方面。学生们也被引导质疑这些做法，并在这个方向上进行调查和研究工作
互动多媒体	互动多媒体专业要求学生在特殊的工作环境中从事最多样化的数字项目的设计和制作，包括网站、移动应用程序或网络纪录片等。发展他们的技能，提升他们的商业形象
艺术与文化管理	艺术与文化管理专业提供了一系列专门针对文化项目管理的课程，尤其是针对文化工程。课程侧重于生产规律和文化规划、生产管理、营销甚至文化政策以及与之相关的理论
公共空间文化项目	课程目的为培养从事公共空间艺术 / 文化项目设计、制作和开发的专业人士，对当代创作的多样性持开放态度，致力于反思艺术、文化等
展览科学与技术	课程具有独创性，为展览行业的未来专业人士提供最多样化的实践和理论培训

（3）入学要求（表 2.93）

表 2.93　巴黎第一大学入学要求

申请条件	简介
语言能力	法语 DELF、DALF 或 TCF 级别：B2 级
材料清单	上传到平台的 E-Candidat 文件：填写完整、注明日期并签名
	中学毕业证书复印件，大学文凭以及成绩单，须附有法语翻译
	法语 DELF、DALF 或 TCF 证书
材料清单	身份证复印件
	详细的简历（需包含 2~3 页的研究项目简介）
	推荐信

（4）奖学金（表 2.94）

表 2.94　巴黎第一大学奖学金

奖学金项目	简介
埃菲尔奖学金计划	申请条件：25 岁以下

（5）学校环境和评价

巴黎第一大学始建于 13 世纪，800 多年的历史积淀打磨出卓越的教育质量与领先的科研水平，造就了这所世界一流学府。巴黎第一大学传承了法国精英教育的精髓，被称为智者的摇篮，培育了包括居里夫人在内的 8 位诺贝尔奖获得者，以及大批世界顶尖的专家学者、各国政要，创造了无数垂范后世的学术经典。值得一提的是，巴黎第一大学负责管理法国最大的资料资源中心之一，而拥有近 300 万册藏书的索邦图书馆则无疑属于该资料资源中心的瑰宝。

4. 米兰理工大学

（1）学校简介

☑ 本科课程
☑ 硕士课程
☑ 博士课程

官网：https://www.polimi.it/

米兰理工大学（Politecnico di Milano）是位于意大利米兰的一所国立大学，目前拥有7个校区，创立于1863年，是米兰历史最悠久的大学，也是意大利规模最大的科技类大学，约有42000名在校生，是一所历史悠久、专业分布广泛、师资力量雄厚的理工类大学。在2022 QS世界大学排名中，米兰理工大学在意大利国内排名第1位，在2022 QS世界大学学科排名中，艺术与设计排名第5位、建筑学排名第10位，可以说是设计人心中的圣地了。在2020 QS世界大学就业力排名中，米兰理工大学以世界综合排名第41，纯就业率指标排名全球第5，稳居意大利第1。该校每年为在校学生提供众多参与项目及展示的机会，在米兰设计周、米兰时装周、米兰家具展等国际性展会中均设有米兰理工学生的作品展示区。为给学生一个更完善的职业规划，学校每年组织学生在政府部门和私企的众多岗位实习。米兰理工大学现有12个部门，26个本科专业和40多个硕士专业，注册学生总数超过2万人，有着众多的留学生和访问学者。

（2）设计学硕士专业（表2.95）

表2.95　米兰理工大学设计学硕士专业

专业	简介
数字与交互设计	培养能够利用数字技术进行创新，并且能够基于数字和电子技术的使用设计提出解决方案，精通美学和数字、产品、界面、服务方面的人才
产品服务体系设计	课程共两个学年，第一个学年为认识PSSD课程，第二个学年由Final Design Studio及选修课组成。Design studio主要分为2个方向，纯服务设计方向和空间内服务的应用设计
时尚系统设计	时尚系统设计专业有两个方向，服装设计和配饰设计。时装专业学习内容包括男装、女装、童装、珠宝和时尚配饰、针织运动服、内衣和泳装。授课内容为时尚领域设计基础的各项文化、科学、方法和技术工具要素
设计与工程	授课过程包含概念阶段、材料选择、工程结构、制造研究。课程的目标是培养混合设计和工程能力的新专业人士
集成产品设计	集成产品设计课程是综合性、系统性的产品设计学科
室内与空间设计	课程内容为批判性地处理新的内部空间，涉及主题景观、城市设计、性能和艺术与视觉技术设计。课程设置为新内饰、景观与室内设计－空间设计、短暂临时空间设计

（3）入学要求（表 2.96）

表 2.96　米兰理工大学入学要求

申请条件	简介
学历要求	教育总年限至少达到 15 年（包括最少 3 年的本科学习）/ 硕士相关课程要求学历本科以上
语言要求	托福成绩：78.0 分 / 托业成绩：720.0 分 / 雅思成绩：6.0 分 / 意大利语：B1 语言证书
材料清单	本科学位证或在读证明、大学课程描述
	大学成绩单、要求本科成绩不低于 70/100、GPA 说明、英语语言成绩证书
	个人简历，报考设计类、建筑类专业要求提交作品集
	申请动机信

（4）奖学金（表 2.97）

表 2.97　米兰理工大学奖学金

奖学金项目	简介
埃菲尔奖学金计划	申请范围：硕士（25 岁以下）/ 博士（30 岁以下） 申请条件：来自海外优秀的工业化部硕士 / 博士

（5）学校环境和评价

生活在米兰意味着生活在源源不断的艺术和文化刺激的潮流之中。斯卡拉歌剧院、米兰王宫、布雷拉画廊、雷奥纳多 · 达 · 芬奇国家科学技术博物馆、意大利设计

和建筑圣地米兰三年展中心等，都是全年会举办一系列不容错过的展览活动的文化中心。这里还有两处保留着后工业化感觉的地标：倍耐力 Hangar Bicocca 当代艺术中心（从工业灰烬中诞生的文化）和 Prada 基金会（一个结合了临时展览、永久性设备和娱乐设施的不拘一格的开放式空间）。在米兰，米兰理工大学提供 5 个宿舍点供被录取的学生选择，在科莫和莱科校区，分别有 1 个宿舍点供选择。每个宿舍点都提供公共区域和公共服务，比如厨房、自助洗衣房、学习室、休息室、健身房和 24 小时的接待服务。宿舍的预定方式可以是一学期或者一学年，也可以选择分期付款或一次性支付，如果按照一学年来预定，并一次性支付住宿费，能够享受的折扣会高一些。

5. 埃因霍温理工大学

（1）学校简介

☑本科课程

☑硕士课程

☑博士课程

官网：https://www.polimi.it/

埃因霍温理工大学创建于 1956 年，当时是一所理工专科学校，如今已经发展成为一所拥有 8 个院系的理工大学。设有 12 个理科硕士工程专业、3 个数理化学士学位师资培训专业。除此之外，该校的斯坦埃克曼学院还设有 10 个研究生技术设计专业，该校研究生院设有各种研究生课程。到 2000 年，埃因霍温理工大学约有教职工 3000 人、教授 300 人、学生 6000 人、研究生 200 人、博士生 450 人，毕业的工程师 20000 人、技术设计硕士 1000 人，并授予了 2000 个博士学位。该校有社交、体育、文化及学习等约 100 个学生团体以及 15 个校友联合会。埃因霍温理工大学的教学以本校研究活动为基础，侧重设计。讲师及学生采用现代信息技术交流手段。该校的课程也面向国际，鼓励学生与外国公司合作完成部分学业。埃因霍温理工大学与代尔夫特理工大学、屯特大学联合成立了 3TU 联盟，该联盟结合了三所大学在科研、教育方面的优势，大大提高了荷兰大学的科研创造力与吸引力。2016 年瓦格宁根大学加入 3TU，从此该联盟称为 4TU。

（2）硕士专业（表 2.98）

表 2.98　埃因霍温理工大学设计学硕士专业

专业	简介
工业设计	课程致力于创造力和美学、技术与实现、用户与社会、商业与创业以及数学、数据和计算 5 个专业领域

（3）入学要求（表 2.99）

表 2.99　埃因霍温理工大学入学要求

资格要求	简介
学历背景	双一流 / 一流大学的一流学科院校毕业
语言能力	雅思成绩：6.0 分 / 累积平均绩点：80.0 分
材料清单	在读证明、学位证书和毕业证（中英文）
	学术成绩单（中英文）、语言成绩单
	个人简历
	推荐信、动机信

（4）奖学金（表 2.100）

表 2.100　埃因霍温理工大学奖学金

奖学金项目	简介
人才奖学金计划	金额：21200 欧元； 范围：世界范围硕士课程申请者； 申请名额：100 个
荷兰奖学金	金额：5000 欧元； 范围：非欧盟国家学生可以申请

（5）学校环境和评价

该校所在地埃因霍温，虽说是荷兰第五大城市，但是人口也只有20万左右。课程与教学方面，学校注重理论与实践并重，关注学生查阅文献和书籍的能力。诸多课程没有指定的教材，课程要点往往分布在参考书籍和文献当中。对于国际留学生而言，课后需要花费较多的时间阅读这些材料，需要一定的时间来适应这里的学习节奏。在埃因霍温理工大学，大部分的课程都有着相当数量的课后作业，这些作业通常需要大量的时间，期间还伴随着小组讨论和中期检查。另外，在埃因霍温理工大学，老师一般不会留所谓的复习时间给考试准备，大部分的课程都是结课即考试。

6. 代尔夫特理工大学

（1）学校简介

☑本科课程
☑硕士课程
☑博士课程

官网：https://www.tudelft.nl/en/

代尔夫特理工大学是世界上顶尖的理工大学之一。代尔夫特理工大学位于荷兰代尔夫特市，是荷兰历史最悠久、规模最大、专业涉及范围最广、最具有综合性的理工大学，其专业几乎涵盖了所有的工程科学领域，被誉为“欧洲的麻省理工”。其高质量的教学、科研水平在荷兰国内和国际上都具有极高的知名度，得到包括美国工程技术学会在内的许多国际技术组织的认可。其航空工程、电子工程、水利工程等学科在世界上都具有领先地位和卓越声望，它与英国帝国理工学院、瑞士苏黎世联邦工学院、德国亚琛理工大学构成 IDEA 联盟。

（2）设计学硕士专业（表 2.101）

表 2.101　代尔夫特理工大学设计学硕士专业

专业	简介
交互设计	课程目的是探究人与产品的关系。该专业为学生提供多学科学习课程，涵盖从美学和人体工程学到心理学和社会学的主题。课程内容为设计愿景、创建可视化概念、开发和测试体验原型
集成产品设计	课程侧重于教授如何在用户利益、商业和社会挑战之间取得平衡的基础上，设计以用户为中心的创新产品和产品服务组合。课程内容涵盖了整个设计过程，从设计简介开始，到适合大批量或小批量生产的完整产品结束
战略产品设计	课程的重点是产品和服务设计的业务环境，将公司战略和市场机会转化为强大的产品或服务组合。课程为学生提供开发业务资源和市场的机会。旨在将设计对商业和市场的影响最大化
大都会分析、设计与工程	课程内容是为大都市地区在面临环境变化、城市可持续性和城市生活质量方面的挑战时创建新的解决方案
生物机械设计	课程侧重于设计仿生机器人、精细机械系统、汽车驾驶员支持和培训系统、触觉界面和工具所面临的工程设计。课程可以从两个方向中选择：生物医学工程（BME）和机械工程轨道生物机械设计（BMD）

（3）入学要求（表 2.102）

表 2.102　代尔夫特理工大学入学要求

申请条件	简介
学历要求	本科申请需高中毕业或大学在读，硕士申请需本科毕业并且获得学士学位（大学学历应为双一流学校及以上，平均成绩 75 分以上）
	申请者需大学毕业或具有同等学历且身体健康
语言要求	托福成绩：550.0 分 / 雅思成绩：6.0 分
材料清单	留学申请表、代尔夫特理工大学入学申请表
	大学成绩单（中英文各一份）、考试成绩单
	个人简历、作品集
	推荐信 2 封

（4）奖学金（表 2.103）

表 2.103　代尔夫特理工大学奖学金

奖学金项目	简介
Justus & Lousie van Effen 奖学金	金额：全额奖学金； 范围：所有代尔夫特理工大学理学硕士的国际申请者
荷兰奖学金	金额：5000 欧元； 范围：非欧盟学生可以申请
IDE 卓越奖学金	申请条件：优秀的国际申请者（有条件地）被代尔夫特理工大学 2 年制理学硕士课程之一录取，累积平均绩点（GPA）为荷兰以外国际知名大学学士学位的 80%； 金额：25000 欧元； 范围：非欧盟 / 欧洲自由贸易联盟学生

（5）学校环境和评价

学校所在的代尔夫特市位于鹿特丹和海牙之间，面积非常小，是个骑着自行车就能逛完的小城市，所以此地的自行车文化非常盛行，自行车道路配置也非常完善。荷兰的天气一般不会太过于炎热，就算是夏季也基本在 20 ℃左右，所以天气好的时候可以悠闲地躺在草地上晒太阳。

7. 巴塞罗那大学

（1）学校简介

UNIVERSITAT DE
BARCELONA

☑本科课程
☑硕士课程
☑博士课程
官网：https://www.ub.edu/

巴塞罗那大学是一所学科全面、集教育与科研于一身、多项科技成果领先世界的著名公立大学，它承载着巴塞罗那以及加泰罗尼亚地区深厚的历史底蕴，在秉承传统的同时，也一直力求创新，并且在教学领域保持领先。和巴塞罗那这个城市一样，巴塞罗那大学是一所城市化程度高、开放以及多元化的高校。巴塞罗那大学院系设置广泛且完善，学生人数在众多高校中遥遥领先。无论科研项目的数量还是科研成果的质量，巴塞罗那大学在西班牙均名列前茅，在欧洲也是佼佼者。学校共有6万多名学生，4个校区、16个院系和9个科研中心，聘有近6000名教师和科研人员，共设置了73个本科专业，151硕士研究生专业，48个博士专业。

（2）设计学硕士专业（表2.104）

表2.104　巴塞罗那大学设计学硕士专业

专业	简介
城市设计：艺术、城市、社会	课程开展的对象是城市设计，涉及设计建筑物、建筑物组、空间和景观，并开展使可持续发展成为可能的研究
设计高级研究	课程为期1年，包括15学分的必修课和30学分的选修课，课程专业有当代设计、创新和技术、工业设计工程、艺术指导与设计研究
制作与艺术研究	课程教授在创意领域的最前沿的知识和技术，以及媒体艺术的生产和后期制作方面的内容，使其能够用于艺术研究

（3）入学要求（表 2.105）

表 2.105　巴塞罗那大学入学要求

<table>
<tr><th>申请条件</th><th colspan="2">简介</th></tr>
<tr><td>学历要求</td><td colspan="2">持有国内大学专科毕业证书 / 国内大学本科毕业证书和学位证书的应届毕业生或是往届毕业生 / 在读研究生</td></tr>
<tr><td rowspan="2">语言要求</td><td>非西班牙语专业</td><td>西班牙语国内等级 A2/ 入学等级 B2</td></tr>
<tr><td>西班牙语专业</td><td>雅思成绩：6.5 分 / 专业英语：四级或八级</td></tr>
<tr><td rowspan="3">材料清单</td><td colspan="2">申请意向书、申请动机陈述</td></tr>
<tr><td colspan="2">学术成绩单、语言成绩单</td></tr>
<tr><td colspan="2">中英文简历（PDF）</td></tr>
</table>

（4）奖学金（表 2.106）

表 2.106　巴塞罗那大学奖学金

外国奖学金	申报时间：每年一月份； 申请条件：相关专业的预录取证明

（5）学校环境和评价

巴塞罗那大学地处加泰罗尼亚，由于靠近地中海港口，靠近政治经济更发达的法国，深受启蒙运动影响和商业思想的熏陶，所以加泰罗尼亚地区比伊比利亚半岛内陆地区更加开放和进步。当地特别重视语言、文化、教育。巴塞罗那近代的工商业大发展和城市建设，使得巴塞罗那大学的建筑、设计、城市规划、商业、贸易等专业诞生于实践，和市场经验与社会需求紧密结合。作为保存加泰罗尼亚语言、文化、自我认同属性的学术机构，巴塞罗那大学深受器重。在住宿方面，宿舍是留学生的第一选择，拥有距离近、价格便宜、安全性能高的优势，但是学校宿舍的供应一般都是限量的，早申请才有机会获取资格，平均一个月的租金大概在 2800～3500 元，水电等费用全包括。而没有申请到宿舍的学生，则需要自己找住的地方，很多学校会有合作的公寓，价格基本在 3000～5000 元，空间和环境会更舒适。

8. 于默奥大学

（1）学校简介

☑ 本科课程
☑ 硕士课程
☑ 博士课程

官网：http://www.umu.se

坐落于于默奥市北部的于默奥大学建立于 1965 年，目前约有在校生 3 万名，学生不全来自瑞典，还有很多外国留学生，而且留学生的人数一直在增长。这是一所开放的、充满朝气的大学。学校为学生提供了轻松自由的环境，可以使学生在享受生活的同时轻松地掌握各种知识。校园周边环境优美，非常适合学习。于默奥市被誉为瑞典北部的首都，在瑞典它是发展最快的城市之一，是学习工作和娱乐的中心。市里会定期举办各种文化交流和体育活动。于默奥大学的设计专业在设计领域中享誉国内外，尤其是产品与交互设计，国内外企业也很认可。于默奥大学也是一所教育质量有保障的学校，严进严出，因此毕业生的设计能力和水平都有很高的水准。这依赖于学院提供的极具竞争力且国际化的设计教育课程。学校也拥有良好的基础设施，经常与沃尔沃汽车、伊莱克斯等多家企业和组织进行合作。

（2）设计学硕士专业（表 2.107）

表 2.107　于默奥大学设计学硕士专业

专业	简介
高级产品设计	课程内容旨在培养拥有创建、开发和设计新的相关产品解决方案所需的技能和思维方式的学生。学生将学会通过环境和社会挑战的视角探索设计

（续表）

专业	简介
交通设计	课程内容基于斯堪的纳维亚设计传统，强调对用户兴趣和需求的理解是成功产品的关键
建筑与城市设计	建筑和城市设计硕士课程的特点是始终关注可持续性，并有来自世界各地的教师带领学生进行探索和实验。该专业研究内容的重要元素是社会和环境的可持续性、资源意识、不同规模的工作、通过在物理环境中进行全面建设和建筑干预装置来试验技术解决方案和原型
交互设计	课程强调相同实践的批判性思维，促进扩展艺术生产的所有领域的多学科工作，并探索其社会和概念背景
美术	课程内容为批判性的角度分析，辩论和写作艺术的能力，兼顾个人艺术表达，加深学生能力，使其对于艺术有更深刻的认识

（3）入学要求（表 2.108）

表 2. 108　于默奥大学入学要求

申请条件	简介
语言要求	雅思成绩：6.5 分 / 托福成绩：75.0 分 / iBT 成绩：90.0 分

（4）奖学金（表 2.109）

表 2. 109　于默奥大学奖学金

奖学金项目	简介
于默奥大学国际学生奖学金	申请条件：秋季学期录取的具有学术天赋和高成就的学生； 金额：全额奖学金
于默奥国际学生奖学金	申请条件：有学术才华和高成就的设计学生； 金额：全额奖学金

（5）学校环境和评价

于默奥大学校园内设施齐备，最舒适和最活跃的聚会场所是坐落于校园中心的图书馆，学生可以在此借阅到来自世界各地的新闻报纸和学术杂志。于默奥大学图书馆是瑞典北方最大的学术研究型图书馆，藏书143万余册，并拥有完备的互联网图书资源，向各个学科及阶段的学生、学者、研究员及教师提供最新的学术研究成果，并向全体学生及市民免费开放。

于默奥大学校园设施以自由、舒适、人性管理及温情设计为出发点，在整个校区内随处可以感受到对细节的关注和浓厚的瑞典风格。在冬天的于默奥校园内，也有可能看见难得一见的极光。

九、世界其余各国部分优秀设计学高校

本章节主要选取5所世界各国优秀设计学高校：加拿大的多伦多大学、韩国的首尔大学、澳大利亚的皇家墨尔本理工大学和悉尼科技大学、新西兰的梅西大学，对这5所高校的设计学科简介和报考方式等进行简要介绍（表2.110）。表2.111是该5所设计学高校硕士专业概览。

表2.110　世界其余各国优秀设计学高校2022—2020年设计学学科排名

国家	学校	QS世界大学学科排名			THE世界大学学科排名			U.S.News世界大学学科排名		
		2022年	2021年	2020年	2022年	2021年	2020年	2022年	2021年	2020年
加拿大	多伦多大学	51	51	51	15	15	18	9	8	6
韩国	首尔大学	37	39	38	101	151	176	207	219	202
澳大利亚	皇家墨尔本理工大学	15	11	11	176	176	201	193	172	207
	悉尼科技大学	27	25	23	176	176	201	149	157	173
新西兰	梅西大学	101	51	51	401	301	401	无	无	无

表2.111　世界其余各国优秀设计学高校硕士专业概览

学校	专业方向	学制	教学语言	学费	所在城市
多伦多大学	城市设计	3年/全日制	英语	11400美元/学年	圣乔治
	视觉研究	3年/全日制		8370美元/学年	
首尔大学	视觉设计	2年/全日制	韩语	约3109000韩元/学年	首尔
	东洋画	2年/全日制			
	西洋画	2年/全日制			

（续表）

学校	专业方向	学制	教学语言	学费	所在城市
首尔大学	版画	2 年 / 全日制	韩语	约 3109000 韩元 / 学年	首尔
	雕塑	2 年 / 全日制			
	金属造型设计	2 年 / 全日制			
	陶瓷造型设计	2 年 / 全日制			
	工业设计	2 年 / 全日制			
	设计历史文化	2 年 / 全日制			
皇家墨尔本理工大学	设计创新与技术	2 年 / 全日制	英语	约 44160 澳元 / 学年	墨尔本
	动画、游戏和互动	2 年 / 全日制		约 36480 澳元 / 学年	
	传播设计	2 年 / 全日制		约 38400 澳元 / 学年	
	设计学	2 年 / 全日制		约 38400 澳元 / 学年	
	媒体与传播	2 年 / 全日制		约 33600 澳元 / 学年	
	未来设计	18 个月 / 全日制		约 40320 澳元 / 学年	在线学习
	数字产品设计	6 个月 / 全日制； 1 年 / 非全日制		约 3480 澳元 / 课程	
	用户体验设计	9 个月 / 全日制； 1 年 / 非全日制			
悉尼科技大学	设计学	18 个月 / 全日制； 3 年 / 非全日制	英语	每个学分的费用为 892 美元，总学分为 72； 每节课的费用为 17000 美元。预期课程节数为 4	悉尼
	设计研究	2 年 / 全日制； 4 年 / 非全日制			

（续表）

学校	专业方向	学制	教学语言	学费	所在城市
梅西大学	美术	2 年 / 全日制； 6 年 / 非全日制	英语	约 37920 美元 / 学年	惠灵顿
	毛利视觉艺术	2 年 / 全日制； 6 年 / 非全日制			北帕默斯顿
	设计	2 年 / 全日制； 6 年 / 非全日制			惠灵顿

1. 多伦多大学

（1）学校简介

☑ 本科课程
☑ 硕士课程
☑ 博士课程

官网：https://www.utoronto.ca/

多伦多大学始建于 1827 年，坐落在加拿大第一大城市多伦多，起源于 1827 年的国王学院。学校经过接近 200 年的蓬勃发展及本着对知识严谨考究的学术精神已成为加拿大著名公立研究型大学，更成为一所享誉北美乃至全球的顶尖高等学府。作为一所公立性质的现代化综合性大学，它设有 3 个分校、16 个学院，在校园面积 65 公顷范围之内，分布着大大小小 230 座风格各异的建筑物。主校园坐落在多伦多市中心位置，有大学学院、医学科学楼、罗伯茨研究图书馆、西德尼·史密斯大厦和可夫勒学生服务中心等五大建筑。这里绿草如茵，古树参天，其宁静和典雅与城市的驳杂和喧闹形成强烈对比。

（2）设计学硕士专业（表 2.112）

表 2.112　多伦多大学设计学硕士专业

专业	简介
景观设计	课程内容为视觉传达和建筑历史的理论和研究、现场工程和材料技术、园艺、生态学等。此外还提供专业实践和研究方法研讨会，提供全面的景观设计专业教育
视觉研究	课程周期为 2 年，围绕历史和当代策展实践方法构建，并结合视觉艺术、理论等共同学习

（3）入学要求（表 2.13）

表 2.113　多伦多大学入学要求

申请条件	简介
学历要求	从公认的大学获得的学士学位，就读期间学习了人文和文化理论方面的课程，或者从公认的大学获得了艺术学士学位
语言要求	剑桥评估英语（C1/C2/CEC）成绩：A（I）或 B（II）/ 加拿大学术英语语言评估：70.0 分 / 多邻国英语测试：120.0 分 / 英语语言诊断和评估 / 英语水平证书：86.0 分 / 雅思成绩：6.5 分
材料清单	学术成绩单、语言成绩单
	展览、专业活动和教育的详细信息、最近的策展工作、公告卡 / 策展作品的目录、展览手册、策展论文、策展作品的描述
	简历、3 封推荐信、批判性写作样本

（4）奖学金（表 2.114）

表 2.114　多伦多大学奖学金

奖学金项目	简介
莱斯特 · 皮尔逊国际奖学金	申请条件：学术上具有卓越成就的学生

（5）学校环境和评价

多伦多大学的办学风格是开放式的，它面向世界，吸纳并培养了不少世界精英。多伦多大学为在校师生提供了充足的教室、办公室、宿舍、图书馆、休息室、娱乐区、超市和食堂；课外活动包括俱乐部、社团、体育、聚会和学生自办报纸等丰富多彩的内容；尤其值得一提的是该校学生在教室之外，随时可以找到教师求教和交流，这成为培养学生自主创新思维的一大法宝。多伦多大学的主校区是位于多伦多市中心的圣乔治校区，其他两个校区分别为士嘉堡校区和密西沙加校区。由于地理位置的原因，夏天的多伦多，白天会持续很久，一般到了晚上 9 点天还是亮的，且不像温哥华那么多雨，整体很干燥。而多伦多的冬天很长，一般长达 6～8 个月，且长期下雪。

2. 首尔大学

（1）学校简介

☑ 本科课程
☑ 硕士课程
☑ 博士课程

官网：https://www.utoronto.ca/

首尔大学又称国立首尔大学或首尔国立大学，是韩国最早的国立综合大学，被公认为韩国的最高学府。60 多年来，首尔大学得到了划时代的发展，已成为韩国国内最高水平的教育与研究机构，同时也是亚洲少数进入世界综合排名前 100 位的高等学府。首尔大学校建校以来，一直领导着韩国学术界的发展，在国际学术排名榜中，众多领域均高居韩国大学之首，并培养出了一批社会各界的领导人物，享有“韩民族最高学府”之称，在很多方面都是韩国院校的顶尖代表，设计类专业也不例外。

（2）硕士专业（表 2.115）

表 2.115　首尔大学设计学硕士专业

专业	简介
视觉设计	课程学习从排版、品牌、广告、书籍、插图等传统平面设计领域到影像设计、媒体艺术、计算机编程、UI/UX 设计等视觉传播设计
陶瓷工艺	课程内容为与现代、艺术、科学、技术、人文相结合的新的系统课程，培养学术的基本实践能力，并组织以时代、创造性的素质开发为目标的课程内容
金属造型设计	课程内容通过对金属的各种成型制作技术来理解材料和技术，并组织实践和学习其理论科目，以便根据个人想象力研究创造新形式，以及从基础课程中体验到造型设计的快乐
工业设计	课程内容包括设计研究方法、设计规划策略、设计行业管理、产品设计、数字环境和事物接口、考虑空间行为的规划和设计、城市环境和公共设计
设计历史文化	课程旨在通过以公共性为基础的设计产业和文化政策制定等基础研究，构建学术体系

（3）入学要求（表 2.116）

表 2.116　首尔大学入学要求

申请条件	简介
语言要求	韩语：TOPIK3 级及以上 / 英语：雅思成绩 5.5 分或托福成绩 71.0 分
材料清单	入学申请、学士学位毕业证书
	学术成绩单、语言成绩单
	自我介绍、学习计划书、作品集（A4，6 ~ 10 张）
	推荐信
	在学调查同意书 / 个人信息活用同意书
	本人和父母的护照（或者身份证）复印件、家族关系证明、存款证明（20000 美元以上）

（4）奖学金（表 2.117）

表 2.117　首尔大学奖学金

奖学金项目	简介
SNU 校长奖学金计划	申请条件：每学期录取结果公布后，发展中国家重点大学的教职工，且未获得博士学位者，或新录取的首尔大学博士生； 金额：全额免除最多 6 个学期的学费或生活费（150 万 ~ 200 万韩元 / 月，3 ~ 4 年）、一张往返机票、韩语研修； 名额：8 人； 审核流程：申请人向首尔大学招生办公室提交入学申请→申请人在录取结果公布后向指定学院的管理办公室提交奖学金申请→由“SUN 校长奖学金遴选委员会”进行遴选→决定通知
SNU 全球奖学金	申请条件：收到首尔大学的录取通知书的就读研究生课程的国际学生； 金额：视个人情况； 名额：约 160 人
大熊财团奖学金	申请条件：就读研究生学位课程的国际学生 金额：200 万韩元 审核流程：申请人向首尔大学国际事务办公室提交文件→办公室进行第一次选择→大熊财团基金会进行面试→决定通知

（5）学校环境和评价

首尔大学拥有冠岳、莲建 2 个校区。首尔大学共设有 16 个单科学院及研究生院、3 个专科研究所（专修研究生院）、93 个研究中心及支援单位。冠岳主校区有 11 所学院、2 个研究所以及 27 所研究机构。其位于汉江南岸、首尔南方郊区的冠岳山山脚，距市中心 16 公里，校地面积 4.3 平方公里。此校区下有人文学部、师范学部、社会科学部、法学部、兽医学部、经营学部、理学部、工学部、药学部、生活科学部、美术学部、音乐学部。莲建校区位于首尔中部的钟路区，设有医学院、牙医学院、护理学院、公共卫生研究所和大学医院。

3. 皇家墨尔本理工大学

（1）学校简介

☑ 本科课程
☑ 硕士课程
☑ 博士课程

官网：https://www.rmit.edu.au/

皇家墨尔本理工大学致力于通过科研、创新、教学和汇聚社会力量来塑造我们的当代世界。在这里，学生和教职员工们获得的是非凡的人生体验。学校的学生构成非常多元化，每一个人都有独特出众之处，自由展现他们在不同领域的天赋、兴趣、热忱和不懈追求。墨尔本是一个友好安稳、文化多元且宜居的城市，皇家墨尔本理工大学位于世界著名国际都市墨尔本的市中心。

（2）设计学硕士专业（表 2.118）

表 2.118　皇家墨尔本理工大学设计学硕士专业

专业	简介
设计创新与技术	通过国际社会的前瞻性思维、以实践为基础的学术研究人员和专业设计师的参与，使学生加入一个不断发展的动态学习环境。设计实践的创新定位于多个学科的交叉，学生将有机会解决各种专业领域的问题，如工程、建筑、景观建筑、室内设计、工业设计、服务设计、平面设计、动画、互动、照明、媒体和声音设计
动画、游戏和互动	课程内容建立在皇家墨尔本理工大学在研究生教学和研究方面 20 多年的成功基础上，专注于动画、游戏和互动媒体专业制作的高级理论和实践方面
传播设计	未来设计专注于设计创业和战略设计思维。通过突破创意界限，批判性地思考，找到应对沟通挑战的设计解决方案，提升学术专业知识、专业技术和创意技能
设计学	课程内容与设计行业相关，专注于未来的设计实践

（续表）

专业	简介
未来设计	未来设计是针对在职专业人士的专业学科，适用于希望过渡到新设计实践的设计师和非设计师，以及那些希望在战略领导角色中提升职业能力的人
数字产品设计	课程内容是一个迭代设计过程，旨在证明现有问题的数字化解决方案的可行性
用户体验设计	该课程设计通过深入研究用户的需求，识别痛点，并提供迭代改进，创建令人愉快的以人为本的解决方案

（3）入学要求（表 2.119）

表 2.119　皇家墨尔本理工大学入学要求

申请条件	简介
学历要求	授课式硕士：已获学士学位或荣誉学士学位或有丰富工作经验； 研究式硕士：一般要求已获授课式硕士学位
语言要求	雅思成绩：6.5 分 / 托福成绩：79.0 分 / 培生英语测试：58.0 分 / 剑桥英语：176.0 分
材料清单	个人陈述、作品集
	关于领域的实质性研究提案

（4）奖学金（表 2.120）

表 2.120　皇家墨尔本理工大学奖学金

奖学金项目	简介
RMIT 预科奖学金	金额：5000 澳元； 名额：12 人
新生入学奖学金	金额：每学年减免 3000 澳元； 名额：约学生总数的 10%
优等生奖学金	金额：每学期减免 1500 澳元； 名额：约学生总数的 10%
校友奖学金	申请条件：继续学习该学院其他课程； 金额：每门课减免 250 澳元

（5）学校环境和评价

皇家墨尔本理工大学 City 校区位于 Swanston 大街的“顶端”，穿过中央商业区（CBD）从 Lygon 大街向 Bourke 大街购物中心延伸。校区接近中央商业区，拥有出色的公共交通，从墨尔本各地均可以方便到达。校园附近包括州图书馆、墨尔本中央购物中心、城市浴场与 Queen Victoria 市场。墨尔本皇家理工大学 Bundoora 校区位于墨尔本市中心东北 18 公里，这一高速开发中的校区占地 42 公顷，拥有超过 6000 名学生。校区分为东西两部分，公交服务连接火车站，停车场、轨道交通一应俱全。体育场馆包括田径跑道、网球、橄榄球与足球场。墨尔本皇家理工大学 Brunswick 校区坐落于市中心仅仅 5 公里之外，空间广大，附近有著名的悉尼道路购物区。校区拥有停车场所，轨道和铁路交通均步行可达。墨尔本皇家理工大学 PointCook 校区坐落在墨尔本的西南方，它的飞行训练课程设在该校区，这也是全球首个军事飞行基地。墨尔本皇家理工大学 Hamilton 校区坐落在墨尔本西部。该校区提供各类短期课程、TAFE 课程、学士及硕士课程等。墨尔本皇家理工大学越南主校区位于西贡市，在胡志明市和河内市还有分校区。

4. 悉尼科技大学

（1）学校简介

☑ 本科课程
☑ 硕士课程
☑ 博士课程

官网：https://www.uts.edu.au/

悉尼科技大学，简称“悉尼科大”（UTS），是一所位于澳大利亚悉尼市的著名公立研究型大学，澳大利亚科技大学联盟（ATN）、中澳工科大学联盟（SAEUC）、英联邦大学协会（ACU）的重要成员，经AACSB认证的著名高校。悉尼科技大学前身为1843年建立的悉尼机械学院。1882年经新南威尔士州政府批准，机构更名为悉尼技术学院。1964年定名新南威尔士理工学院。1988年正式更名为悉尼科技大学。学校在2021QS世界大学排名中，获评为世界五星级高校，位列全球第133名；位居QS校龄小于50年世界年轻大学排名全球第11，全澳第1。其中，护理专业排名位居世界第4，全澳第1；艺术和设计专业位列世界第29位；法学院位列世界第43位。在2020软科世界大学学术排名中，计算机科学与工程专业排名世界第13位，位于全澳第1。在2017年澳大利亚政府进行的卓越大学评价（ERA）中，悉尼科技大学94%的学科被评为世界领先标准。

（2）设计学硕士专业（表2.121）

表2.121　悉尼科技大学设计学硕士专业

专业	简介
设计学	悉尼科技大学设计硕士主要培养具有社会和服务设计、过渡设计和设计领导技能的设计者。旨在为构建能力强、提供和管理高水平服务体验或领导社会、社区和组织变革的人提供平台
设计研究	课程内容为完成一篇对于某课题有特殊贡献的论文。旨在通过课程作业获得研究方法和设计技能的经验

（3）入学要求（表2.12）

表2.122　悉尼科技大学入学要求

申请条件	简介
学历要求	悉尼科技大学设计研究生证书或同等学历/悉尼科技大学社会与服务设计研究生证书或同等学历/悉尼科技大学认可的设计相关领域的学士学位或同等学历，最低平均绩点（GPA）为5.50分
语言要求	雅思成绩：6.5分（写作成绩为6.0分）/托福成绩：总体550～583分，TWE为4.5分（线下），总体79～93分，写作成绩为21分（线上）/通过AE5/PTE：58～64分，写作成绩为50/C1A、C2P：176～184分，写作成绩为169分

（续表）

申请条件	简介
材料清单	毕业证书、护照
	景观 PDF 的数字作品集（10 页，A4）、原始设计作品的数字文件（扫描件、照片）、300 字简历

（4）奖学金（表 2.123）

表 2.123　悉尼科技大学奖学金

奖学金项目	简介
优秀学生设计硕士奖学金	申请条件：高成就的学生； 金额：5000 美元
澳大利亚政府奖学金	申请条件：适用于国际学生； 金额：奖金不定
周泽荣博士奖学金	申请条件：已录取或就读于中国悉尼科技大学关键技术合作伙伴（KTP）大学之一且在悉尼科技大学攻读硕士学位的学生； 金额：国际学生每年 10000 美元以及专业学费
研究生学术卓越国际奖学金	申请条件：高成就的国际学生； 金额：悉尼科技大学学费的 25% 或 35%
UTS 课程学生硕士补助金	申请条件：国际学生； 金额：3000 美元

（5）学校环境和评价

学校的主校区坐落在澳大利亚悉尼的心脏地带，距离悉尼中央车站仅有几步之遥，步行即可到达悉尼各大景点。悉尼科技大学教学基础设施完善，各种现代化设备齐全，校园无线网络覆盖整个校区，校区内还设置了各种无障碍设施，便于人性化地照顾各类特殊需求群体。悉尼科技大学也被评为澳大利亚校园设施最完善最现代化的大学、世界级现代化大学的典范。悉尼科技大学还有两所图书馆，收藏了大量图书、期刊、学位论文等信息资源，为全校师生教学、研究提供了便利的信息服务。

5. 梅西大学

（1）学校简介

☑ 本科课程
☑ 硕士课程
☑ 博士课程
官网：https://www.massey.ac.nz/

梅西大学的校址位于新西兰北岛的 3 个主要城市，包括：惠灵顿、北帕莫斯特及奥克兰；是新西兰规模最大的大学之一，其拥有全国最大的商学院，是全球 5% 顶尖商学院之一，拥有“双桂冠认证”。梅西大学建立于 1927 年，现有学生 30000 多人，其中在校生近 15000 人，国际学生约有 4000 名。梅西大学与许多专业研究机构合作，各学位的课程可应用最新的研究成果。梅西大学为学生们提供全套的学习和生活设施，包括计算机实验室、图书馆、娱乐中心、餐厅等，并提供医药、健康、求职等各种咨询服务。学校设有众多研究机构和学生协会、社团。住宿方式包括单人学生宿舍、公寓以及家庭寄宿。梅西大学设有商学院、教育学院、自然科学学院、人文和社会科学学院等 5 个专业学院。学校设有证书类、专科、本科、硕士及博士学位，同时也为学生们提供大学预备课程及语言课程。梅西大学是新西兰唯一一所具有航空航天、兽医药学和纳米技术专业的大学；其中工程和技术、物理学、体育科学和统计学专业位居新西兰大学前三。

（2）设计学硕士专业（表 2.124）

表 2.124　梅西大学设计学硕士专业

专业	简介
毛利视觉艺术	毛利视觉艺术是梅西大学里一个特别的专业，研究内容包括毛利当代艺术、毛利语、毛利文化以及毛利礼节。通过理论与实践相结合，学生将在二维和三维艺术实践中发展自己的感性和概念技能，并获得语言与视觉交流的文化基础，推动学生对毛利人或本土视觉文化的深刻理解
设计	对设计行业进行深入的研究以得到针对性结果。课程将提供单独的工作室以及与设计技术相关的设施

（3）入学要求（表 2.125）

表 2.125　梅西大学入学要求

申请条件	简介
学历要求	已获得或有资格获得设计学士学位或美术学士学位（或同等学历），平均成绩不低于 B/ 已获得或有资格获得美术研究生文凭或设计研究生文凭（或同等学历），平均成绩不低于 B/ 已获得相关学士学位，平均成绩不低于 B，并表现出相关行业或专业经验
语言要求	雅思成绩：6.0 分 / 托福成绩：90.0 分 / 剑桥英语：C1 或 C2/ 皮尔逊英语测试成绩：58.0 分 / 新西兰英语语言证书：5 级
申请文件清单	学术成绩单的验证副本
	签证（要获得在澳大利亚学习的学生签证，国际学生必须在校园内全日制注册。澳大利亚学生签证规定还要求持学生签证学习的国际学生在标准的全日制时间内完成课程）

（4）奖学金（表 2.126）

表 2.126　梅西大学奖学金

奖学金项目	简介
科林 · 波斯特雕塑纪念奖学金	该奖学金是为了纪念惠灵顿艺术和文化的坚定支持者科林 · 波斯特而创建的。科林坚定不移地相信教育的价值，该奖学金为学生和新兴艺术家提供了发展雕塑创作实践的途径

（5）学校环境和评价

梅西大学主校区为北帕默斯顿市的 Turitea 校区，在北帕默斯顿市方圆 400 平方公里的土地上居住了超过新西兰全国三分之二的人。北帕默斯顿位于首都惠灵顿东北 128 公里处，其历史内涵引人入胜。

学校提供全套的学习和娱乐设施，校园的商业区有书店、邮局、银行、咖啡馆、美发厅、药店和旅行社。另外，学生协会和各种体育和文化俱乐部经常举办丰富多彩的活动。梅西大学图书馆对所有学生开放。

学校宿舍分供应餐饮和自己做饭两种，单人间带浴室，大单人间带合用浴室，有厨房、洗衣房和公共活动区。电话、微波炉、冰箱等生活设施一应俱全。

第三章

目前国内外高校设计研究类型与发展路径

一、交叉学科文献检索指标

1. Web of Science 科学引文索引

（1）SCI（影响因子：63.7124）

科学引文索引（Science Citation Index，SCI）是美国科学信息研究所（ISI）的尤金·加菲尔德（Eugene Garfield）于1957年在美国费城创办的引文数据库。SCI（科学引文索引）、EI（工程索引）、ISTP（科技会议录索引）是世界著名的三大科技文献检索系统，是国际公认的进行科学统计与科学评价的主要检索工具。

1976年，ISI在SCI基础上引出期刊引用报告（Journal Citation Report，简称JCR），并以此提供了一套统计数据，展示科学期刊被引用情况、发表论文数量以及论文的平均被引用情况。在JCR中可以计算出每种期刊的影响因子（Impact Factor，简称IF）。影响因子的高低，在一定程度上可以反映一个期刊的影响力。

笔者将2020年SCI期刊学科数据对比2017年数据，研究一流学科建设以来我国SCI期刊学科布局等的变化。从结果来看，我国SCI期刊逐渐由理学期刊数量居首位转变为工学期刊数量居首位。在中科院期刊分区表中，1区、2区期刊的数量和比例大幅上升。优势学科期刊地位相对稳固。在新增SCI期刊的主办机构中，高校最具优势，其一流学科建设催生出众多的本学科及相关交叉学科的SCI期刊。其他主办机构虽然不是一流学科建设的直接主体，但与一流学科建设主体紧密相连。最终得到的结论，一流学科建设的投入直接影响我国SCI期刊的学科布局和增长趋势；强大的工科投入力度促进高水平工学期刊数量的快速增长；新增期刊的学科分布亦呈现出一定程度的高投入、高增长趋势。

SCI的分区

SCI分区的根据主要是影响因子，在国外基本不存在分区的概念，只作为一个参考，他们投稿一般选择都是本学科内的权威期刊，不论分区。国内主流参考的SCI分区依据有中科院分区和汤森路透分区两种。其中，中科院分区则被更多的机构采纳以作为科研评价的指标。

IF 定值

期刊的 IF 定值每年不断浮动，因此把 IF 定值作为学术评价指标不适合，而且不同学科领域期刊的影响因子差异很大，仅凭 IF 定值不能直观地比较不同领域的期刊。于是，把同一学科领域的期刊，按 IF 定值从大到小作排序后，划分入不同区域。

汤森路透分区

汤森路透每年发表一本《期刊引用报告》(*Journal Citation Reports*，简称 JCR)，对 86000 多种 SCI 期刊的影响因子加以统计。

JCR 将收录期刊分为 176 个不同学科类别。每个学科分类按期刊的影响因子高低，平均分为 Q1、Q2、Q3、Q4 四个区（图 3.1）：

影响因子前 25%（含 25%）期刊划分为 Q1 区；

影响因子前 26% ~ 50% 为 Q2 区；

影响因子前 51% ~ 75% 为 Q3 区；

影响因子 75% 之后为 Q4 区。

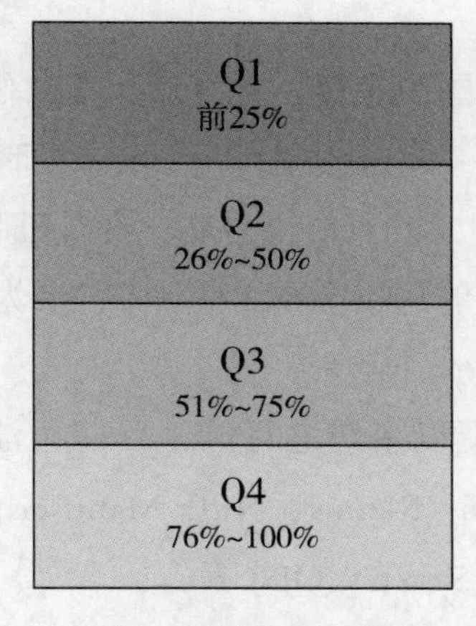

图 3.1　汤森路透分区法

中科院分区

中科院分区目前分为基础版和升级版（试行）。

中科院分区（基础版）先将 JCR 中所有期刊分为数学、物理、化学、生物、地学、天文、工程技术、医学、环境科学与生态学、农林科学、社会科学、管理科学及综合性期刊 13 大类。

每个学科分类按照期刊的 3 年平均影响因子高低，分为 4 个区（图 3.2）：

影响因子前 5% 为该类 1 区；

影响因子前 6% ~ 20% 为 2 区；

影响因子前 21% ~ 50% 为 3 区；

影响因子后 50% 为 4 区。

显然在中科院分区中，1 区和 2 区杂志很少，杂志质量相对也高，基本都是本领域的顶级期刊。4 个区的期刊数量是从 1 区到 4 区呈金字塔状分布。

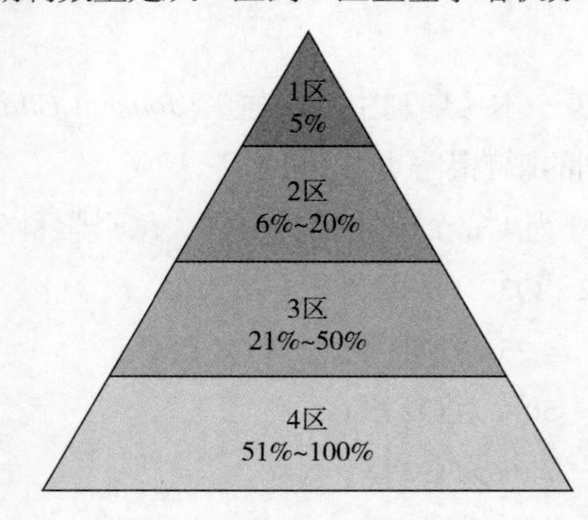

图 3.2　中国科学院分区法

SCI 期刊的 4 个分区，在国内来说，认可度从高到低依次是：1 区 >2 区 >3 区 >4 区。一般单位或者高校发表 3 ~ 4 区的期刊就可以满足职称评定要求。

中科院分区（升级版）在 2020 年 1 月公布，在基础版的基础上做了调整。针对期刊收录范围，升级版由基础版的只收录 SCI 期刊，扩展为收录 SCI 期刊和 SSCI 期刊。

SCI 论文投稿

SCI 的投稿一般是通过投稿系统进行的，目前主流的投稿系统涵盖但不限于：Editorial Manager、ScholarOne Manus、NPG Manuscript Tracking System、Elsevier Editorial System、Open Journal Systems (OJS) 等。

每个投稿系统的使用大同小异，我们以最常用的 SCI 投稿系统 Editorial Manager 为例介绍投稿流程。

第一步：准备投稿资料（表 3.1）。

表 3. 1　SCI 投稿准备资料

资料		要求
1	稿件	一般采用 Word / LaTeX 格式，部分期刊使用模板（Template）
2	作者	全体作者的姓名、工作单位、地址、邮箱、邮编、ORCID 及其他信息。注明第一作者、通讯作者、并列作者，根据要求用不同符号标出（通讯作者常用 *）

（续表）

资料		要求
3	投稿信	需写明期刊名称、文章类型、文章简介、文章亮点、通讯作者姓名、工作单位、地址、邮箱、邮编等
4	图片 / 表格	图片一般采用 Tiff / Eps 格式，可以根据要求调整分辨率，放置在 Word 文档中，部分期刊要单独上传
5	推荐或回避审稿人	根据要求推荐、回避某位审稿人，可从参考文献作者、同行领军者、多次为该期刊审稿或投稿的作者中推荐审稿人
6	版权转让协议书	根据要求签署（Open Access 除外）
7	图摘	可选，根据期刊要求来确认
8	附加材料	一般附加材料指的是非关键性的辅助数据、其他图表、影片等

第二步：确认通讯作者。

一般来说，投稿系统是由通讯作者进行注册，完成投稿的。若导师的工作繁忙，可与导师商量，常用以下两种方法解决：一是以学生的信息注册投稿系统，并独立完成投稿，在投稿系统中的“作者信息”中，将导师标明为通讯作者，后续编辑会直接与通讯作者取得联系；二是以导师的信息注册投稿系统，导师将编辑的邮件转发给学生，由学生完成投稿。

需注意的是由于文章的知识产权一般归通讯作者所有，通讯作者担负着文章的可靠性，因此必须在通讯作者同意、全体作者知晓的情况下进行投稿，擅自投稿将带来严重的后果。

（2）SSCI（影响因子：10.104）

社会科学引文索引（Social Science Citation Index，简称 SSCI）为 SCI 的附属篇，亦由美国科学信息研究所创建，是可以用来对不同国家和地区的社会科学论文的数量进行统计分析的大型检索工具。

1999 年 SSCI 全文收录 1809 种世界最重要的社会科学期刊，内容覆盖包括人类学、法律、经济、历史、地理、心理学等 55 个领域。收录文献类型包括：研究论文，书评，专题讨论，社论，人物自传，书信等。选择收录（Selectively Covered）期刊为 1300 多种。

SSCI 和 SCI 都是由美国科学信息研究所研发的学术检索系统，可以说是同等级别的检索系统，在国内认可度非常之高，对于个人乃至对于国家科研水平的提升都有着重要意义。两者最显著的区别就在于 SSCI 更偏向文科，检索收录的是人文社科方向的文献或者期刊以及其他形式的科研成果，SCI 则注重理科，检索涵盖的专业与 SSCI 不同，主要是理科专业；另外从数量上说，SSCI 数量相比于 SCI 来说更少一些。

综上，SSCI 论文投稿流程（投稿指南）相关知识如表 3.2 所示，作者在撰写 SSCI 论文时，一定要保证论文质量，以确保论文能被 SSCI 期刊录用和检索。

表 3.2　SSCI 投稿步骤

资料		要求
1	选择 SSCI 期刊	作者选择 SSCI 期刊时，一定要注意 SSCI 期刊刊登范围、影响因子、期刊分区、审稿周期等，避免论文方向与 SSCI 期刊范围不一致，以及 SSCI 期刊审稿周期过长，影响论文发表。作者可根据评审单位文件要求，选择符合评职等级的 SSCI 期刊，更好地完成论文发表
2	了解 SSCI 期刊规范，并对论文做出调整	每刊 SSCI 期刊都有自己风格，所以对 SSCI 论文要求存在差异性。作者在发表论文之前，一定要了解清楚 SSCI 期刊规范要求，按照 SSCI 期刊规范要求修改论文，如 SSCI 论文重复率要控制在 SSCI 期刊要求范围内，避免 SSCI 论文重复率过高，影响论文发表
3	投稿	作者确定论文投稿方式后，选择一种适合投稿 SSCI 期刊的方式，完成论文投稿。大部分 SSCI 期刊用的是在线投稿，作者可在 SSCI 期刊官网找到投稿入口，并按照操作步骤，来完成论文投稿
4	推荐审稿人	不同 SSCI 期刊要求不同，如果 SSCI 期刊需要推荐审稿人，那作者可通过不同的方式来推荐合适的审稿人，如专业领域专家、参考文献、导师、学术交流会议等中推荐审稿人
5	回复审稿人	SSCI 投稿后，期刊编辑会安排论文审稿，一旦论文初审环节发现问题，论文会被退修或者拒稿，只有符合 SSCI 期刊规定要求才能通过初审，然后进行复审和终审，否则论文就会一直循环修改和审稿
6	录用	论文通过终审后，期刊会安排稿件录用相关事宜，并且会通知作者
7	校稿	杂志社排版好之后会将稿件交给作者校稿，作者一定要看清作者人数、位置、单词拼写、语法以及数据等，一旦发现错误，要及时与 SSCI 期刊编辑沟通，不能擅自改动，更不能对论文大改，否则就会出现拒稿的风险
8	印刷出版	/

（3）A&HCI

A&HCI 是 ISI Web of Knowledge 平台中艺术与人文领域最重要的信息资源，是美国科学信息研究所编辑出版的用于对人文和社科论文数量进行统计分析的大型检索工具，是 SCI 的姐妹篇。A&HCI 英文全称为 Arts & Humanities Citation Index，中文名称为《艺术与人文科学引文索引》，创刊于 1976 年，收录数据从 1975 年至今，是艺术与人文科学领域重要的期刊文摘索引数据库。A&HCI 收录了艺术与人文领域中最具权威和影响力的1854种学术期刊，涉及艺术与人文领域的28个学科，收录的内容可回溯至1975年。据ISI网站最新公布数据显示：A&HCI收录期刊覆盖了考古学、建筑学、艺术、文学、哲学、宗教、历史等社会科学领域。

2. 工程索引

工程索引（EI）是由美国工程师学会联合会于1884年创办的历史上最悠久的一部大型综合性检索工具（影响因子21.2862）。EI在全球的学术界、工程界、信息界中享有盛誉，是科技界共同认可的重要检索工具。《工程索引》（*The Engineering Index*）是供查阅工程技术领域文献的综合性情报检索刊物，简称EI，1884年创刊，为年刊，1962年增出月刊本，由美国工程信息公司编辑出版。每年摘录世界工程技术期刊约3000种，还有会议文献、图书、技术报告和学位论文等，报道文摘约15万条，内容包括全部工程学科和工程活动领域的研究成果。出版形式有印刷本、缩微胶卷、计算机磁带和CD-ROM光盘。文摘按标题词字顺编排，年刊配有著者、著者工作机构和主题等3种索引，以及引用出版物目录和会议目录，月刊只配有著者和主题这2种索引。另外，单独出版《工程标题词表》《工程出版物目录》和多种专题文摘。其主要特点是摘录质量较高，文摘直接按字顺排列，索引简便实用。

EI对稿件内容和学术水平的要求

① 具有较高的学术水平的工程论文，包括的学科有：机械工程、机电工程、船舶工程、制造技术等；矿业、冶金、材料工程、金属材料、有色金属、陶瓷、塑料及聚合物工程等；土木工程、建筑工程、结构工程、海洋工程、水利工程等；电气工程、电厂、电子工程、通讯、自动控制、计算机、计算技术、软件、航空航天技术等；化学工程、石油化工、燃烧技术、生物技术、轻工纺织、食品工业、工程管理等。

② 国家自然科学基金资助项目、科技攻关项目、“八六三”高技术项目等。

③ 论文达到国际先进水平，成果有创新。

注意，EI不收录纯基础理论方面的论文。

EI投稿步骤（表3.3）：

表3.3　EI投稿步骤

资料		要求
1	选择EI期刊	在进行EI期刊投稿之前，需要先确定好一个投稿平台，平台的好坏决定了这篇论文能否顺利投稿完成。建议作者可以选择壹品优刊平台，该平台更加地有信誉一些。平常在投稿时，该平台收到稿件后会立即审核，更加方便快捷

（续表）

资料		要求
2	EI 投稿	在确定好 EI 期刊投稿平台以后，作者就需要准备好稿件进行投稿。建议作者可以选择电子版的 EI 期刊稿件。因为电子版会比较安全一些，可以直接用电子邮箱发送到平台，速度也比较快
3	审核	审核人员在收到投稿的稿件后，就会着手进行审核。当然，在此期间，如果这篇论文有任何地方的内容不符合题意的话，作者也要时刻做好进行修改或者被拒稿的心理准备
4	复审	如果这篇 EI 论文通过了最初的审核，那么该审核编辑就会进行复审、再审、最终审核。这些审核步骤都通过后，这篇论文才算顺利完成投稿。EI 期刊投稿流程大约需要三个多月的时间，因此作者要有耐心

3. 中文核心期刊

（1）《中文核心期刊》

《中文核心期刊》是 2011 年 12 月北京大学出版社出版发行的图书，由北京大学图书馆馆长等任主编。

北京多所高校图书馆及中国科学院国家科学图书馆、中国社会科学院文献信息中心、中国人民大学书报资料中心、中国学术期刊（光盘版）电子杂志社、中国科学技术信息研究所、北京万方数据股份有限公司、国家图书馆等 27 个相关单位的百余名专家和期刊工作者参加了研究。

（2）中文社会科学引文索引

中文期刊目录中影响力最大的中文社会科学引文索引（Chinese Social Sciences Citation Index，简称 CSSCI），由南京大学组织评定，所以又称南大核心。很多学生喜欢称该目录为 C 刊。该目录包含来源版及扩展版两个版本。在 CSSCI（2021-2022）中，来源版包括 615 种期刊，扩展版包括 229 种。包括以下分类：综合性高校学报，民族学与文化学，中国文学，教育学，马克思主义理论，经济学，体育学，管理学，艺术学，综合性社会科学，社会学，政治学，自然资源与环境科学，高校社科学报，哲学，历史学，法学，统计学，语言学，人文经济地理，考古学，新闻学与传播学，宗教学，图书馆、情报与文献学，冷门绝学，心理学，外国文学，报纸理论版。目前大体而言，该目录认可度最高。

（3）中国科技核心期刊（The key magazine of China technology）

中国科学技术信息研究所自 1987 年开始从事中国科技论文统计与分析工作，自行研制了"中国科技论文与引文数据库（CSTPCD）"，并利用该数据库的数据，每年对中国科研产出状况进行各种分类统计和分析，以年度研究报告和新闻发布会的形式定期向社会公布统计分析结果，公开出版《中国科技论文统计与分析》年度研究报告、《中国科技期刊引证报告》（核心版），为政府管理部门和广大高等院校、研究机构和研究人员提供了丰富的信息和决策支持。“中国科技论文与引文数据库”选择的期刊称为“中国科技核心期刊”，又称“中国科技论文统计源期刊”。“中国科技核心期刊”的选取经过了严格的同行评议和定量评价，是中国各学科领域中较重要的、能反映本学科发展水平的科技期刊。“中国科技核心期刊”每年进行遴选和调整。

a. 选刊标准

统计源期刊的选刊标准有 17 项，它们是：

① 总被引频次；

② 影响因子；

③ 年指标；

④ 自引率；

⑤ 他引率；

⑥ 普赖斯指数；

⑦ 引用半衰期；

⑧ 被引半衰期；

⑨ 老化系数；

⑩ 来源文献量；

⑪ 参考文献量；

⑫ 平均引用率；

⑬ 平均作者数；

⑭ 地区分布数；

⑮ 机构数；

⑯ 国际论文比；

⑰ 基金论文比。

影响因子是指某一刊物前两年发表的论文在统计当年被引用的总次数与该刊前两年发表论文总数的比值。通常，期刊影响因子越大，说明它的学术影响力和作用也越大。

b. 遴选原则

① 中国科学技术信息研究所按照公开、公平、公正、客观的原则，采取以定量评估数据为主、专家定性评价为辅的原则，开展中国科技核心期刊的遴选工作。遴选结

果通过网上发布、召开发布会、正式出版《中国科技期刊引证报告》（核心版）的方式向社会公布。

② 中国科技核心期刊每年评估和调整一次。被评估的期刊范围包括前一年度已经入选的中国科技核心期刊和评估当年申请成为中国科技核心期刊的期刊。

③ 确保学术专家对科技“核心期刊”评定的权威性：在期刊管理部门的组织下成立科技“核心期刊”评定动态专家委员会，某个学科领域的科技期刊的学术水平如何，一定要是科学学术专家评定，不能由期刊管理部门独家评定。每次期刊评定，专家委员会人员应该有所调整，不能固定，以免“不公正”，以保证科技“核心期刊”的学术质量。

c. 遴选办法

① 遴选范围。创刊 5 年以上的公开发行的科技期刊；按国家有关规定，期刊社必须满足采编人员数量和质量规定的科技期刊；优先考虑我国优势学科和特色学科的科技期刊，优先考虑具备集约化发展趋势、由全国性学术社团或科研机构主办的优秀科技期刊。

② 遴选指标体系建设。定量指标：一是根据来源期刊的引文数据，进行规范化处理，计算各种期刊总被引频次、影响因子、即年指标、被引半衰期、论文地区分布数、基金论文数和自引、总引比等项科技期刊评价指标，并按照期刊的所属学科、影响因子、总被引频次和期刊字顺分别进行排序；二是知名度指标，包括被国内外重要数据库，特别是与专业相关的重要数据库收录情况；被国内外重要文摘期刊收录情况；被国内重要图书馆，特别是与专业相关图书馆收藏情况。定性指标有三点。一是编辑队伍考核。对编辑人员从数量到质量进行严格审核，这是保证期刊质量的持续提升的基础。执行主编或常务副主编必须具备该专业期刊高级职称或相当于该职称的学术水平，并在本专业有持续的在研项目，使其学术水平有不断的提高。其他编辑人员的知识结构、年龄结构和必要的数量都要有所要求。二是期刊编辑部要有良性的经济循环和较高的社会效益考核。三是期刊在评定期内的获奖情况，以及期刊中论文获奖情况。

（4）中国科学引文数据库（CSCD）

中国科学引文数据库（Chinese Science Citation Database，简称 CSCD），创建于 1989 年，收录我国数学、物理、化学、天文学、地学、生物学、农林科学、医药卫生、工程技术和环境科学等领域出版的中英文科技核心期刊和优秀期刊千余种，已积累从 1989 年到 2022 年的论文记录 4818977 条，引文记录 60854096 条。

中国科学引文数据库内容丰富、结构科学、数据准确。系统除具备一般的检索功能外，还提供新型的索引关系——引文索引，使用该功能，用户可迅速从数百万条引文中查询到某篇科技文献被引用的详细情况，还可以从一篇早期的重要文献或著者姓名入手，检索到一批近期发表的相关文献，对交叉学科和新学科的发展研究具有十分重要的参考价值。

中国科学引文数据库还提供了数据链接机制，支持用户获取全文。中国科学引文数据库具有建库历史最为悠久、专业性强、数据准确规范、检索方式多样、完整、方便等特点。中国科学引文数据库，自提供使用以来，深受用户好评，被誉为“中国的SCI”。

中国科学引文数据库来源期刊每两年遴选一次。每次遴选均采用定量与定性相结合的方法，定量数据来自中国科学引文数据库，定性评价则通过聘请国内专家定性评估对期刊进行评审。定量与定性综合评估结果构成了中国科学引文数据库来源期刊。

a. 收录规模

2009—2010 版本，中国科学引文数据库共遴选了核心库期刊 669 种；扩展库期刊 378 种。

2011—2012 版本，中国科学引文数据库共遴选了 1124 种期刊，其中英文刊 110 种，中文刊 1014 种；核心库期刊 751 种（以 C 为标记），扩展库期刊 373 种（以 E 为标记）。

2017—2018 版本，中国科学引文数据库遴选了核心期刊 1229 种，其中中国出版的英文期刊 201 种，中文期刊 1028 种。核心库期刊 887 种（以 C 为标记）；扩展库期刊 342 种（以 E 为标记）。

b. 特点和用途

CSCD 提供著者、关键词、机构、文献名称等检索点，满足作者论著被引，专题文献被引，期刊、专著等文献被引，机构论著被引，个人、机构发表论文等情况的检索。字典式检索方式和命令检索方式为用户留出了灵活使用数据库，满足特殊检索需求的空间。系统除具备一般的检索功能外，还提供新型的索引关系——引文索引，使用该功能，用户可迅速从数百万条引文中查询到某篇科技文献被引用的详细情况，还可以从一篇早期的重要文献或著者姓名入手，检索到一批发表的相关文献，对交叉学科和新学科的发展研究具有十分重要的参考价值。CSCD 除提供文献检索功能外，其派生出来的中国科学计量指标数据库等产品，也成为我国科学文献计量和引文分析研究的强大工具。

c. 应用领域

中国科学引文数据库已在我国科研院所、高等学校的课题查新、基金资助、项目评估、成果申报、人才选拔以及文献计量与评价研究等多方面作为权威文献检索工具获得广泛应用。

（5）中国人文社会科学学报学会“中国人文社科学报核心期刊”

《中国人文社科学报核心期刊概览》是于2003年由高等教育出版社出版的图书。中国人文社科学报核心期刊与中国人文社会科学核心期刊的区别在于收录的期刊是优秀的某些大学的学报。

（6）中国社会科学院文献信息中心“中国人文社会科学核心期刊”

《中国人文社会科学核心期刊要览》以期刊杂志在学科中的影响力为主导线，从期刊杂志被运用的情况来评价和挑选期刊杂志。在研制开发过程中自始至终围绕着以使用率深入分析为前提的基本统计原则，注重学科特点，处理好定量统计与定性分析之间的关系。在2004版的前提上，新的研制开发报告去除了一些指标虽高，但学术性不高的期刊杂志；重视二级学科及显学研究领域中的优异期刊杂志；给予多种多样附表以方便使用，使得《中国人文社会科学核心期刊要览（2008年版）》可以更加好地面向科研工作，为提升科研用刊，为文献资源的优化运用，为文献型数据库的选刊工作给予服务。

（7）万方数据股份有限公司建设的“中国核心期刊遴选数据库”

中国核心期刊（遴选）数据库由万方数据公司于2003年建成，万方数据以中国数字化期刊为根基，结合多年建设的中国科技文献数据库、中国科技论文与引文数据库以及其他相关数据库中的期刊条目部分内容，形成了中国核心期刊（遴选）数据库。中国核心期刊（遴选）数据库的建设是核心期刊测评和论文统计分析的数据源根基。基本上涉及了我国文献计量单位中科技类核心源刊和社科类统计源期刊。它是核心期刊测评和论文统计分析的数据源根基。

4. 会议录引文索引

会议录引文索引（*Confernce Preedings Citation Index*，简称CPCI）原为美国科学技术会议录索引（*Index to Scientifie & Technology Proceedings*，ISTP检索），是综合性的科技会议文献检索工具，由ISI编辑出版。1978年创刊，分为月刊和年刊，年报道约4000个会议、论文约20万篇，约占每年主要会议论文的75%以上。CPCI索引内容的65%来源于专门出版的会议录或丛书，包括IEEE、SPIE、ACM等协会出版的会议录，其余来源于以连续出版物形式定期出版的系列会议录，内容涉及一般性会议、座谈会、研究会、专题讨论会等。

（1）出版形式

出版形式是源刊，ISTP（CPCI）源刊，ISSN源期刊和会议论文集。在科研单位，会议论文集现在已经逐渐不被承认，一般承认来自国外出版社有 ISSN 刊号的期刊杂志。

ISTP 创刊于 1978 年，由美国科学情报研究所编辑出版。该索引收录生命科学、物理与化学科学、农业、生物和环境科学、工程技术和应用科学等学科的会议文献，包括一般性会议、座谈会、研究会、讨论会、发表会等。其中工程技术与应用科学类文献约占 35%，其他涉及学科基本与 SCI 相同。ISI 基于 Web of Science 的检索平台，将 ISTP 和 ISSHP（社会科学及人文科学会议录索引）两大会议录索引集成为 ISI Proceedings。集成之后 ISTP 分为文科和理科两种检索，分别是 CPCI-SSH 和 CPCI-S。所以它们还被统称为 ISTP，也有人叫它们 CPCI。

CPCI 检索分为科技版（Conference Proceedings Citation Index-Science，CPCI-S 检索）和社科与人文版（Conference Proceedings Citation Index-Social Science & Humanities，CPCI-SSH 检索），内容涉及社会科学、人文科学、生命科学、物理、化学、生物、农业、环境科学、工程技术、医学等各学科领域。

CPCI-S 检索，此引文索引涵盖了所有科技领域的会议录文献，其中包括：农业，生物化学，生物学，生物技术，化学，计算机科学，工程学，环境科学，医学，物理（出版年份：1990 年至今）。

CPCI-SSH 检索，此引文索引涵盖了社会科学、艺术及人文科学的所有领域的会议录文献，其中包括：艺术，经济学，历史，文学，管理学，哲学，心理学，公共卫生学，社会学（出版年份：1990 年至今）。

（2）关于 CPCI 检索

和中国知网一样，CPCI 是一个数据库，CPCI 检索的含义其实就是在 CPCI 这个数据库中查询搜索文章的意思。目前，CPCI 已并入 Web of Science，在 Web of Knowledge 平台上进行检索。Web of Science 数据库包含三个期刊论文引文数据库（SCI、SSCI 和 A & HCI）、两个会议录引文数据库（CPCI-S、CPCI-SSH）和两个化学数据库，其检索方法参见“CPCI 检索方法”。

CPCI 参考数据库主要收录的是会议文献。所谓会议文献是指各类科技会议的资料和出版物，包括会议前参加会议者预先提交的论文文摘、在会议上宣读或散发的论文、会上讨论的问题、交流的经验和情况等经整理编辑加工而成的正式出版物。广义的会议文献包括会议论文、会议期间的有关文件、讨论稿、报告、征求意见稿等，而狭义的会议文献仅指在会议录上发表的文献。

二、设计类国际文献期刊文章体系

1. *Design Issues*

《设计问题》（*Design Issues*）由美国麻省理工学院出版社授权翻译。译者孙志祥、辛向阳、代福平。*Design Issues* 是国际设计研究领域的著名学术刊物，主要刊载设计的历史、理论和批评方面的研究论文和案例，在设计领域有很大的影响力。《设计问题》（第二辑）选译自 *Design Issues* 2013 年的重要文章，可以作为研究生的教辅读物和业界的参考读物，对于深化中国设计教育和提升设计实践水平有积极作用。

官方网站：https://www.mitpressjournals.org/loi/desi。

投稿网址：designissues@case.edu（邮箱）。

2. *Design Studies*

《设计研究》（*Design Studies*）是一本领先的国际学术期刊，专注于发展对设计过程的理解。它研究所有应用领域的设计活动，包括工程和产品设计、建筑和城市设计、计算机人工制品和系统设计。因此，它为分析、发展和讨论设计活动的基本方面提供了一个跨学科论坛，包含从认知和方法论到价值观和哲学。

IF 影响因子：3.090。

官方网站：http://www.journals.elsevier.com/design-studies。

投稿网址：https://www.editorialmanager.com/destud。

3. *Colors*

Colors 是一本季刊，在 40 多个国家出售并以五种语言出版发行（英语、法语、西班牙语、意大利语和韩语）。迄今，*Colors* 是贝纳通（Benetton）位于意大利特雷维索的传讯研究及发展中心（Fabrica）旗下的出版业务之一。

Colors 是意大利色彩趋势杂志，由摄影师奥利维耶罗·托斯卡尼（Oliviero Toscani）和蒂博尔·卡尔曼（Tibor Kalman）于 1991 年创办。没有办法统计 *Colors* 究

竟影响了多少人，因为它的发行渠道神秘而稀少，却被广泛谈论和阅读。

Colors 是一个疯狂大胆的媒体实验，一次设计师政治野心的自由尝试，一本为世界公正、透明、自由而诞生的独立出版物，蒂博尔·卡尔曼在 1991 年赋予 *Colors* 杂志灵魂，在纽约制作了 5 期之后干脆关闭了自己如日中天的设计公司 M&Co，于 1993 年搬到罗马全心操办 *Colors* 杂志。又做了 8 期之后，因为双方意见不合，蒂博尔·卡尔曼回到纽约，之后查出癌症，1999 年 5 月 2 日去世。作为美国传奇的设计奇才，蒂博尔·卡尔曼赋予 *Colors* 杂志公正、客观、独立的精神，又让设计变成藏在图片及文字身后的秘密武器，在很多人心中，*Colors* 代表了自由和胆量。

Colors 是一本讲述普通人生活、文化和习俗的杂志，它的主角就是你和我。是一本不受时间考验的收藏杂志，适合任何读者。*Colors* 也是一本推广所有种族和谐和多样性的杂志，用简单和风趣幽默的表达方式去讲述一些真实的事件。自从在 1991 年问世之后，*Colors* 为新闻业带来了巨大改变。

官方网站：www.colorsmagazine.com。

投稿网址：colors@colorsmagazine.com（邮箱）。

4. *Ergonomics*

Ergonomics 杂志是一份国际权威出版物，拥有 60 年传播高质量研究的传统。所刊载的文献涉及多个学科，包括身体、认知、组织和环境人体工程学。报告同源学科研究结果的论文也很受欢迎，这些论文有助于理解设备、任务、工作、系统和环境以及人们的相应需求、能力和局限性。

Ergonomics（人类工程学）一词源于希腊的 ergon（工作）和 nomoi（自然法则），指对产品进行优化设计使之更符合用户习惯的技术。需要考虑用户的身高、体重，甚至听力、视力以及体温等因素。Ergonomics 有时也被称为人因（human factors）工程。计算机及其相关产品，比如计算机桌椅是人类工程学研究的重点对象。用户往往大部分时间要在这些产品上工作——很多人都是每天 8 小时在计算机前进行工作。如果运用人类工程学对这些产品进行优化，那么就会给用户提供一个舒适的办公环境，保证用户健康。

官方网站：www.tandfonline.com/toc/terg20/current#.V47goEz9cSQ。

投稿网址：mc.manuscriptcentral.com/terg。

5. *Applied Ergonomics*

Applied Ergonomics 针对人体工程学家和所有有兴趣在工作或休闲时将人体工程学 /

人为因素应用于技术和社会系统的设计、规划和管理的人。读者群国际化，订户遍布50多个国家。对应用人体工程学感兴趣的专业人士包括：人体工程学家、设计师、工业工程师、健康和安全专家、系统工程师、设计工程师、组织心理学家、职业健康专家和人机交互专家。

期刊有两位主编（称为共同主编），一位是美国威斯康星大学麦迪逊分校工业工程系的P.卡拉永（P.Carayon），另一位是英国拉夫堡大学人类科学系的K.C.帕森斯（K.C.Parsons）。期刊经常出版特刊，有一位“特别内容编辑”、九位科学编辑以及一个庞大的国际编辑部（大约七十位成员）。

官方网站：www.journals.elsevier.com/applied-ergonomics。

投稿网址：www.journals.elsevier.com/applied-ergonomics/editorial-board。

6. *International Journal of Production Economics*

International Journal of Production Economics 由爱思唯尔（Elsevier）出版，简称IJPE，是SCI和SSCI收录的JCR的一区期刊。该刊关注工程和管理及其交叉领域的相关研究问题，涵盖制造行业以及一般生产加工领域的各个方面。

该刊在JCR管理科学与运筹、工程工业和工程制造三类别期刊中位于TOP3；是谷歌学术计量（Google Scholar Metrics，GSM）全球期刊商业、经济与管理类别TOP20（位列11），在2019年爱思唯尔发布的引用分数（CiteScore）评分中高达10.5。

IJPE在高质量学术期刊排名（ABS Journal Ranking）中被列为3级期刊（高级别）。2020年的影响因子（IF）为7.885，引用分数（CS）为12.2，在运筹学和管理科学领域期刊中排名第3，在工程－工业领域期刊中排名第5，在工程－制造领域期刊中排名第5。

官方网站：

www.elsevier.com/wps/find/journaldescription.cws_home/505647/description。

投稿网址：ees.elsevier.com/ijpe/。

7. *Human Factors*

Human Factors 于1958年出版了第一期。它是人为因素和人体工程学学会的旗舰期刊。对于那些对人为因素/人体工程学，人类系统集成，自动化，机器人技术，人机交互，运输，医疗保健系统，航空，航天，老龄化，团队合作，教育和培训，军事系统，建筑，应用心理学，生物力学，认知心理学，认知科学，工业工程，神经人体工程学和以用户为中心的设计等领域感兴趣的人，*Human Factors* 将特别感兴趣。

人因学与人体工程学学会杂志发表了经过同行评审的人因 / 人体工程学科学研究，提出了关于人与技术、工具、环境和系统之间关系的理论和实践进展。发表在 *Human Factors* 上的论文利用关于人类能力和局限性的基本知识——以及对人类表现的认知、身体、行为、生理、社会、发展、情感和动机方面的基本理解——来产生设计原则；加强培训、选拔和沟通；并最终改进人机界面和社会技术系统，从而带来更安全、更有效的结果。

文章涵盖范围广泛的多学科方法，包括实验室和现实世界研究；定量和定性方法；生态、信息处理和计算的观点；人类绩效模型；行为、生理和神经科学措施；微观和宏观人体工程学；文献评价；方法分析以及涵盖人机界面所有方面的最新评论。*Human Factors* 还发布以综合方式关注人因 / 人体工程学重要领域的特刊。

官方网站：hfs.sagepub.com/。

投稿网址：

us.sagepub.com/en-us/nam/human-factors/journal201912#submission-guidelines。

三、知识产权保护

1. 发明专利

(1) 申请流程（图 3.3）

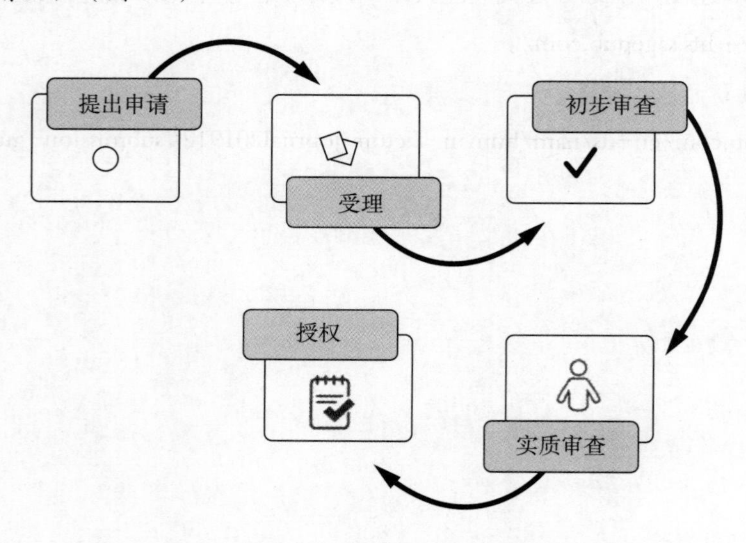

图 3.3　发明专利申请流程

(2) 分类方法

① 根据发明完成的状况，可分为已完成的发明和未完成的发明。未完成的发明，因不具备专利法要求的实用性，在各国专利法中都不授予其专利。

② 根据完成发明的人数，可将发明分为独立发明和共同发明。

③ 根据发明人的国籍划分，可分为本国发明和外国发明。

④ 根据发明的权利归属划分，可分为职务发明和非职务发明。

⑤ 根据发明间的依赖或制约关系划分，可分为基本发明和改良发明。

(3) 注意事项以及区别

申请发明或者实用新型专利的，应当提交请求书、说明书及其摘要和权利要求书等文件。请求书应当写明发明或者实用新型的名称，发明人或者设计人的姓名，申请人姓名或者名称、地址，以及其他事项。

说明书应当对发明或者实用新型作出清楚、完整的说明，以所属技术领域的技术人员能够实现为准；必要的时候，应当有附图。

摘要应当简要说明发明或者实用新型的技术要点。权利要求书应当以说明书为依据，说明要求专利保护的范围。申请外观设计专利的，应当提交请求书以及该外观设计的图片或者照片等文件，并且应当写明使用该外观设计的产品及其所属的类别。

专利申请的办理形式只有两种，书面形式或者电子申请。

① 不允许口头说明或以样品或模型来代替或省略书面申请文件。在专利审批程序中只有书面文件才具有法律效力。

② 签章不得复印。涉及权利转移的手续，应当有每位申请人的签章，其他手续可以由申请人的代表人（代理机构）签章办理。

③ 办理的手续要附具证明文件或附件的，证明文件与附件应当使用原件或者副本，不得使用复印件。

2. 实用新型专利

（1）申请流程（图 3.4）

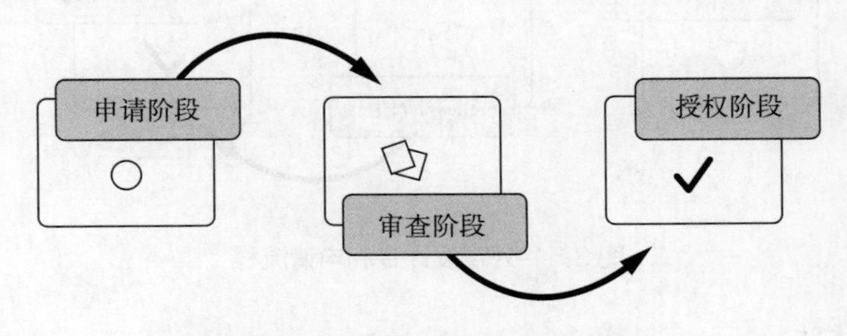

图 3.4　实用新型专利申请流程

（2）分类方法

① 根据实用新型完成的状况，可分为已完成的实用新型和未完成的实用新型。未完成的实用新型，因不具备专利法要求的实用性，在各国专利法中都不授予其专利。

② 根据完成实用新型的人数，可将实用新型分为独立实用新型和共同实用新型。

③ 根据发明人的国籍划分，可分为本国实用新型和外国实用新型。

④ 根据实用新型的权利归属划分，可分为职务实用新型和非职务实用新型。

⑤ 根据实用新型间的依赖或制约关系划分，可分为基本实用新型和改良实用新型。

（3）注意事项以及区别

产品的形状是指产品所具有的、可以观察到的确定的空间形状。对产品形状所提出的技术方案可以是对产品的三维形态的空间外形所提出的技术方案，例如对凸轮形状、刀具形状作出的改进；也可以是对产品的二维形态所提出的技术方案，例如对型材的断面形状的改进。

产品的构造是指产品的各个组成部分的安排、组织和相互关系。产品的构造可以是机械构造，也可以是线路构造。机械构造是指构成产品的零部件的相对位置关系、连接关系和必要的机械配合关系等，线路构造是指构成产品的元器件之间的确定的连接关系。复合层可以认为是产品的构造，例如产品的渗碳层、氧化层等属于复合层结构。

实用新型专利的保护期限是 10 年，该保护期限应当从申请日开始计算，并且过期后不再提供专利法律的保护。

3. 外观设计专利

（1）申请流程（图 3.5）

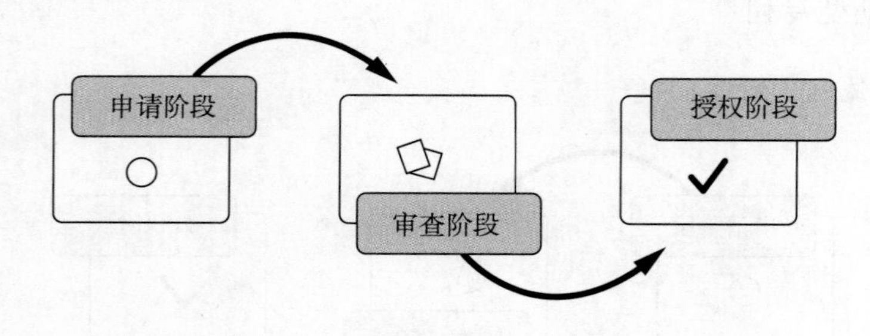

图 3.5　外观设计专利申请流程

（2）分类方法

01 类　食品

02 类　服装、服饰用品和缝纫用品

03 类　其他类未列入的旅行用品、箱包、阳伞和个人用品

04 类　刷子

05 类　纺织品、人造或天然材料片材

06 类　家具和家居用品

07 类　其他类未列入的家用物品

08 类　工具和五金器具

09 类 用于商品运输或装卸的包装和容器

10 类 钟、表和其他测量仪器、检测仪器和信号仪器

11 类 装饰品

12 类 运输或提升工具

13 类 发电、配电或变电的设备

14 类 记录、电信或数据处理设备

15 类 其他类未列入的机械

16 类 照相设备、电影摄影设备和光学设备

17 类 乐器

18 类 印刷和办公机械

19 类 文具、办公用品、美术用品和教学用品

20 类 销售设备、广告设备和标志物

21 类 游戏器具、玩具、帐篷和体育用品

22 类 武器，烟火用品，用于狩猎、捕鱼及捕杀有害动物的用具

23 类 液体分配设备、卫生设备、加热设备、通风和空气调节设备、固体燃料

24 类 医疗设备和实验室设备

25 类 建筑构件和施工元件

26 类 照明设备

27 类 烟草和吸烟用具

28 类 药品、化妆品、梳妆用品和设备

29 类 防火灾、防事故、救援用的装置和设备

30 类 动物照管与驯养用品

31 类 其他类未列入的食品或饮料制备机械和设备

32 类 图形符号、标识、表面图案、纹饰

（3）注意事项以及区别

相似的外观设计，最好合案申请。若将相似的外观设计分案申请，这些外观设计可能会被误认为是雷同设计而被要求只能提交其中一件申请外观设计专利。升级换代也可先不申请，优先为形状申请专利，若无必要不建议申请色彩保护。

第四章

设计学高校研究生教育发展的机构组织与体系构建

一、高评分设计学高校所对标的设计学机构和发展中心介绍

国家重点研发计划由原来的国家重点基础研究发展计划（973 计划）、国家高技术研究发展计划（863 计划）、国家科技支撑计划、国际科技合作与交流专项、产业技术研究与开发基金和公益性行业科研专项等整合而成，针对事关国计民生的重大社会公益性研究，以及事关产业核心竞争力、整体自主创新能力和国家安全的战略性、基础性、前瞻性重大科学问题、重大共性关键技术和产品，为国民经济和社会发展主要领域提供持续性的支撑和引领。

1. 国家重点基础研究发展计划

（1）湖南大学“面向智能交互产品的创意服务设计技术与平台”

2021 年 12 月 17 日，2021 年度国家重点研发计划“文化科技与现代服务业”重点专项项目公示结束，由湖南大学设计艺术学院牵头、刘永红教授作为项目负责人申报的“面向智能交互产品的创意服务设计技术与平台”项目（图 4.1）正式获批立项，学院在此领域取得突破性进展。项目总预算 5183 万元，其中中央财政专项资金 1983 万元。

学院长期关注“文化科技与现代服务业”的发展并参与了面向 2035 的第六次国家中长期科技发展规划，深刻思考“三新”和“四个面向”形势下的时代需求和设计领域面临的紧迫需求，在学院“新征程、新工科、新设计”的规划指导下，依托国家级实验教学示范中心、数字文化创意智能设计技术文旅部重点实验室等优质资源，联合国内领先设计院校、企业、科研机构展开紧密合作，协同浙江大学、同济大学、中国科学院自动化研究所、北京中科院软件中心有限公司、湖南工业设计创新研究院有限公司、北京太火红鸟科技有限公司、深圳迈瑞生物医疗电子股份有限公司、北京小米移动软件有限公司、长沙京东云计算有限公司等十家优势单位组成项目研究团队，共同开展“设计大数据与智能设计”的设计方法与工具研究，将消费体验研究延伸到健

康体验、工作体验，项目成果将在医疗、健康护理、通讯电子、可穿戴设备、智能家居、教育文娱 6 大领域展开全场景服务与应用示范。

图 4.1　湖南大学“面向智能交互产品的创意服务设计技术与平台”项目

项目针对我国设计创新服务能力弱、设计大数据支撑不够、设计工具仍未摆脱依赖等现状，展开科研攻关，意在解决多源异构数据驱动的设计决策、云原生多场景叙事建模与人机交互、多场景融合的文化风格与设计美学主客观评价机制、群智协同交互与创意内容智能生成等科学问题。项目研究将按照“数据—工具—平台—应用”四个层次展开，以设计大数据为主线，创建“海量数据驱动—智能设计决策—云端创意生成—虚拟孪生评价—云生态柔性制造—CPSS 精准营销”的全价值链创意设计服务流程，构建以设计大数据为驱动的设计创新模式（图 4.2），提升数字创意与设计赋能经济发展的准确性和效率。

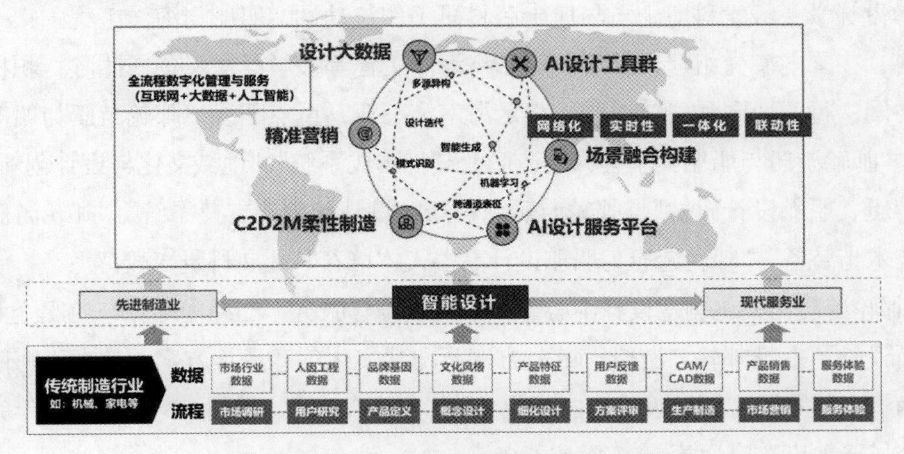

图 4.2　智能交互产品创意设计服务新模式

该项目是科技部国家重点研发计划中为数不多由设计学科牵头的研究项目，也是湖南大学设计艺术学院推进“新工科 · 新设计”十四五规划以来取得的新突破，标志湖南大学设计学院在高水平科学研究与高质量产业服务方面迈入新的阶段。

（2）武汉理工大学“邮轮美学设计技术研究”

武汉理工大学邮轮游艇与文化创意设计中心主持“邮轮美学设计技术研究”国家重大科研项目，成为了国家大型邮轮及文化创意设计最前沿的研究、创作与设计力量；在社会服务方面，与中船集团、招商局等企业深度合作，全面参与国家大型邮轮、中型邮轮、极地邮轮项目。

武汉理工大学邮轮游艇与文化创意设计中心是三亚崖州湾科技城管理局落实“国际设计岛”建设的重要学术与产业载体之一。其“设计学＋船舶与海洋工程”学科交叉人才培养模式已成为我国综合性大学设计学发展的新范式。

目前，武汉理工大学邮轮游艇与文化创意设计中心已落地三亚崖州湾科技城，相关教师科研人员 40 人，博士及硕士研究生 20 人入驻园区，正积极与三亚崖州湾科技城管理局开展交流与合作，推动崖州湾精细化设计、海洋文化设计。

未来，“邮轮游艇与文化创意设计中心”将在三亚崖州湾科技城的开放平台上，加强设计与科技、文化融合，为国内外邮轮、游艇设计建造企业搭建设计服务平台，提供最优质装饰设计建造配套与产业服务，搭建文化创意设计平台与服务，使海南成为国际邮轮与游艇设计教育中心、设计服务中心、设计产业中心、产业链配套与建造服务中心、文化艺术中心，推动海南“国际设计岛”“邮轮旅游试验区”的建设，助力海南形成特色竞争优势，成为展示中国风范、中国气派、中国形象的靓丽名片。

“邮轮游艇与文化创意设计中心”隶属武汉理工大学三亚科教创新园，依托武汉理工大学设计学一级学科博士点与博士后科研工作流动站、船舶与海洋工程国家一级重点学科，在国内率先组建设计学、船舶与海洋工程等多学科交叉创新团队，积极开展国际协同、行业协同和研究协同。立足海南和三亚，重点围绕“邮轮游艇与船舶美学设计”“邮轮游艇与船舶美学装饰建造产业链与集成系统”“地域文化与设计创新”“邮轮、游艇、船舶设计研发”“邮轮游艇绿色智能设计与制造支持系统”“邮轮游艇服务保障技术与装备”“邮轮游艇与船舶设计高端人才培养”开展科研与教育。

“邮轮游艇与文化创意设计中心”积极开展设计服务。已经为邮轮与游艇企业、研究院所设计了一批邮轮、游艇、游船方案及配套文化创意设计方案。其中为海南设计的“南海星梦号”客滚船设计（实船更名为“三沙 2 号”，见图 4.3）于 2019 年完成建造并交付三沙市政府运营。

图 4.3 “南海星梦号”客滚船设计（实船更名为“三沙 2 号”）

设计成果获 IF 奖、红点奖、中国好设计、中国设计智造奖、“设计之星”全国包装设计奖、中国优秀工业设计奖等数十项国内外知名奖项，成果入选全国美展、中国设计大展及公共艺术专题展等展览，被《人民日报》及主流媒体专题报道，产生了广泛的设计影响力。

（3）北京服装学院“科技冬奥”

科技部国家重点研发计划“科技冬奥”项目由科技部会同北京冬奥组委、北京市科委、河北省科技厅及国家体育总局等部门共同制定。本项目重点围绕冬季项目运动训练与比赛关键技术任务科研攻关，为北京冬奥会提供科技支撑。项目由国家体育总局推荐，为备战 2022 冬奥会唯一服装专项，也是首次将服装装备研发纳入国家重点研发计划。

该项目由北京服装学院、东华大学、上海体育学院、安踏（中国）有限公司、清华大学、天津工业大学、武汉体育学院、探路者控股集团股份有限公司、广东德润纺织有限公司、吉祥三宝高科纺织有限公司共十家单位联合实施。

本项目立足于北京冬奥成绩实现突破的重大需求，需要确保国家重点研发计划“科技冬奥”项目科研服务工作扎实落地。项目启动会暨方案实施论证会标志着“冬季运动与训练比赛高性能服装研发关键技术”项目正式启动。项目的开展也将进一步提高各项目单位科技助力冬奥备战的水平。

2021 年 6 月 24 日，由北京服装学院编制的《肢体残疾人服装用人体测量的尺寸定义与方法》和《冬残奥会运动项目辅助服装设计导则》，在北京服装学院组织召开验收专家评审会。

两项成果隶属于 2019 年度国家重点研发计划“科技冬奥”重点专项项目《无障碍、便捷智慧生活服务体系构建技术与示范》（项目编号：2019YFF0303300）课题四《符合残障人士人体及运动特征的无障碍服装服饰体系研究与示范》(课题编号:2019YFF0303304)考核指标，该项目由北京市建筑设计研究院有限公司牵头，该课题由北京服装学院承担。

课题研究标准指标科学、合理、实用，在一定程度上具有创新性、先进性，为肢残人服装用人体测量研究和无障碍服装设计提供了技术支撑，利于推动肢残人冬季运动服装发展。一致同意《肢体残疾人服装用人体测量的尺寸定义与方法》和《冬残奥会运动项目辅助服装设计导则》通过验收专家评审。

2022 中国服装科技大会在浙江省杭州市临平区举行，北京服装学院国家重点研发计划“科技冬奥”重点研发计划《冬季运动与训练比赛高性能服装研发关键技术》项目研发成果亮相 2022 中国服装科技大会。

2022 年科技大会以“新技术·新产品 科技驱动新发展”为大会主题，本次科技大会涵盖一场开幕大会、三大主题论坛、两场圆桌对话以及多项交流展示、参观游学，汇聚多位行业权威专家、企业领袖及科技创新先锋，聚焦服装行业科技创新领域。来自国内尖端科技公司、服装头部企业、专业院校、国际零售与权威潮流趋势平台在论坛分会场发表精彩观点，从各自行业角度为中国服装科技化进程贡献“智库”。

刘莉教授带领团队为北京 2022 年冬奥会中国国家队运动员做“战衣”，她带大家重温昔日赛场上助力运动员争金夺银的科技专业比赛服、作训服。其中包括竞速类项目服装、防护材料及装备，低温保障服装，技巧类项目服装，涵盖大部分冬奥赛事。这些由科研人员反复测试、不断精进的特殊材质，为比赛装备带来创新革命。“把论文写在产品上，研究做在工程中，成果转化在企业里。”

在中国服装科创研究院“新焦点：科技力量演绎运动时尚变革”主题论坛上，代表高校的科研力量、国际流行趋势专家、科技企业代表、全球知名消费品牌终端负责人先后发表主题演讲，刘莉担任论坛主持人。与浙江理工大学、迪卡侬、赛趋科、WGSN、吉利科技集团 JOMA、康丽数码等公司一同探讨“新焦点：科技力量演绎运动时尚变革”主题。

2. 国家自然科学基金

国家自然科学基金是 20 世纪 80 年代初，为推动我国科技体制改革，变革科研经费拨款方式，中国科学院 89 位院士(学部委员)致函党中央、国务院建议的。

随后，在邓小平同志的亲切关怀下，国务院于 1986 年 2 月 14 日批准成立中华人民共和国国家自然科学基金委员会。自然科学基金坚持支持基础研究，逐渐形成和发展了由研究项目、人才项目和环境条件项目三大系列组成的资助格局。三十多年来，自然科学基金在推动我国自然科学基础研究的发展，促进基础学科建设，发现、培养优秀科技人才等方面取得了巨大成绩。

2021 年，国家自然科学基金共资助 4.87 万个项目。

（1）清华美院“数字化背景下服务设计创新与价值共创的理论方法和制度研究”

为应对全球数字经济和服务设计高速发展的挑战，积极响应《中华人民共和国国民经济和社会发展第十四个五年规划和 2035 年远景目标纲要》和工业和信息化部、国家发展和改革委员会等十五部门联合发布的《十五部门关于进一步促进服务型制造发展的指导意见》中提出加强工业设计基础研究和关键共性技术研发，强调创新设计理念，提升工业设计服务水平，通过服务设计和工业设计的“双轮”驱动，助推中国制造向中国创造的跃升。

基于上述背景，清华大学美术学院博士后徐硼（合作导师：赵超教授）开展了针对服务设计创新的研究工作，成功申请 2022 年度国家自然科学基金青年科学基金青年项目，该项目主要针对服务设计研究。

该项目基于清华大学美术学院跨学科交叉研究基础，结合设计学、管理学、信息科学、服务科学、心理学等学科融合视角，探讨数字化背景下以用户为中心的服务设计创新价值共创概念和作用机理。本项目将基于现有传统设计学、营销学、信息科学、服务科学视角，全面探索以顾客为中心的服务设计创新与价值共创的内涵与机理，为管理学和设计学交叉学科建设提供综合型的跨学科支撑，突破学科之间的界限和壁垒，对相关理论知识进行拓展和创新。该研究不仅给予设计学理论指导，也蕴含着对服务设计创新等领域方法论的研究。

（2）清华美院“面向智能家居的多模态自然人机交互理论与方法研究”

清华大学美术学院信息艺术设计系徐迎庆教授团队申请的“面向智能家居的多模态自然人机交互理论与方法研究”。

随着人工智能（AI）、物联网（IoT）、大数据、5G 等科技的迅猛发展，我们所处的信息社会正在逐渐向智能社会转型过渡，传统家居被越来越多地赋予智能要素，智能音箱、智能电灯、智能冰箱等各类细分领域的智能家居产品，已经深度渗透进了我们的日常生活中。

2020 年国家“十四五”规划提到：“推动互联网、大数据、人工智能等同各产业深度融合，推动先进制造业集群发展”，规划同时建议，坚持把发展经济的着力点放在实体经济上，坚定不移建设制造强国、质量强国、网络强国、数字中国。在时代、产业和政策的三重刺激下，智能强国的发展迫在眉睫，智能家居领域作为民生息息相关的重要领域，具有广泛的发展空间与创新前景。

智能家居是学科高度交叉的综合研究方向，是与人类活动高度相关的科研领域，涉及人机交互、人工智能、计算机视觉、物联网、用户体验、心理学等学科和领域的综合交叉融合，其相关实验平台建设和理论与技术创新，对于深度理解人类行为的模式和情感交流方式具有重要作用，符合下一代人工智能“以人为本”的核心诉求。

本项目提出面向智能家居的多模态人机交互理论与方法（图 4.4），期望：①建设未来智能家居的原型空间，利用 AIoT、Zigbee 等技术实现不同智能终端设备的互融互通、数据共享，构建本项目的基础实验平台；②进行深度的用户体验研究，依托基础实验平台，采集用户的多源异构大数据，即数据取自多个源头、格式迥异，包括但不限于视频、图片、语音、步态、气味、温度等，且数据有海量、多维度、价值密度低、产生速度快等特征；随后，对采集的数据进行脱敏、清洗、标注、特征提取、融合等处理，形成智能家居环境下人的行为和情感海量数据库，提供本研究的数据支撑；③依托于基础实验平台，以用户自然行为和情感大数据为支撑，以模式识别、用户行为分析、情感计算等为核心技术，重点探究基于智能感知的多模态人机交互理论与方法，融合听觉、视觉、触觉、嗅觉模态，构建多元信息和多模态交互的耦合模型，实现自然交互和优质体验的智能家居典型示范应用。

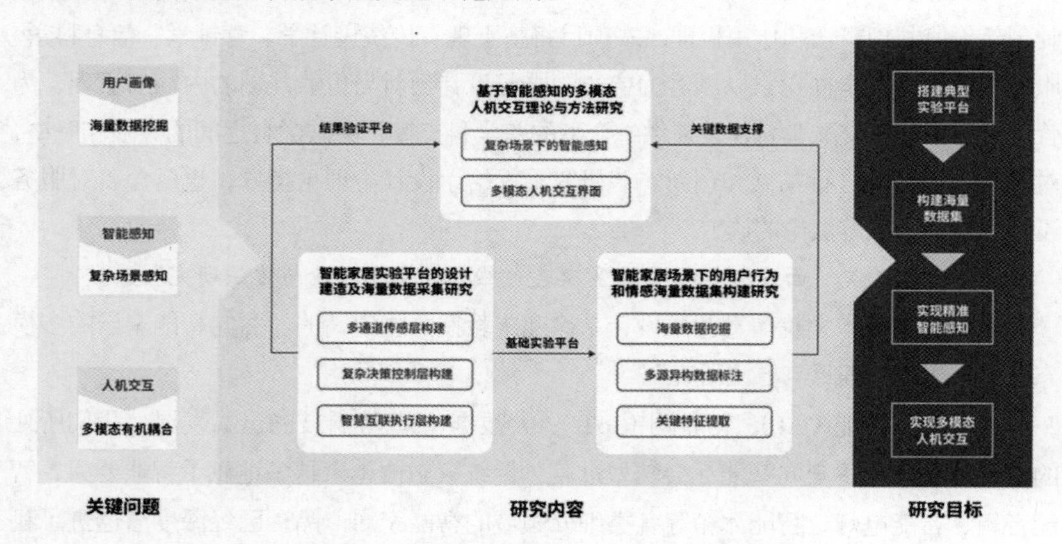

图 4.4　清华美院面向智能家居的多模态人机交互理论与方法

3. 国家社会科学基金

国家社会科学基金与 1986 年设立的国家自然科学基金一样，是中国在科学研究领域支持基础研究的主渠道，面向全国，重点资助具有良好研究条件、研究实力的高等院校和科研机构中的研究人员。

国家社科基金设有马克思主义·科学社会主义、党史·党建、哲学、理论经济、应用经济学、政治学、社会学、法学、国际问题研究、中国历史、世界历史、考古学、民族问题研究、宗教学、中国文学、外国文学、语言学、新闻学与传播学、图书馆·情报与文献学、人口学、统计学、体育学、管理学等23个学科规划评审小组以及教育学、艺术学、军事学三个单列学科，已形成包括重大项目、年度项目、特别委托项目、后期资助项目、西部项目、中华学术外译项目等六个类别的立项资助体系。

（1）中国美术学院“中国设计智造协同创新模式研究”

项目组首席专家王昀教授领衔申报的“中国设计智造协同创新模式研究”项目围绕“如何通过文化与产业的全面融合、深度协同，形成与时俱进的中国设计智造协同创新模式，为国人和世界提供中国当代文化价值”，从理论和实践双重通道展开探讨，探索突破设计学固有的专业边界藩篱，研究设计创意与社会经济、产业转化之间的系统关系，力求在设计学与经济学、管理学、信息学等学科交叉领域的学术思想创新上取得较大突破，结合文化、技术、机制等分析，形成“定位、机理、模式”研究总体框架，层层递进，互为关联，建构人文智性引导下的中国设计智造协同创新模式，为中国产业振兴提供设计智造新观念、新模式乃至新范式。

（2）江南大学“中国城市形象设计研究”

江南大学设计学院王峰教授领衔申报的“中国城市形象设计研究”首次获批国家社科基金艺术学重大项目，标志着江南大学在该领域实现了新的突破。

国家社科基金艺术学重大项目是现阶段我国艺术学领域层次最高、权威性最强的基金项目，代表了该领域的最高研究水平。本次立项是江南大学设计学院首次在国家社科基金艺术学重大项目上的突破，彰显了该学院艺术科研的实力和担当，为实现学科新一轮高质量发展打下坚实基础。

2022年国家社科基金艺术学重大项目共立项15所高校的18个项目，其中设计学科选题三项。此次国家社科基金艺术学重大项目的获批立项，有利于进一步凝练设计学科特色，助力学科发展。江南大学设计学院将在此基础上，立足国家战略和社会发展需求，更好地发挥设计学科服务社会属性，深入推动中国城市形象设计研究。

（3）山东工艺美术学院“设计创新与国家文化软实力建设研究”

由山东工艺美术学院首席专家孙磊教授承担的2021年度国家社科基金艺术学重大项目“设计创新与国家文化软实力建设研究”，以设计学为主导，融入相关学科领域的研究成果及方法，在学理层面对设计创新推动国家文化软实力做出理论阐释，体现中国本土设计创新研究的理论价值，推动理论创新，提炼总结形成“国家设计软实力”

研究的时代背景、核心理念、主要内容、内在规律、发展模式和应用路径，其成果具有重要的学术价值、应用价值和社会价值。

项目将进一步构建完成“国家设计软实力”理论体系，填补理论研究空白，同时有助于将设计纳入到国家文化软实力体系中审视设计学科建构的内涵。在研究内容上，五个子课题分别将文化禀赋、国家凝聚力、竞争优势、跨文化对话与国家声誉等“软价值”，作为一个相互关联的重要组成部分纳入文化软实力整体研究框架中。五个要素既相互独立，又相互贯通，前后呼应、合纵连横，形成研究逻辑起点与终点相互递进循环的闭环。五个子课题将进一步比较中国与其他国家尤其是欧美发达国家文化软实力和设计软价值的差异，研究我国设计推动文化软实力建设的现实需要和发展战略，回答我国设计推动文化软实力建设的内涵、核心价值、国内和国际的作用点、软实力的阐释与传播，思考中国文化软实力怎样通过设计创新在国内国际舞台上强化感知、深化共识、塑造形象、展示魅力、传播观念，以此推进国家文化软实力建设和设计创新的进程。

4. 国家艺术基金

国家艺术基金经国务院批准，于2013年12月成立，是旨在繁荣艺术创作、打造和推广精品力作、培养艺术人才、推进国家艺术事业健康发展的公益性基金。国家艺术基金的资金主要来自中央财政拨款，同时依法接受国（境）内外自然人、法人或者其他组织的捐赠。

国家艺术基金理事会是国家艺术基金的决策机构，受文化和旅游部、财政部领导和监督。国家艺术基金管理中心为文化和旅游部直属事业单位，具体负责国家艺术基金的管理和组织实施。国家艺术基金专家委员会是理事会的参谋、咨询和评估机构，承担国家艺术基金重大业务和事项的指导、咨询、评估等工作。

国家艺术基金旨在繁荣艺术创作，培养艺术人才，打造和推广精品力作，推进艺术事业健康发展。

（1）鲁迅美术学院“红色文化展馆策划与设计人才培养”项目

在世界各国，博物馆、纪念馆及艺术馆等陈列展示，反应了当地社会历史文化的发展，叙述着该城市地区独特的精神文化内涵。我们国家的展馆为数并不少，主要集中在经济发达的地区或是文化发展历史悠久的省市。展馆的历史性、学术性、知识性、可视性及多功能性等，吸引着来自全国各地的观者。在新时代的引领下，国内原有的各大展馆在承接以往传统展览的基础上，开始推出弘扬红色文化，传承红色基因，叙述党史发展的红色展览。特别是在一些革命英雄人物家乡或是主要革命事迹所在地，也相继营建了一批以红色文化为特色的博物馆或纪念馆。

红色主题展馆是新形势下精神文明建设的重要载体，它实现了书本教育与实地教育、传统教育与现代高科技技术教育的有机结合。一座红色展馆就是一座历史丰碑！如何把红色内容传承好，如何挖掘民族文化精神内涵，如何体现中华大众审美，如何体现红色展馆的艺术性、科学性、史学性、时代性等，这些重任是对当下展馆项目策划与设计人才全方位能力与素质的综合考量。举办红色文化展馆项目策划与设计人才培训班，是实施以上内容的关键所在，也是本项目申报的价值与意义。

项目实施发挥鲁迅美术学院艺术工程总公司产学研实践平台作用，协同西安复兴文明文化旅游（集团）有限公司、延安鲁艺文化园区管理办公室、胶东（烟台）党性教育基地管理办公室等国内红色教育基地，采用校企和校府结合的培养模式，以实用型人才为目标，引进各类文化企业高级专家，紧密结合实践，实现学、产、研一体化教学，密切加强从校园、到校企、到业界之间的联系。艺术工程总公司作为学院集研究、学术、开发经营于一体的社会服务实践平台，参与国内大型文博展馆工程、纪念馆工程、全景画工程、雕塑艺术工程等实践中，成为全国展馆设计行业的领军企业。主要工程项目有“侵华日军南京大屠杀遇难同胞纪念馆”“井冈山革命博物馆”“延安文艺纪念馆”“九·一八历史博物馆”“辽沈战役纪念馆”“抗美援朝纪念馆”“甲午战争博物馆”“中国国家博物馆”“杨靖宇将军纪念馆”等400余项，均可为本培训项目实施提供学习实践基地。

二、设计学高校研究生指导队伍的建设与培养

高校设计学硕士研究生教育体系如图 4.5 至图 4.8 所示。

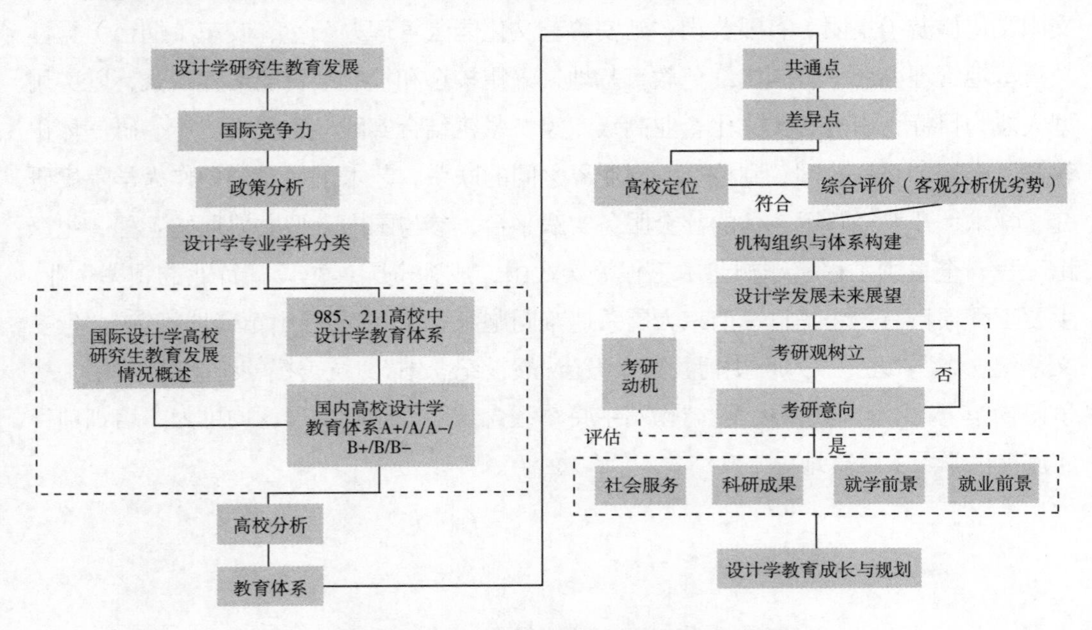

图 4.5　高校设计学硕士研究生教育体系发展规划

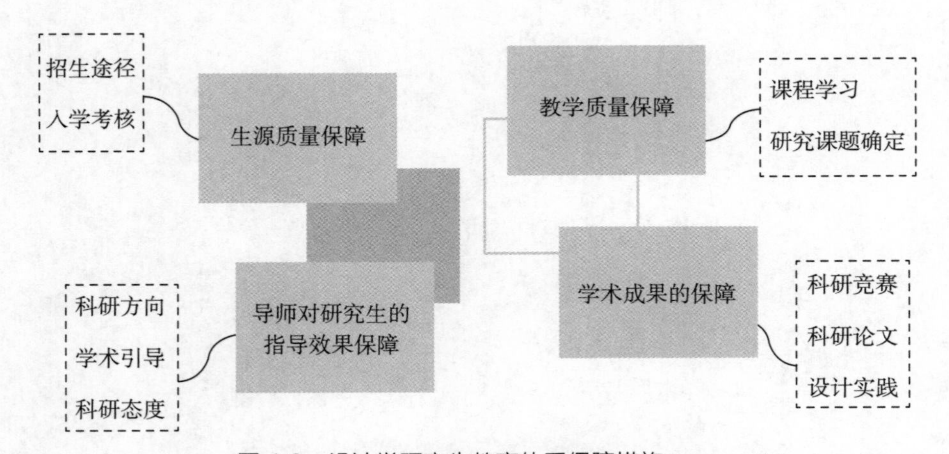

图 4.6　设计学研究生教育体系保障措施

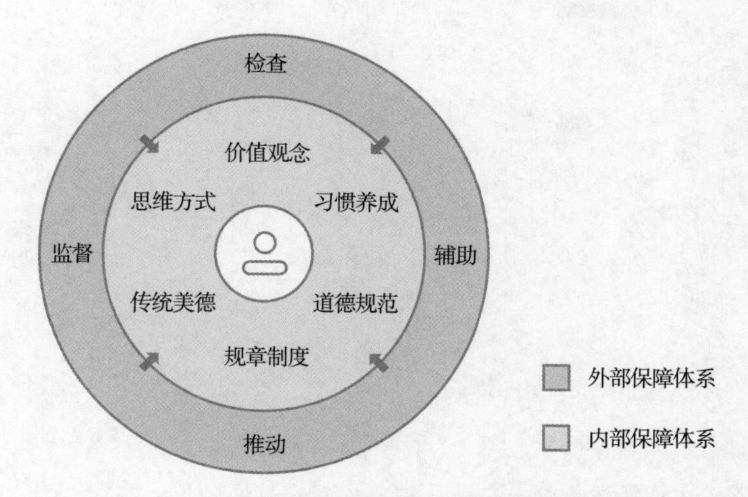

图 4.7　设计学研究生教育高校内保障与外保障的关系

图 4.8　设计学研究生教育高校发展生源质量保障体系（以美国招生制度为例）

第五章

研之有物

一、正确考研观

1. 考研形势分析（图 5.1）

首先，大四的上半学期开始（九月中下旬）就会陆续有很多公司、单位上门招聘，而且一般来说，越是大的公司、优质的公司，往往大四上半学期就会来到学院招人，或者面向社会发出针对在校大学生的招聘信息（这就是我们通常所说的“校招”）；其次，很多国外的院校一般都在大四的第一学期开始接收研究生的留学申请；最后，国内考研的考试时间在 12 月份，一般在 12 月下旬，即使从年初开始复习，复习时间也不到一年。所以，对于准备找工作的同学来说，最晚在 9 月初，就需要准备好自己的作品集和简历；对于准备出国留学的同学来说，最晚在 10 月份，就需要准备好自己的英文简历与作品集，当然还有雅思和托福成绩；对于准备考研的同学而言，现在就应该准备起来了，因为想要考清华大学、江南大学、湖南大学、同济大学这样的院校，都是“过独木桥”。近些年来，想考上一些区位优势较大的院校（如地处杭州的浙江工

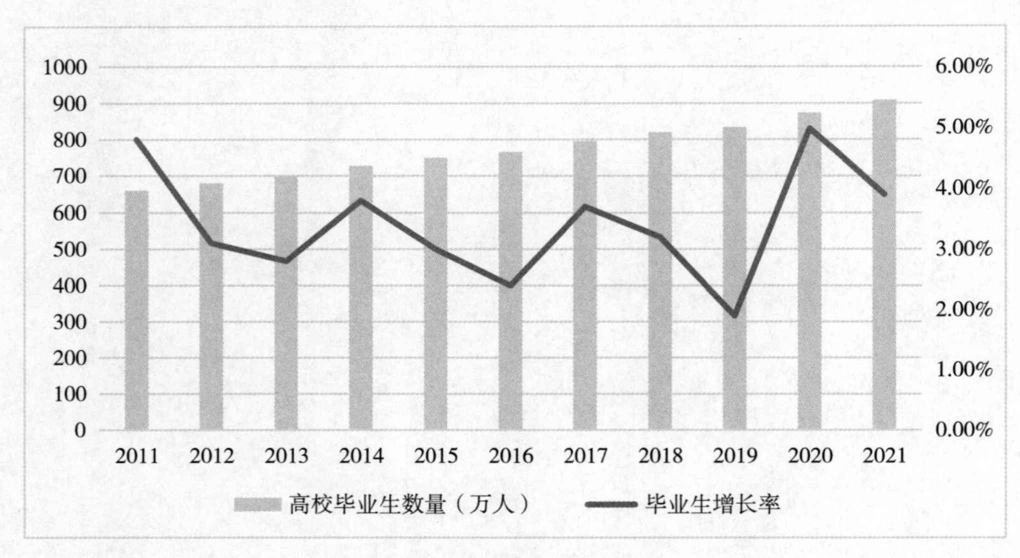

图 5.1　考研人数一览

业大学、浙江理工大学，地处广东的广东工业大学、深圳大学等院校），难度系数也在逐年加大。所以，越早准备，录取的概率越大。

下面具体来谈谈一些比较实际的问题。

首先来谈谈共性问题，也是大家比较关心的一个问题：未来到底是选择工作还是选择考研或出国留学?

（1）如果专业能力较强，喜欢做设计，希望在一线从事设计工作，那么更建议尽快地进入职场，在工作岗位上，在实战中提升自己的设计能力，只要肯干，将自身的潜力激发出来，本科学历就可以做出一番成就来。

（2）如果希望走出去看看，体验一下留学生活，接触一下国外的设计教育，对于家庭经济条件较为宽裕，喜欢沟通与交流的学生，出国留学是一个不错的选择。但是很多国企目前已经明文规定，凡是低于 24 个月的海外留学经历是不被承认的。因此，如果想到海外留学，尽可能早做准备，选择名校，这对未来的就业发展才具有积极意义。对于寒门学子而言，留学也并非痴人说梦，现在有不少学校仍然提供丰厚的奖学金。即使需要花些费用，在海外读研期间也可以通过打工或者申请成为导师助教的形式，赚钱补贴生活费。根据最近几年海外留学归国同学就业的情况来看，“海归”的光环正在慢慢褪去，现在国内的用人单位越来越看重学生的实际能力。

（3）如果希望将来从事带研究性质的工作，或是想跨领域做设计，但又不想到海外读研的同学，可以考虑国内的研究生教育。在这里需要注意的是，那些为了逃避工作，将研究生阶段当作缓冲，带有投机心理的学生，建议慎重考虑国内考研。因为将这些负能量带入到研究生阶段的学习生活中，未来的前景也仍然令人担忧。当然，就当前国内整体的设计教育水平而言，确实存在大量本科毕业时无法满足就业单位的用人需求，他们不得不通过考研，暂缓进入社会的现实情况。对于这样的学生来说，研究生阶段更需加倍努力，将自己的短板补齐，使自己更加有竞争力。关于考研择校问题，建议根据自身的实际情况进行选择，切勿好高骛远。

2. 考研的优势

你想清楚为什么要考研了吗（图 5.2）？记住，在备考之前一定要树立正确的考研观，不要抱着“人家考我也考”的想法，否则很有可能无法坚持到底，更不要认为“考上研就暂时不用找工作了”“考研就能薪水高、待遇好”，冲动盲目甚至功利性的考研价值观会让你走上一条畸形的考研路。“考研热”，究竟热在何处呢？道理很简单，读研深造能为我们带来很多收益。下面，让我们来看一下读研的好处。

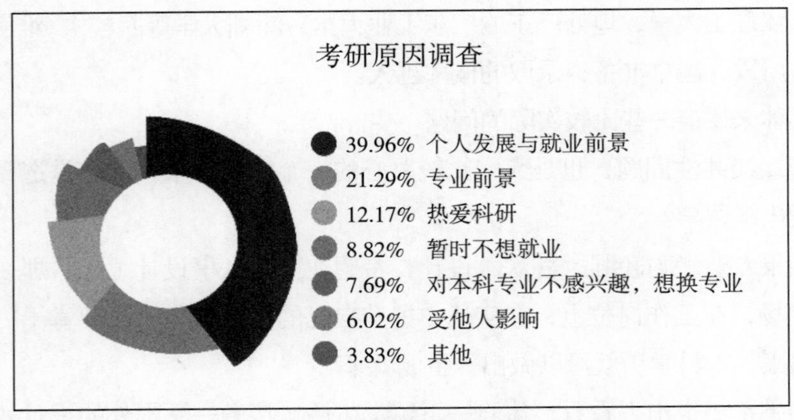

图 5.2 考研原因调查

（1）继续深造的机会

大学四年，我们能学的专业知识并不是很多。本科阶段的课程大多比较宽泛，往往面广而深度不够。而进入研究生阶段后，主要培养的就是我们的科学研究能力，使我们能在某一个领域或某一个方向深入下去，从而对该方向能有清晰的认识、准确的把握和深刻的理解，掌握相关的知识和技术，并具备进一步技术开发或学术研究的能力。有深造目标的人选择考研进而读研是一个值得肯定的选择，并且这类考研人也是最有可能成功的，因为研究生导师也很喜欢真正想做科研的学生。

（2）缓解就业压力，获得更好的就业机会、薪酬待遇与职业发展前景

研究生学历已经成为很多企业设置的一道门槛，也成为区分岗位的一个标准。比如很多企业招研究生做技术，招本科生做销售，甚至很多技术类销售也要求有研究生学历；另外，即便是公务员考试，很大一部分中央机关或直属机构的职位也要求报考人员具有研究生学历。因此，读研仍然是一个获得更好的就业机会、薪酬待遇与职业发展前景的好途径。如果你是那种勤于学习、努力拼搏的人，研究生阶段的投入将带给你更高的回报。虽然学历不代表能力，但学历却能为人打开一扇通向成功殿堂的大门。

（3）追逐自己的兴趣，达到专业的高度

很多人的本科专业不是自己的兴趣所在。其原因主要是当初填报专业的时候对所报考专业的研究领域、应用价值、发展前景一无所知，或是因为分数低而被硬性调剂的，或是由父母、亲人代为选择的。进了大学之后，他们才发现自己对所学专业实在提不起兴趣，通过某些途径与机缘巧合，反而对其他专业产生了兴趣，于是想在自己感兴趣的专业领域深造和发展。此外，当你在工作岗位上待了几年之后，终于发现了自己的兴趣所在，于是想在感兴趣的领域深造，那么考研进而读研也是最理想的选择之一。只有热爱自己的专业，才能做出非凡的成绩。

（4）改变命运

有一部分考研人，他们要么不甘心高考的失利，抱着“卷土重来”的决心，试图用考研成功的光芒驱散高考失利的阴霾，通过考研去扭转自己的命运；要么在残酷的现实中猛然惊醒，对往日挥霍时光、碌碌无为、堕落沉沦懊悔不已，于是痛下决心在考研战场上重新爆发能量、找回自信；要么就是希望先争取到读研的机会，然后在读研期间再思谋今后的路到底怎么走。他们读研更多的是为了改变自己的命运，攀登上一个更高的台阶，破解工作上的瓶颈，为自己争取到一个更好的发展机会与更广阔的发展空间。

（5）构造更高层次的交际圈，为未来的发展铺路

众所周知，高校是学习资源、人才资源等相当丰富的地方。选择读研，不仅可以在专业领域锻炼自己，更可以在其他方面锻炼自己。人是社会的人，社会是人的社会，所以，以后的发展在一定程度上取决于我们的团队协作能力，人际交往能力，还有我们建立的交际圈。有人曾说：“你所结交的朋友的平均实力就是你自己实力的一个写照。”颇有道理！所以，在读研期间，我们可以进一步扩大自己的朋友圈，构建一个良性的更高层次的交际网，这样势必对自己以后的发展大有好处。

（6）考研过程，收获的不仅仅是一张录取通知书

毫无疑问，通过考研，我们的思维能力、理解能力、总结归纳能力、写作能力、记忆能力等学习能力都将得到升华。我们抗挫折的能力，看待成败的人生态度，时间规划与管理能力等都将得到极大的提高或转变。这些能力的提高、态度的端正，对我们今后的人生无疑是有极大的促进作用的。可以说，考研最大的收获，不是一张录取通知书，而是在考研过程中所获得的能力与收获的良好心态、态度和习惯等。所以，为了我们的将来，为了我们自身价值的发挥，为了更好的发展，考研吧！

二、择校关注点

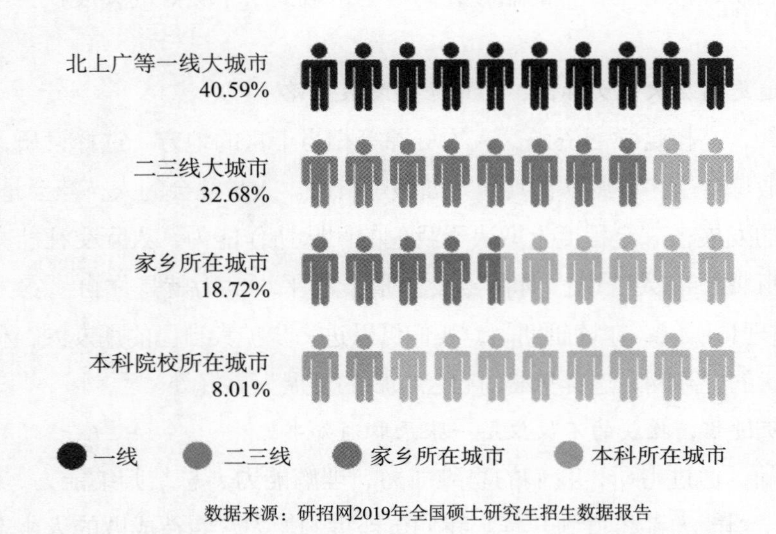

图 5.3　城市选择百分比

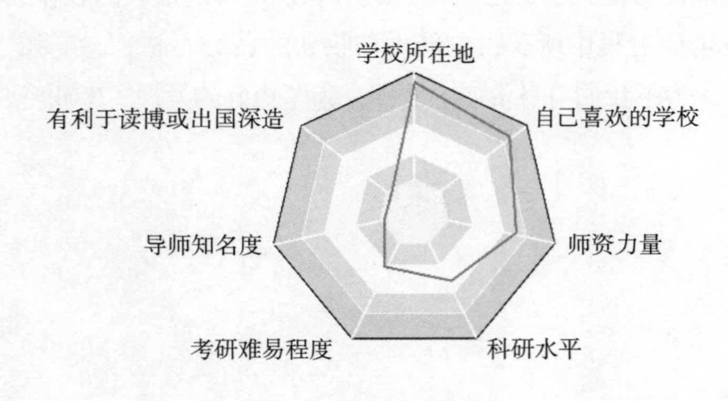

图 5.4　择校因素调查

根据研招网 2019 年全国硕士研究生招生数据报告显示（图 5.3），考生城市的选择范围不同，其中北上广等一线城市，成为热门之首。二三线城市的选择紧随其后，占到 32.68%，而家乡所在城市与本科院校所在城市则相对选择较少，分别为 18.72% 与

8.01%，其受欢迎程度显然没有一线二线城市强烈。在择校因素方面的调查显示（图5.4），学校所在地相较而言仍受到最大关注，而对导师知名度的关注则最弱，或许是信息了解得不够全面，考研难易程度尽管比导师关注度高，其百分占比仍较低，而关于读博与出国深造也相对较弱。

考研择校关注点详见表5.1。

表5.1　择校关注点

	关注点	说明
外部因素	地理位置	读研之所以要考虑地域，是因为学校所处区域关系着考生就读期间接触的平台、视界还有将来的就业和发展。考虑在自己将来就业的地方去读研，可以提前熟悉一个城市，亦可以积累社会关系。如果读研是为了找份好工作的话，推荐选择一线城市院校，学校差一点也没关系，一线城市的优势：导师校友资源广，优质企业就业机会多，城市人才引进福利好，学校培养计划更丰富，城市互联网科技、智能工业、文化服务产业发达等
	目标院校报考热度	知己知彼才能百战不殆，为了能稳妥地“一战成硕”，一定要了解目标院校的报考热度和竞争态势，对招生人数、历年分数、历年的报录比这些情况一定要做到心中有数，同时还应该对报考院校推免计划等有所了解，包括考试科目、命题范围等，综合判断自己的竞争力
	目标院校性价比	这个具体包括学术氛围、导师质量、科研成就、就业前景等，在确保稳妥的前提下，选择性价比高的院校，可让研究生读得更有价值。读研不仅是为了学历，在读研期间一定要有知识性的收获
	是否保护一志愿	大部分招生单位都是保护一志愿考生的，但也有不保护一志愿的院校。所以大家要留意，如果你的意向院校不保护一志愿，那一定要慎重考虑！一般来说，院校只有在一志愿生源不足时才接受调剂生，可以判定为是保护一志愿的
	是否接受调剂	有些学校可以校内调剂，有的学校不保护一志愿考生，会刷掉部分一志愿考生，接受优质生源调剂考生，我们在报考的时候可以查看意向院校近几年的招生情况，做到心中有数
关注的数据	招生简章	招生单位每年都会公布招生计划，除了单独公布，有的会写在招生简章、招生目录里，一般在7月到9月集中发布
	计划招生人数	招生人数是择校的一个重要指标。招生人数越多，录取概率也会相对增大。应避免招生人数少的院校，优先考虑招10人以上的专业
	报考人数	从这个数据中可以看出考试竞争压力的大小。这个数据不能看到当年的最新信息，都是往年的信息，但是参考价值还是很大的

（续表）

	关注点	说明
关注的数据	推免人数	有些名校热门专业每年的推免名额可能会占到当年招生人数的一半左右，那么留给统考生的名额就很少，考研竞争激烈，难度加大
	录取人数	既然可以从学校的招生计划中查到招生人数，那为什么还需要查录取人数呢？因为很多院校最后并不是严格按照招生计划的人数来录取的，复试完毕后学校会在官网公示录取名单，从录取名单中可以得知实际录取人数，大家可以自行搜索一下最终的录取人数
	报录比	报录比 = 报考人数 / 录取人数，报录比在 2 ~ 5 ： 1 之间上岸的概率会大一些。如果报录比超过了 10，那就算是比较热门的专业了。报录比只能作为择校的一个参考数据，并不能看作决定数据，它的数据并不是很准确，因为在报考人数中，有一部分考生会出现弃考的现象
	复试分数线	如果确定好目标院校，可以去官网找到历年复试名单，以复试名单前半部分的同学的分数为目标，而不是以最低分数线为目标。复试线是考研最直观的数据。复试线越高说明考研竞争越激烈，考研难度越大。有的学校的复试分数线会有起伏，比如 2019 年 350 分、2021 年 370 分，起伏的因素可能与当年题目的难易程度、报考人数等因素有关
	复试比例	即计划招收人数与进入复试人数的比例。1 ： 1.2 是教育部规定的最低复试比例，也就是说，如果录取 10 人，有 12 人有机会进入复试。每年都有院校采用等额复试，就是 1 ： 1，这种情况下复试的压力会小很多，所以这方面同学们可以多了解一下

三、考研前期准备知识

1. 考研常见名词解释

（1）学术型硕士

以培养教学和科研人才为主，授予学位的类型主要是学术型学位。学术型学位按招生学科门类分为哲学、经济学、法学、教育学、文学、历史学、理学、工学、农学、军事学、医学、管理学、艺术学 13 大类。

（2）专业型硕士

具有职业背景的学位，培养特定职业高层次专门人才。中国经批准设置的专业型硕士已达 15 类，专业硕士教育的学习方式比较灵活，主要分为非全日制和全日制学习两类。

2022 部分高校专硕学硕人数对比见图 5.5。学术型硕士和专业型硕士区别见表 5.2。

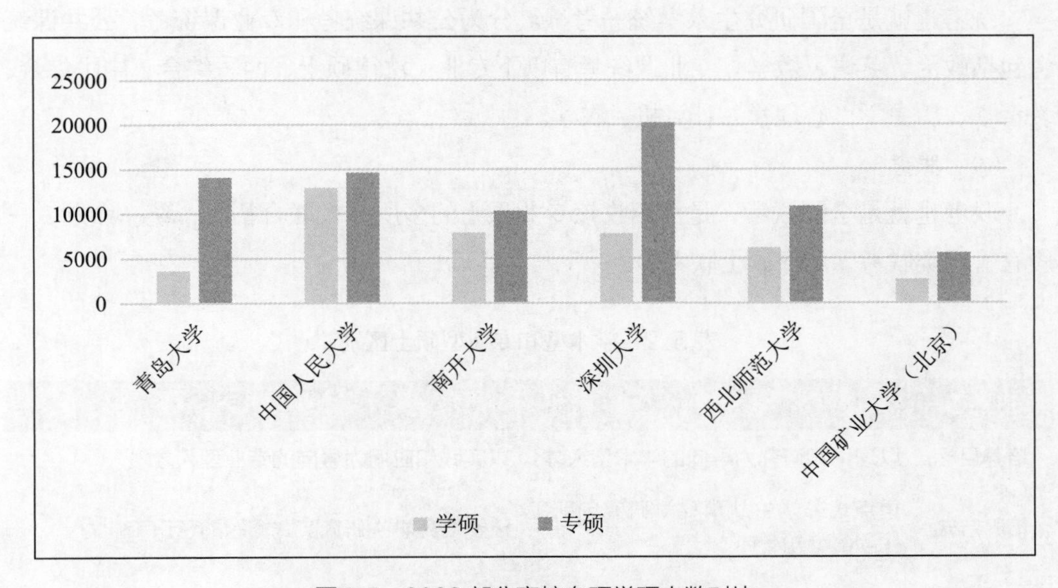

图 5.5 2022 部分高校专硕学硕人数对比

（3）同等学力考生

报考硕士研究生同等学力者是指未获得国家承认的本科学历，但是业务水平达到了本科毕业生水平的生源，这类没有国家教育部承认的本科毕业证书的考生，均属同等学力考生。

（4）在职研究生

在职研究生是国家计划内，以在职人员的身份，半脱产，部分时间在职工作，部分时间在校学习的研究生学历教育的一种类型。2016 年研究生招生制度改革，“在职研究生”改称“非全日制研究生”。

（5）非全日制研究生

非全日制研究生指在从事其他职业或者社会实践的同时，采取多种方式和灵活时间安排进行非脱产学习的研究生。2016 年 11 月 30 日前录取的研究生按原有规定执行；2016 年 12 月 1 日后录取的研究生从培养方式上按全日制和非全日制形式区分。

（6）非定向研究生

在录取时不确定未来的工作单位，在校期间享受国家规定的奖学金和其他生活待遇。毕业时应服从国家就业指导，在国家规定的服务范围内进行安排或实行双向选择。

（7）定向培养研究生

在招生时即通过合同形式明确其毕业后工作单位的研究生，其学习期间的培养费用按规定标准由国家向培养单位提供。

（8）统考

统考也就是全国研究生入学统一考试。分为公共课统考和专业课统考。公共课统考包括政治、英语、数学。专业课统考有以下专业：法律硕士、西医综合、中医综合、教育学、历史学、心理学、计算机、农学。

（9）联考

联考也就是全国联考，是由招收该专业硕士的多所高校联合招收，统一命题，一般有管理类联考、法律硕士联考等。

表 5.2 学术型和专业型硕士区别

区别项	学术型硕士	专业型硕士
培养目标	以理论和研究为导向的学术型人才	以实践和应用为导向的专业型人才
培养方式	重点培养学生从事科学研究创新工作的能力和素质	注重培养学生研究实践问题的意识和能力

（续表）

区别项	学术型硕士	专业型硕士
报考条件	无工作经验要求	大部分专业无工作经验要求，部分管理类等极少数专业报考要求大学本科毕业后有 3 年以上工作经验
招生专业	全部 13 个学科门类涵盖的所有专业	除哲学和理学外的 11 个学科门类中应用性较强的部分专业
调剂要求	可以调剂到专硕	几乎不允许调剂到学硕
考试内容及难度	公共课科目大多考英语一、数学一或招生单位自命题理学数学，难度较大	公共课科目大多考英语二、数学二，多数不考公共课数学科目或考数学三、经济类联考综合，难度相对较小
学费	原则上每年不超过 8000 元 / 年	一般每年几万至几十万元不等
学制	一般为 3 年	一般为 2 ~ 3 年
导师制度	单导师制	校内外双导师制

2. 初试加分政策

（1）初试加分政策

根据《2023 年全国硕士研究生招生工作管理规定》考研加分政策主要分为三类：

第一类：参加“大学生志愿服务西部计划”“三支一扶计划”“农村义务教育阶段学校教师特设岗位计划”“赴外汉语教师志愿者”等项目服务期满、考核合格的考生，3 年内参加全国硕士研究生招生考试的，初试总分加 10 分，同等条件下优先录取。

第二类：高校学生应征入伍服现役退役，达到报考条件后，3 年内参加全国硕士研究生招生考试的考生，初试总分加 10 分，同等条件下优先录取。

纳入“退役大学生士兵”专项计划招录的，不再享受退役大学生士兵初试加分政策。在部队荣立二等功以上，符合全国硕士研究生招生考试报考条件的，可申请免试（初试）攻读硕士研究生。

第三类：参加“选聘高校毕业生到村任职”项目服务期满、考核称职以上的考生，3 年内参加全国硕士研究生招生考试的，初试总分加 10 分，同等条件下优先录取，其中报考人文社科类专业研究生的，初试总分加 15 分。

加分项目不累计，同时满足两项以上加分条件的考生按最高项加分。各省级教育招生考试机构、各招生单位应严格规范执行硕士研究生招生考试的初试总分加分政策，除教育部统一规定的范围和标准外，不得擅自扩大范围、另设标准。招生单位应对加分项目考生提供的相关证明材料进行认真核实。

关于加分消息的公告一般是在公布初试成绩后发布，如果你满足了上面的条件，那就一定要多关注目标院校官网发布的消息，提前准备材料。

（2）照顾专业

照顾专业是指国家根据国民经济发展急需和研究生教育发展的需要确定部分扶持的重点学科专业。这些专业学科一般人才需求量较大，但报名生源较少。

（3）少数民族照顾政策、生源范围及招生对象

a. 西部12省（区、市）、海南省、新疆生产建设兵团；河北、辽宁、吉林、黑龙江、福建、湖北、湖南（含张家界市享受西部政策的一县两区）7个省的民族自治地方和边境县（市）。

b. 上述地区汉族考生应在国务院公布的民族自治地方工作3年以上，且报名时仍在民族自治地方工作。

c. 内地西藏班、内地新疆班、民族院校、高校少数民族预科培养学校的教师、管理人员，招生计划单列为“其他”类。

报考骨干计划硕士研究生的考生参加全国硕士研究生招生考试，实行“自愿报考、统一考试、单独划线、择优录取”等特殊政策，由教育部统一确定考生进入复试的基本成绩要求。

（4）退役大学生士兵计划

各省级教育招生考试部门要加强对本地区相关招生单位“退役大学生士兵计划”招生录取工作的指导，特别是对报考资格审查、计划执行、信息公开等重点环节的监督检查，确保该专项计划招录工作规范透明、公平公正。

（5）破格复试政策

政策对初试公共科目成绩略低于全国初试成绩基本要求，但专业科目成绩特别优异或在科研创新方面具有突出表现的考生，可允许其破格参加第一志愿报考单位第一志愿专业复试。

条件：

a. 百分制的科缺分往往不多于三分，全部学校均不超过5分；

b. 相关领域突出表现指的是本科期间有发表论文，授权专利（一般公开专利是不行的），高等级竞赛获奖，也有些学校采用招生所在院系评审的方法；

c. 并不是所有的专业都有破格复试的机会，破格复试应优先考虑基础学科、艰苦专业以及国家急需但生源相对不足的学科、专业；

d. 只有第一志愿（即网上报名时填报的学校和专业）的考生才能破格。申请破格复试后，考生不得再参加调剂。

四、考研流程与复习计划

1. 考研流程介绍

考研流程时间点如表 5.3 所示。

表 5.3　考研流程时间点

时间	内容
9 月预报名	报名内容、格式与正式报名无异，若正式报名通道开启时，目标院校不变，专业方向不变，可直接确定报名信息
10 月正式报名	若已预报名，且没有修改的内容，可以不用再次报名（经验分享：对于纠结到底是报名专硕还是学硕的同学而言，可以分别报名专硕与学硕，但需要交两次费用，11 月份现场确认或在线确认时，只能确认一个）
11 月现场确认	部分院校要求考生需要到报考院校所在城市的研招办（或考试院）进行现场确认；部分院校在考生所在省市研招办确认即可；2018 年起部分院校开通了在线确认，无需前往实地进行现场确认，如江南大学设计学院
12 月考试	考试时间一般在 12 月底的某个周六、周日（部分院校考三天）； 第一日上午：思想政治理论，3 小时（8：30-11：30）； 第一日下午：外国语（专硕通常考英语 2、学硕通常考英语 1，英语 1 难度大于英语 2；部分学校可以选择考日语或德语），3 小时（14：00-17：00）； 第二日上午：业务课一（一般考设计史论 / 部分院校考查“设计基础”），通常为 3 小时（8：30-11：30）； 第二日下午：业务课二（一般考设计手绘快题），部分学校考 3 小时（14：00-17：00），部分学校考 4.5 小时（14：00-18：30），绝大部分学校考试时间为 3 小时 注：若手绘考试时间为 6 小时，则安排在第三天 8：30-14：30（考生可自备食物与饮用水）
次年 2 月	查询初试成绩与排名：一般是 2 月 15 日左右查询
次年 3 月	国家线公布：一般国家线公布时间为 3 月 10 日—20 日之间，达到国家线，即使落榜目标院校，也能够参加调剂

（续表）

次年3月中下旬	网络调剂系统开启后，依据往年惯例，一次可在线填报10所目标调剂院校（需要注意的是，部分院校会早于“研招网”调剂系统，在自身官网开启“预调剂报名通道”）
次年3月下旬或4月	各个设计院校陆续公布复试分数线，并组织学生参加复试（注意：部分院校调剂复试与“一志愿”考试复试时间、内容相同）
次年4月	录取公示（张榜或在线），发放调档函（通常复试结束后一周以内即可获知是否被录取）。部分院校“非全日制”考生亦可领取调档函，开学报到时，可以将户口迁往学校所在城市
次年4月30日	复试在线确认系统、调剂在线确认系统关闭
次年5月	各大院校相继在各自“研究生院（或招生办）官网”对当届正式录取考生名单进行公示
次年6月或7月	领取（邮寄）录取通知书

考研复习时间点如表5.4所示。

表5.4 考研复习时间点

阶段	时间	主要目标
第一阶段	1月~2月	完成定向训练基础阶段 每年的1月和2月正值寒假，可以借此时间向学姐学长多多咨询，这是复习路上必不可少的助力，大家可以分享相互之间的考研经验，交流学习心得，在寒假期间我们需要对基础内容有一个全面的学习和了解，以为后期的复习打下坚实的基础
第二阶段	3月~6月	完成专业课强化前的准备 每年的3月到4月，各大高校陆续开展复试，复试仍然是考研必不可少的一个重要环节。对于第二年的考研同学来说，这个阶段我们需要关注各大高校的实际录取人数、分数线、高分学长学姐的考研心得、复试考察内容等方面，对于大家有极大的借鉴意义。与此同时，对于快题和理论，我们仍然需要进行不断地抄绘和理解
第三阶段	7月~8月	专业课强化与提升 经过了之前几个阶段的学习，同学们已经对目标院校有了基本的认知和了解，初具信心，暑期需要对专业课进行强化训练

（续表）

阶段	时间	主要目标
第四阶段	9 月 ~11 月	专业课冲刺和提升 前一年 9 月份前后，会发布下一年硕士研究生考试大纲，这是极其重要的，大家一定要阅读和关注，普遍信息来源有三个地方，一是研招网，二是目标院校的研究生院官网，三是四方手绘考研中心微信公众号。此时大家还需要注意预报名、正式报名、现场确认、打印准考证的时间节点。政治和英语也要全面进入复习备考状态。快题大家这个时候应该练习了三四十套了，最后 3 个月大家需要进行每周一套的快题训练，考研理论要做好笔记，并且进行背诵
第五阶段	12 月	考前稳定心态，从容应对 相信只要稳步完成了以上几个阶段的学习，同学们一定有自信从容进入考场，12 月份，大家需要提前预定考场的住宿，打印准考证，并且对之前所学习的内容进行查漏补缺，这个月一定不要暴饮暴食，注意保暖，保证一个良好的身体和心理状态，沉着应对考试
第六阶段	次年 2~4 月	充分准备复试 每年 2 月份左右出考研成绩，3 月上旬出分数线，3 月和 4 月参加复试，5 月份左右领取硕士研究生入学通知书。复试大家需要准备：联系导师、准备自我介绍、复试英语、口语，复试笔试、作品集等内容
第七阶段	次年 6~7 月	考研录取通知书发放

其他注意事项：

（1）除了需要练习手绘技巧，平时还需要对设计概念、设计创意进行积累，备考时，多思考设计创意，尽可能一边练习手绘技巧，一边练习设计思维。

（2）对于在读的应届生，一定要协调好日常上课与课堂作业的时间，尽量做到两不误，将备考与日常学习结合起来。如何结合？首先，可以在作业中，尽可能多画一些手绘；其次，在作业设计主题选择方面，尽可能将其视作快题命题来准备，重视作品的设计创意，同样的方法也适用于参加设计竞赛，将设计竞赛的方案应用于考研快题中，也是不少学生的备考思路。

（3）注意日常练习的连续性，切莫三天打鱼两天晒网，手绘需要持续练习，只有长期保持较高强度的练习，才能够确保获得一个理想的分数。

2. 非全日制研究生报考

（1）什么是非全日制研究生？

非全日制研究生是为即将进入社会工作的本科生或已有社会职业的人员提供攻读硕士研究生而设立的学习方式，指符合国家研究生招生规定，通过全国研究生统一入学考试（全国统考 / 考研）或者国家承认的其他入学方式，被具有实施研究生教育资格的高等学校或其他高等教育机构录取，在基本修业年限或者学校规定的修业年限内，在从事其他职业或者社会实践的同时，采取多种方式和灵活时间安排进行非脱产学习的研究生。

“在职研究生”是“非全日制研究生”的前身。2016 年之前，在职研究生只有学位证，没有毕业证。毕业证代表研究生学历，学位证代表硕士学位，毕业证由教育部颁发，学位证由学校颁发。2017 年之后，非全日制研究生双证齐全，既有毕业证，也有学位证，但是会在毕业证上的学习方式注明“非全日制”字样。

非全日制硕士研究生和全日制硕士研究生招生方式相同，都必须通过全国硕士研究生招生统一考试。全日制和非全日制研究生实行相同的考试招生政策和培养标准，其学历学位证书具有同等法律地位和相同效力。

此外，教育部要求各个高校：

a. 统一下达全日制和非全日制研究生招生计划；

b. 统一组织实施全日制和非全日制研究生招生录取；

c. 坚持全日制和非全日制研究生教育同一质量标准；

d. 做好全日制和非全日制研究生学历学位证书管理工作。

上述信息来源：教育部办公厅（教研厅〔2016〕2 号）《教育部办公厅关于统筹全日制和非全日制研究生管理工作的通知》。

通过教育部的发文，可以看出，“非全日制”与“全日制”报考的路径是完全相同的，而且录取标准也是一致的，通常情况下，其复试分数线与该招生单位的“专硕”分数线一致，例如 2018 年，江南大学“非全日制”分数线就与“工业设计工程”分数线同为 376 分，2017 年同为 377 分（注意，这不是高校自身的决定，而是国家明确的要求）。同分的好处在于提升了“非全日制”的含金量。

（2）非全日制的特点

结合各大高校“非全日制”招生简章，设计类专业“非全日制”的培养具有以下特点：

a. 双证齐全（但证书上有“非全日制”字迹）；

b. 报名时间、考试内容、考试难度、考试形式、导师配置、升学资质与全日制完全相同；

c. 需要缴纳一定的学费，每个学校的学费各不相同（详情请参见各大高校“非全日制”招生简章）；

d. 不提供学生宿舍，需要在外租房；

e. 无学业奖学金；

f. 一般情况下，没有“交换生”机会；

g. 上课时间：周末与节假日，或集中 2～3 个月授课；

h. 档案与户籍留存于原单位或户籍所在地；

j. 在读时间最长可达 5 年（全日制一般 2.5～4 年）。

自 2017 年首届“非全日制”考生入校以来，目前“非全日制”研究生的培养已进入第七个年头，实际情况是什么样的呢？

由于“非全日制”与“全日制”考试难度相同，且同分划线（复试分数线）与录取，因此，对于在职考研的人员而言，在兼顾工作的前提条件下，想要考上现在的“非全日制”研究生，难度是非常大的。因此，最近两年，能够真正以“在职”的身份考上“非全日制”研究生的人微乎其微，绝大多数都是由“全日制”落榜生调剂到“非全日制”，而“全日制”考生主要以应届生为主，“二战”的考生大多数也是全脱产复习。基于上述原因，设计类专业“非全日制”的实际培养情况如下：

a. 培养模式几乎与全日制无异；

b. 上课时间几乎与全日制无异；

c. 选择导师相对容易（非全日制报考名额较少，“全日制”导师都能带“非全”）；

d. 部分学校提供学业奖学金，例如湖北工业大学；

e. 部分学校提供住宿，例如湖北工业大学、广东工业大学等；

f. 多数学校（北上广除外）可以接收考生的档案与户籍；

g. 部分高校“非全日制”不招收“应届毕业生”（招收“二战”学生），例如同济大学；

h. 设计学（学硕）落榜考生若想调剂至“非全日制”，需达到“艺术设计”专硕的复试分数线，例如 2018 年，江南大学设计学院设计学复试分数线为 371 分，非全日制以“工业设计工程”复试分数线 376 分划线，若考生以 375 分进入设计学复试落榜，则无法调剂至“非全日制”。

（3）“非全日制”值不值得调剂或直接报考？

就目前国内各大院校对于“非全日制”生源的培养办法与培养模式，“非全日制”值得一读，但建议进行选择。简单而言，在能够选择的情况，尽量选择以下两类“非全日制”：a. 名校“非全日制”：例如江南大学、湖南大学、同济大学、浙江大学等；b. 地理位置优越的“非全日制”：例如“江浙沪”、广东、北京、天津等地的高校。

注意，根据教育部的最新规定，“非全日制”与“全日制”实行并轨招生，大部分设计院校将“非全日制”考试内容与“艺术设计”专硕相统一。且对于报考“非全日制”人员取消了在职工作年限（原要求至少工作三年）的要求。因此，“应届本科毕业生”是可以直接报考“非全日制”在职硕士研究生的。录取后，可以一边工作，一边读研。因此，在备考过程中，可以同时寻找适合的工作。

（4）如何读“非全日制”

如果能够进入到较为理想的“非全日制”院校，建议采取以下方式学习：

a. 选择“全日制”授课方式；

b. 按照“全日制”的毕业要求与毕业时限来要求自己；

c. 将“设计实践”放在核心位置；

d. 比“全日制”学生更有危机感；

e. 建立广泛的“朋友圈”。

表 5.5　非全日制研究生和全日制研究生区别

全称	非全日制研究生	全日制研究生
招生对象	面向在职人员和应届本科毕业生	主要面向应届本科毕业生
考生来源	统考一志愿和调剂考生	统考一志愿和调剂考生
招考时间	每年 10 月份报名、12 月份考试	每年 10 月份报名、12 月份考试
录取原则	统考国家统一分数线	统考国家统一分数线
教学方式	主要利用双休日和假期教学	全日制教学
教学范围	按学科领域教学	按学科领域教学
录取类别	自筹经费、委托培养	非定向、定向、委托培养、自筹经费
授位类别	硕士学位证书、毕业证书	硕士学位证书、毕业证书
培养侧重	学术理论与实线	学术理论与实线
毕业证书	非全日制	全日制
奖学金	无	有
读博	不可以直接保送，需考博	学硕可以保送或考博，专硕需考博

3. 报班选择

目前市面上的设计考研辅导机构很多，从南到北，自西向东，大大小小，形形色色，教学质量参差不齐。单期的价格（以暑期班为例），一般为 3000 ~ 5000 元，上课时间 15 ~ 40 天不等。对于经济实力尚可的家庭来说，报名参培，可以起到事半功倍的效果，可以提升备考的效率，心理上会有一定的优势。

对于家庭经济条件有限，希望通过自身努力获得升学机会的学生来说，建议采取以下复习策略：

首先，充分利用网络资源，获取目标院校的招考信息，包括近三年的真题（一般名校或热门院校相对比较容易获取）、报录比（报名与录取的比率）、考试内容等。一般设计辅导机构会免费提供一部分学习资料（官微、官网可以下载）。也可以通过电商网站购买相关学习资料（购买前先看评价、检验真伪、货比三家，避免上当受骗）。

其次，选择某一辅导机构（该机构针对你的目标院校一志愿上线率较高），持续关注其教学动态、教学信息，一般情况下，每一次课程结束，都会在其官网或微信、微博平台上发布教学成果；还有往期培训学员成功经验的分享，这是非常好的学习机会，也能获取一部分有价值的参考资料。若该机构提供免费的公开课，尽可能地参与其中，若有公开交流群，哪怕广告很多，仍然要加入其中，说不定能够得到意想不到的收获，至少可以收获一个和同僚们（研友）交流的窗口和平台。

最后，争取能够联系一到两位目标院校的在读研究生，不时请教一些学习上遇到的问题，若自已能力和资源有限，可求助于自身所在院校专业课老师，争取得到他们的帮助，牵线搭桥，建立联系。

考研不仅仅是一场智力的比拼，也是一场信息战、心理战，有时及时得到报考信息，比“闭门造车”更有用。同时，也不要忘记坚持锻炼身体，健康的身体是打赢这场持久战的坚实基础。

对于准备国内考研的同学来说，现阶段首先要确立考研目标，制定复习计划。这里有个大家比较关心的问题，备考阶段需不需要报个考研辅导班？如果是10年前，我们会告诉你没有太大必要，只要咨询一下考上的学长学姐，按照套路复习即可，但是近几年，出现了一批考研辅导机构，几乎所有准备考研的学生都会选择参与培训，这些考研机构确实在某些方面起到了辅助的作用。但现在市面上的考研机构鱼龙混杂，大家需要进行甄别，尽可能地多咨询参加过培训的学长学姐，多方打听比较，选择口碑较好，真正能学到知识的培训机构。

考研是一项脑力加体力双重付出的“运动”，一旦确定了要考研，就要排除其他一切干扰，充满信心，全力以赴地去准备。早一点进入自习室，形成良好的作息时间，制定切实可行的复习计划，关键是要有执行力，将计划付诸行动。在别的同学找工作的时候，在别的同学愉快玩耍的时候，要经得住诱惑，千万别朝思暮想，要定心复习。迷茫与困惑的时候，多向有经验的学长请教经验，切莫闭门“造车”。

4. 设计类复试关注点

（1）复试考察内容

设计类复试主要分为笔试、面试两个板块，所有院校的面试都是一样的。笔试内容要根据院校来定（很重要）：一定要去看招生简章或者问学长，可以提前了解笔试内容。

a. 面试

① 面试考察的范围

口头表达能力与专业表达能力、报考的目的、本科教育的背景、学术能力考察、学术水平展示。

其中通过前四项老师可以了解一下学生（学校、规划、仪态），有的学生会担忧专业不对口（指跨考）、本科学校太差（本科背景）、初试分数不高会不会导致老师对其印象不好，答案是否定的。无论是哪个学校的老师，都不会因为学生的学科背景以及跨考等问题将他拒之门外，拒绝他的理由一定是他在专业课上的展示（作品集、专业课问答）不过关。

学术能力考察、学术水平展示是面试时的重点，即专业课问答与作品集展示。设计类专业向来是拿作品与能力说话，优秀的作品集、成熟自信的专业课回答一定会给老师留下深刻的印象。

② 面试科目注意事项

自我介绍时表现自然，回答流畅自信；自我介绍时挑自己擅长的领域去说，防止回答不上相关问题带来尴尬；专业课问答有理有据，回答时一定要成熟自信（仿照简答题答题思路，减少口语表达）；作品集汇报时控制好时间，不要太长或太短，可提前准备好文本。

b. 笔试

① 笔试考察的范围

设计类专业笔试考察范围广泛，与面试不同，笔试会依据报考院校的规定为准，具体可分为以下几类：

手绘小快题：难度低于初试，时间也会相应减少，可参考初试的快题水准进行复习；软件上机：不会很难，一般都是报考专业软件的基本操作，考软件的院校较少，如景观设计考 su、3D、CAD；工业设计考“犀牛”；视觉传达考 ps 等；理论：主要针对报考设计史论专业的考生，一般需要考生看过一些论文、一些著名的史论书籍、报考院校老师们的一些研究成果等。

② 笔试科目注意事项

备考前提前看好招生简章上的考试内容，不要盲目复习；笔试的难度大大低于初试，但一定要留时间给它们，不要给老师刷掉你的理由；阶段性训练，在备考时给自己定个目标，按照进度复习；看好报考院校历年的复试时间（疫情年份不做主要参考），做到心中有数；笔试一定不要占用太多时间，面试一定是在复试考试前几天的压轴，让自己在考前前几天提前进入面试状态。

c. 单项复试备考计划

备考计划按照必考项目以及报考院校规定项目来划分，必考项目多为面试科目，报考院校规定项目主要是笔试。

① 作品集（必考）

作品集在复试中是非常重要的。好的作品集直接反映考生的学术水平以及对设计的理解，是老师们了解考生本科设计成果的最好方式。作品集在复试中以最直观的方式展示学生的水平，高质量的作品集，可以在复试过程中快速抓住老师的注意力，因此一份优质的作品集在复试中不可缺少。

作品集可涵盖：基本信息（个人简历）、专业作品篇、手绘篇、本科设计实践、校外实践活动、本科专业作品（跨考学生可用）等。

② 专业课问答（必考）

专业课问答是面试时必考项目，也是很多“社恐”学生最头疼的项目。无论是打开视频，盯着屏幕线上复试，还是线下颤颤巍巍地盯着对面的一群老师，对考生都是不小的挑战，或许考生们从来没感受过独自面对这么多老师的压力。

其实专业课问答出题一共有三个方向：报考院校老师的学术成果（著作、论文、期刊等）；报考专业的设计话题（理论前沿、基础理论常识、设计热点等）；本科专业话题（一般问得比较少）。

老师不会直接提问，一般会抽序号来决定，盲抽但不能盲答。

回答问题可以参考写简答题的步骤（“总分总”“总分”），答的时候一定要有理有据，自信放松的同时有自己观点，不要忘记举例说明。

③ 手绘小快题（依据报考院校而定）

控制好时间、表达设计思路清晰、设计图纸完整，快题不做重点讲述，可以参考初试的复习方式，把自己初试的模板多练练。

④ 理论（理论专业考生）

考理论的学生，作品集不要太花哨，要表达自己的涵养以及学术成果，建议用一些国画、工艺美术品、设计论文、设计奖项来丰富自己的作品集。

（2）导师信息

是否在初试考前联系导师，先看自己所心仪的目标院校类型是什么，如果是“综合类”院校或“理工科类”院校，其选导师模式是先进校再选导师，即先由学院统一考核，再通过“双向选择”确定导师；而艺术类院校，如中央美术学院、中国美术学院等，则是直接报考系部或工作室中的导师，由导师直接考核与选拔学生。

因此，如果是报考“综合类”“理工类”院校研究生，在初试通过后再联系导师也不迟；若是报考艺术类院校，则需要在报考前与心仪导师取得联系，得到导师的认可，方能报考（当然也可以直接报考）。

如何了解导师的研究方向与相关信息？通常情况下有以下几条路径可以获取导师的研究方向：首先是通过学校官网，看导师简介；其次是通过“中国知网”搜索导师所发表的论文（期刊论文、学位论文、会议论文），或在“超星”上搜索导师的著作；最后则是通过互联网搜索心仪导师近期参加的活动（实践活动、学术活动）。

（3）作品集

作品集是衡量设计类专业学生专业能力的一个重要载体，是全面展示设计专业学生学习能力，知识的广度、深度，特别是实践能力的一个重要窗口。在求职、留学申请、保研（推免生）、考研复试（面试）中发挥着举足轻重的作用。其重要性不言而喻。

作品集的准备，正常情况下应是一个循序渐进的过程，首先，从大一年级入校伊始，就要建立起“作品集”的概念，了解什么是作品集，一份优秀的作品集应该包含哪些元素和内容。其次，从大一年级开始，就应该将所有的作业当作“作品”来看待，将它们视为未来可以进入作品集当中的备选方案，而不是应付了事的“作业”。经过三年、四年时间的积累，最后你会发现，可以放入作品集中的作品有很多，你有很大的挑选余地。再次，一定要重视设计过程中相关素材（过程材料）的积累，设计草图、草模，制作模型时，要保留完整的影像资料，注重将设计方法应用于日常设计中；最后，要从多个方面进行作品的积累，课程作业是一方面，竞赛作品是一方面，实习实践作品最为重要。

作品集是一个由薄到厚，再由厚到薄的过程。若能从大一开始就养成良好的学习习惯，学习意识，后期在整理制作作品集时，就会轻松很多。若你现在已经是一名大三在读生，刚刚才意识到作品集的重要性，发现过去的两三年时间，你的作品很难放入作品集中。此刻，希望你能认真面对接下来的所有课程、可能参加的竞赛、可能接触到的实习机会，按照前文所述方法，准备作品集。

对于跨专业的同学而言，既然选择跨入到工业设计、产品设计（或交互设计）领域，则需要遵循产品设计、工业设计的“游戏规则”，参加复试时，作品集是必备的。不过，请放心，面试官不会按照本专业同学的标准和要求来审视你的作品，你只需要展示你的学习能力与学习潜力即可。

那么，什么样的作品可以放入跨专业考生的作品集中呢？我们认为，但凡是能够反映出设计思维（创造性思维）的作品，展示设计技能的作品，均可放入作品集中。这些作品包括：

反映设计思维的作品：废旧物品改造、折纸、木工、皮具制品、黏土制品、布艺制品、织毛衣等。

展示设计技能的作品：手绘作品、建模渲染作品、摄影作品等。

（4）面试常见问题

a. 总体问题

① 中英文的自我介绍；

② 艺术设计方面感兴趣的方向；

③ 为什么选择本专业；

④ 为什么选择本学校；

⑤ 对于自身优缺点的认识（或“我们为什么选你”）；

⑥ 对于本专业的认知和理解；

⑦ 看过的书籍及其分析见解；

⑧ 有关于你本专业毕业设计的解读（非跨考生）；

⑨ 毕业实习期间的问题（非跨考生）；

⑩ 关于作品集的解读。

b. 视觉传达专业面试问题

① 国内最喜欢的设计师及其作品分析；

② 抽象主义与写实主义的区别；

③ 包装现状与发展趋势；

④ 你最喜欢的插画家、艺术家、大师、包装设计师等；

⑤ 纸质媒体和电子媒体的关系；

⑥ 谈谈你对于“设计”的认识；

⑦ 海报与视觉语言的关系；

⑧ 艺术中形式语言的理解；

⑨ 设计与创意的关系；

⑩ 什么是视觉传达设计的概念；

⑪ 对海报中视觉语言的理解；
⑫ 分析一个国外的字体设计。
c. 环境艺术专业面试问题
① 什么是室内设计；
② 什么是景观设计；
③ 对环艺行业的看法；
④ 对于环艺方面感兴趣的方向；
⑤ 浅谈“室内空间与现代生活方式”；
⑥ 浅谈“新材料、新技术在环境设计领域的应用研究”；
⑦ 对于“公共艺术与环境”的理解。
d. 工业设计（产品设计）专业面试问题
① 何为可持续性设计；
② 绿色设计的定义；
③ 通用设计的定义；
④ 老年人汽车的设计；
⑤ 你如何改进你最喜欢的产品；
⑥ 工业设计的价值与意义；
⑦ 何为“服务设计”；
⑧ 对于“十年内汽车造型设计的发展变化”有什么见解；
⑨ 传统手绘工具和电脑绘图的差别；
⑩ 利用弯曲的木材和绳子（带子）制作家居生活用品，功能自拟；
⑪ 处理专业与非专业的关系；
⑫ 怎么看待“阿凡达”。
e. 交互数媒专业面试问题
① 交互设计的原则是什么；
② 你如何理解“用户体验”；
③ 交互设计与 UI 设计的区别；
④ 从给你的素材中解读某一动画场景设计；
⑤ 从给你的素材中剖析其中的设计元素；
⑥ UI 设计中常见的设计元素；
⑦ 抛出一个需求，现场简单阐述设计结果的要点；
⑧ 某个项目的功能为什么要这样设计；

⑨ 介绍你最喜欢的一款 APP ；

⑩ 你平时浏览什么网站 /APP 寻找设计灵感。

f. 服装设计专业面试问题

① 你关注的艺术家及案例；

② 对于某品牌或某时代的评论；

③ 针对作品集，对于你的作品进行提问，某些老师感兴趣的内容的提问；

④ 如何看待现在时尚的趋势；

⑤ 浅谈“戏曲影视服装研究”；

⑥ 对于“服装设计与创新”的认识；

⑦ 浅谈“服装设计与应用”；

⑧ 如何理解“纤维与时尚设计”；

⑨ 对于给出的服装素材，需要什么样的人体动态来展示效果最佳。

g. 工艺美术专业面试问题

① 近期研读的书籍解读；

② 对于某艺术家的解读；

③ 看中这个学校工艺美术专业的什么长处；

④ 最喜欢哪种工艺门类；

⑤ 何为“首饰设计与制作”；

⑥ 何为“漆工艺”；

⑦ 何为“金属艺术”；

⑧ 礼品设计的细节。

五、国内各地区设计学高校考研信息汇总

1. 华北地区设计学高校考研信息（表 5.6）

表 5.6　2022 年华北地区设计学高校考研信息

<table>
<tr><th colspan="10">2022 年华北地区设计学高校考研信息</th></tr>
<tr><th>地区</th><th>学校</th><th>专业</th><th>研究方向</th><th>招生人数</th><th>录取人数</th><th>同等学力</th><th>初试科目</th><th>复试要求</th><th>调剂</th></tr>
<tr><td rowspan="12">北京</td><td rowspan="12">清华大学</td><td rowspan="2">130100 艺术学理论（学硕）</td><td>美术历史与理论研究</td><td rowspan="2">3</td><td>3</td><td rowspan="2">×</td><td rowspan="2">① 101 思想政治理论
② 201 英语（一）/202 俄语 /203 日语 /241 德语 /242 法语
③ 668 中外艺术史
④ 887 艺术概论</td><td rowspan="2">1. 专业笔试；
2. 面试</td><td rowspan="2">×</td></tr>
<tr><td>设计艺术历史与理论研究</td><td>0</td></tr>
<tr><td rowspan="10">130500 设计学（学硕）</td><td>染织艺术设计研究</td><td>1</td><td>1</td><td rowspan="10">×</td><td rowspan="10">① 101 思想政治理论
② 201 英语（一）/202 俄语 /203 日语 /241 德语 /242 法语
③ 620 中外工艺美术史及现代设计史
④ 926 专业设计基础</td><td rowspan="10">1. 专业笔试；
2. 面试。</td><td rowspan="10">×</td></tr>
<tr><td>服装艺术设计研究</td><td>1</td><td>1</td></tr>
<tr><td>环境设计研究</td><td>1</td><td>1</td></tr>
<tr><td>陶瓷艺术设计研究</td><td>1</td><td>2</td></tr>
<tr><td>视觉传达设计研究</td><td>1</td><td>1</td></tr>
<tr><td>信息艺术设计研究</td><td>1</td><td>2</td></tr>
<tr><td>动画研究</td><td>1</td><td>1</td></tr>
<tr><td>工业设计研究</td><td>1</td><td>0</td></tr>
<tr><td>展示设计研究</td><td>1</td><td>1</td></tr>
<tr><td>工艺美术研究</td><td>1</td><td>1</td></tr>
</table>

（续表）

2022 年华北地区设计学高校考研信息									
地区	学校	专业	研究方向	招生人数	录取人数	同等学力	初试科目	复试要求	调剂
北京	清华大学	130500 设计学（学硕）	清华大学 – 美国华盛顿大学“智慧互联”双硕士学位项目	2	2	×	① 101 思想政治理论 ② 201 英语（一） ③ 616 专业理论基础 ④ 926 专业设计基础	1. 专业笔试； 2. 面试	×
			信息艺术设计研究（交叉学科）信息技术	2	2	×	① 101 思想政治理论 ② 201 英语（一）/202 俄语 /203 日语 /241 德语 /242 法语 ③ 680 理论基础 ④ 981 专业基础 – 信息技术基础	1. 专业笔试； 2. 面试	×
		1305J1 信息艺术设计（学硕）	信息艺术设计研究（交叉学科）信息设计	3	3		① 101 思想政治理论 ② 201 英语（一）/202 俄语 /203 日语 /241 德语 /242 法语 ③ 680 理论基础 ④ 982 专业基础 – 信息设计基础		
			信息艺术设计研究（交叉学科）信息艺术	1	1		① 101 思想政治理论 ② 201 英语（一）/202 俄语 /203 日语 /241 德语 /242 法语 ③ 680 理论基础 ④ 983 专业基础 – 信息艺术基础		
		135100 艺术	艺术设计 – 服装艺术设计	11	11	×	① 101 思想政治理论 ② 202 俄语 /203 日语 /204 英语（二）/241 德语 /242 法语 ③ 620 中外工艺美术史及现代设计史 ④ 954 专业设计基础（专业学位）	1. 专业笔试； 2. 面试	×

（续表）

2022 年华北地区设计学高校考研信息									
地区	学校	专业	研究方向	招生人数	录取人数	同等学力	初试科目	复试要求	调剂
北京	清华大学	135100 艺术	艺术设计－环境设计	1	1	×	① 101 思想政治理论 ② 202 俄语 /203 日语 /204 英语（二）/241 德语 /242 法语 ③ 620 中外工艺美术史及现代设计史 ④ 954 专业设计基础（专业学位）	1. 专业笔试； 2. 面试	×
			艺术设计－视觉传达设计	15	17				
			艺术设计－信息艺术设计	1	1				
			艺术设计－动画	1	1				
			艺术设计－染织艺术设计	3	3				
			艺术设计－工业设计	4	4				
			艺术设计－设计基础	1	1				
			科普－科普展览策划与设计	5	5				
			科普－科普产品设计	7	5				
			科普－科普视觉传达设计	5	5				
			科普－科普信息与交互设计	5	5				
		085500 机械（专硕）	工业设计工程领域（非全日制）	15	15	×	① 111 单独考试思想政治理论 ② 202 俄语 /203 日语 /241 德语 /242 法语 /251 单独考试英语 ③ 666 工业设计专业论文 ④ 944 工业设计专业基础	1. 专业笔试； 2. 面试	×

（续表）

2022 年华北地区设计学高校考研信息									
地区	学校	专业	研究方向	招生人数	录取人数	同等学力	初试科目	复试要求	调剂
北京	清华大学	135100 艺术（专硕）	艺术管理（非全日制）	—	—	×	① 101 思想政治理论 ② 202 俄语 /203 日语 /204 英语（二）/241 德语 /242 法语 ③ 617 中外艺术史（专业学位） ④ 955 艺术概论（专业学位）	1. 专业笔试； 2. 面试	×
	中央美术学院	130500 设计学	世界设计历史与理论研究	—	0	√	① 101 思想政治理论 ② 201 英语（一）/202 俄语 /203 日语 /241 德语 ③ 718 设计基础 ④ 818 专业写作	1. 设计理论； 2. 面试。	×
			中国设计文化研究		2				
			公共设计研究		1				
			设计与现代性理论性研究		2				
			“一带一路”与国家设计政策研究		1				
			视觉创意产业研究		2		① 101 思想政治理论 ② 201 英语（一）/202 俄语 /203 日语 ③ 721 设计基础 ④ 821 专业论文	1. 专业史论； 2. 面试。	
			媒体文化研究		0				
			绿色设计助力碳中和研究		1				
			在地设计方法研究		0				
			公共艺术介入智慧城市发展研究		1				
			装备设计理论与方法研究		0				
		135108 艺术设计	视觉传达设计研究	—	2	√	① 101 思想政治理论 ② 202 俄语 /203 日语 /204 英语（二）/241 德语 ③ 717 专业基础 ④ 817 专业创作	1. 艺术理论； 2. 面试。	×
			文字艺术设计研究		1				
			书籍设计研究		2				
			图像体验设计研究		0				

（续表）

2022 年华北地区设计学高校考研信息										
地区	学校	专业	研究方向	招生人数	录取人数	同等学力	初试科目	复试要求	调剂
北京	中央美术学院	135108 艺术设计	艺术治疗研究	—	2	√	① 101 思想政治理论 ② 202 俄语 /203 日语 /204 英语（二）/241 德语 ③ 717 专业基础 ④ 817 专业创作	1. 艺术理论； 2. 面试。	×
			文化遗产设计研究		0				
			国家形象设计研究		2				
			数字媒体艺术研究		4				
			影像叙事研究		2				
			沉浸体验与游戏设计研究		2				
			消费影像研究		1				
			纪实摄影研究		0				
			AI 时尚研究		2				
			时装与首饰设计研究		4				
			可穿戴与智能科技设计研究		0				
			传统工艺与技能研究		0				
			产品设计研究		0				
			工业设计研究		2				
			出行创新设计研究		3				
			艺术与科技研究		1				
			机器人艺术设计研究		0				
			生物艺术设计研究		2				
			智慧型城市设计研究		1				
			未来生活方式研究		5				
			服务设计研究		1				
			社会设计研究		2				
			可持续设计研究		1				

（续表）

2022 年华北地区设计学高校考研信息									
地区	学校	专业	研究方向	招生人数	录取人数	同等学力	初试科目	复试要求	调剂
北京	中央美术学院	135108 艺术设计	艺术设计基础教育研究	—	2	√	① 101 思想政治理论 ② 202 俄语 /203 日语 /204 英语（二）/241 德语 ③ 717 专业基础 ④ 817 专业创作	1. 艺术理论； 2. 面试。	×
			设计文献情报研究		1				
			设计思维研究		0				
			设计管理研究		1				
			动画艺术研究		5		① 101 思想政治理论 ② 202 俄语 /203 日语 /204 英语（二） ③ 719 设计基础（综合造型、作品评述） ④ 819 专业设计	1. 专业史论； 2. 面试。	
			影像艺术研究		2				
			绘本创作研究		1		① 101 思想政治理论 ② 202 俄语 /203 日语 /204 英语（二） ③ 719 设计基础（综合造型、作品评述） ④ 819 专业设计	1. 专业史论； 2. 面试。	
			公共艺术研究		1		① 101 思想政治理论 ② 202 俄语 /203 日语 /204 英语 （二） ③ 719 设计基础（综合造型、作品评述） ④ 819 专业设计	1. 专业史论； 2. 面试。	
			空间展示设计研究		3				
			环境艺术研究		1				
			产品设计研究（家居）		1				
			产品设计研究（文创）		1				
			视觉传达研究		2				
			设计基础研究		2				
			交互媒体研究		0				
			首饰设计研究	1	1				
			工艺美术研究	2	2				
			地域性设计研究与实践	1	1				

（续表）

2022 年华北地区设计学高校考研信息									
地区	学校	专业	研究方向	招生人数	录取人数	同等学力	初试科目	复试要求	调剂
北京	北京服装学院	082104 服装设计与工程	人体工程与服装科技	23	23	√	① 101 思想政治理论 ② 201 英语（一） ③ 302 数学（二） ④ 904 服装理论	1. 面试； 2. 业务水平审核； 3. 英语口语测试。	依据当年专业录取状况，部分专业可调剂
			服装舒适性与功能服装研究						
			服装设计与技术						
			数字服装与智能设计						
		130500 设计学	服饰文化与设计研究	9	2	√	① 101 思想政治理论 ② 201 英语（一） ③ 610 中外服装史 ④ 502 服装设计与工艺	1. 面试； 2. 业务水平审核； 3. 英语口语测试。	
			服装设计与管理		2				
			服装设计与创新		14				
			服装造型与艺术设计		2				
			戏剧影视服装设计研究		0				
			针织服装设计研究		0				
		135100 艺术	服饰文化与设计	13	7	√	① 101 思想政治理论 ② 204 英语（二） ③ 610 中外服装史 ④ 502 服装设计与工艺	1. 面试； 2. 业务水平审核； 3. 英语口语测试。	
			服装设计与管理		6				
			服装设计与创新		40				
			服装造型与应用		7				
			戏剧影视服装设计		4				
			针织服装创新与实践		1				
		130500 设计学	色彩设计	4	1	√	① 101 思想政治理论 ② 201 英语（一） ③ 614 专业基础 ④ 503 专业设计	1. 面试； 2. 业务水平审核； 3. 英语口语测试。	
			珠宝首饰设计		1				
			鞋品与箱包设计		1				
			工业设计		2				
			设计管理		2				

（续表）

2022 年华北地区设计学高校考研信息

地区	学校	专业	研究方向	招生人数	录取人数	同等学力	初试科目	复试要求	调剂
北京	北京服装学院	135100 艺术	色彩设计	54	3	√	① 101 思想政治理论 ② 204 英语（二） ③ 614 专业基础 ④ 503 专业设计	1. 面试； 2. 业务水平审核； 3. 英语口语测试。	依据当年专业录取状况，部分专业可调剂
			珠宝首饰设计		16				
			鞋品与箱包设计		7				
			工业设计		16				
			设计管理		3				
			工艺美术		7				
		130500 设计学	纺织品设计	2	1	√	① 101 思想政治理论 ② 204 英语（二） ③ 614 专业基础 ④ 503 专业设计	1. 面试； 2. 业务水平审核； 3. 英语口语测试。	
		135100 艺术	纺织品设计	6	4	√	① 101 思想政治理论 ② 204 英语（二） ③ 614 专业基础 ④ 503 专业设计	1. 面试； 2. 业务水平审核； 3. 英语口语测试。	
		130500 设计学	室内与景观设计	9	0	√	① 101 思想政治理论 ② 201 英语（一） ③ 614 专业基础 ④ 503 专业设计	1. 面试； 2. 业务水平审核； 3. 英语口语测试。	
			城市与建筑设计		0				
			视觉传达设计		4				
			动画		0				
			数字媒体艺术		1				
		135100 艺术	室内与景观设计	58	12	√	① 101 思想政治理论 ② 204 英语（二） ③ 614 专业基础 ④ 503 专业设计	1. 面试； 2. 业务水平审核； 3. 英语口语测试。	
			城市与建筑设计		7				
			视觉传达设计		13				
			动画		7				
			数字媒体艺术		17				

（续表）

2022年华北地区设计学高校考研信息									
地区	学校	专业	研究方向	招生人数	录取人数	同等学力	初试科目	复试要求	调剂
北京	北京服装学院	130500 设计学	时尚传播	5	4		①101 思想政治理论 ②201 英语（一） ③614 专业基础 ④920 时尚传播概论	1. 面试； 2. 业务水平审核； 3. 英语口语测试。	依据当年专业录取状况，部分专业可调剂
	中国传媒大学	0872J6 数字艺术	人机交互与游戏开发	3	3		①101 思想政治理论 ②201 英语（一） ③301 数学（一） ④824 数据结构	1. 专业知识和综合素质考核； 2. 外语听说能力考核。 （同等学力加试：两门与报考专业相关的本科主干课程）	×
		1301J3 艺术与科学	交互媒体与游戏设计 艺术虚拟现实与互动	4	4	√	①101 思想政治理论 ②201 英语（一） ③783 主题写作 ④883 人文社科基础	1. 专业知识和综合素质考核； 2. 外语听说能力考核。 （同等学力加试：两门与报考专业相关的本科主干课程）	×
		130500 设计学	广告设计 创意媒体设计	3	3	√	①101 思想政治理论 ②201 英语（一） ③783 主题写作 ④883 人文社科基础	1. 专业知识和综合素质考核； 2. 外语听说能力考核。 （同等学力加试：两门与报考专业相关的本科主干课程）	×

（续表）

2022 年华北地区设计学高校考研信息									
地区	学校	专业	研究方向	招生人数	录取人数	同等学力	初试科目	复试要求	调剂
北京	北京理工大学	1305J6 数字艺术	动画艺术学	29	29	√	① 101 思想政治理论 ② 201 英语（一） ③ 783 主题写作 ④ 883 人文社科基础	1. 专业知识和综合素质考核； 2. 外语听说能力考核。 （同等学力加试：两门与报考专业相关的本科主干课程）	×
			数字媒体艺术						
		130500 设计学	工业设计及理论	22	26	√	① 101 思想政治理论 ② 201 英语（一）/203 日语 /244 德语 ③ 627 理论 ④ 880 创作	1. 笔试科目：专业论述题与设计创意； 2. 面试内容：外语口语听力测试、专业面试。	×
			视觉传达设计						
			环境艺术设计						
			艺术创新设计及理论						
			实验艺术						
		135108 艺术设计	不区分研究方向	90	91	√	① 101 思想政治理论 ② 204 英语（二） ③ 627 理论 ④ 880 创作	1. 笔试科目：专业论述题与设计创意； 2. 面试内容：外语口语听力测试、专业面试。	×
	北京印刷学院	130500 设计学	平面设计艺术研究	8	8	√	① 101 思想政治理论 ② 201 英语（一） ③ 612 设计理论 ④ 814 设计实践	1. 英语听力和口语测试； 2. 综合专业素质和能力的考核； 3. 面试。	×
			工业产品设计研究						
			设计史论研究						
			新媒体艺术研究	8	8				
			新媒体技术研究						
			信息与交互设计						
		135108 艺术设学	平面艺术设计	89	113	√	① 101 思想政治理论 ② 204 英语（二） ③ 613 艺术基础理论 ④ 612 设计实践	1. 英语听力和口语测试； 2. 综合专业素质和能力的考核； 3. 面试。	×
			插图艺术设计						
			新媒体艺术设计	43					

（续表）

2022年华北地区设计学高校考研信息									
地区	学校	专业	研究方向	招生人数	录取人数	同等学力	初试科目	复试要求	调剂
北京	首都师范大学	130500设计学	环境设计研究 视觉传达设计研究 数字媒体设计研究	3	6	×	①101思想政治理论 ②201英语（一）/203日语 ③770中外设计史 ④903设计概论	1.思想政治素质和道德品质考核； 2.外语口语、听力测试； 3.专业科目测试。	×
北京	首都师范大学	135108艺术设计	视觉传达设计 环境设计 数字媒体设计	15	23	×	①101思想政治理论 ②201英语（二）/203日语 ③780设计史论 ④910设计素描	1.思想政治素质和道德品质考核； 2.外语口语、听力测试； 3.专业科目测试。	×
北京	中国人民大学	130500设计学	不分研究方向	4	4	√	①101思想政治理论 ②201英语（一）/202俄语/203日语/240德语/241法语 ③612艺术概论 ④827设计史	1.专业综合课笔试； 2.外语笔试； 3.专业课和综合素质面试。	×
北京	中国人民大学	135108艺术设计	不分研究方向	2	2	√	①101思想政治理论 ②201英语（一）/202俄语/203日语/240德语/241法语 ③612艺术概论 ④827设计史	1.专业综合课笔试； 2.外语笔试； 3.专业课和综合素质面试。	×
北京	北京交通大学	130500设计学	视觉传达设计及其理论 数字媒体艺术及其理论 工业设计及其理论 环境艺术设计及其理论 设计原理及其理论	3	3	×	①101思想政治理论 ②201英语（一） ③619设计理论 ④850设计创意	1.专业及综合能力测试； 2.外语能力测试。	×

（续表）

2022 年华北地区设计学高校考研信息									
地区	学校	专业	研究方向	招生人数	录取人数	同等学力	初试科目	复试要求	调剂
北京	北京交通大学	135108 艺术设计	环境艺术设计 数字媒体艺术设计 视觉传达设计 产品设计 公共艺术	2	2	×	① 101 思想政治理论 ② 201 英语（一） ③ 619 设计理论 ④ 850 设计创意	1. 专业及综合能力测试； 2. 外语能力测试。	×
	北方工业大学	130500 设计学	环境艺术设计理论及其应用 视觉设计传达理论及其应用 公共艺术设计理论与应用	12	15	√	① 101 思想政治理论 ② 204 英语（一） ③ 621 基础理论 ④ 821 专业设计基础	1. 专业综合面试； 2. 英语听说测试。	×
		工业设计工程	设计创新与可持续设计 产品设计与用户研究 创意工程与文化设计	21	22	√	① 101 思想政治理论 ② 204 英语（二） ③ 337 工业设计工程 ④ 842 设计创意与表现	1. 专业综合面试； 2. 英语听说测试。	×
	北京航空航天大学	130500 设计学	当代插画艺术与应用 数字媒体与虚拟现实 视觉传达及其拓展 数字动画与新媒体传播 工业设计	14	69	√	① 101 思想政治理论 ② 201 英语（一） ③ 661 艺术设计理论综合 ④ 561 艺术设计基础	命题设计	×
		130500 设计学机械	* 不区分研究方向	2	5	√	① 101 思想政治理论 ② 201 英语（一） ③ 661 艺术设计理论综合 ④ 561 艺术设计基础	命题设计	×

（续表）

2022年华北地区设计学高校考研信息									
地区	学校	专业	研究方向	招生人数	录取人数	同等学力	初试科目	复试要求	调剂
北京	北京工业大学	130500设计学	工艺美术设计与理论研究	23	7	√	①101思想政治理论 ②201英语（一） ③622设计史论 ④505快题设计（6小时）	1. 外语听说能力测试； 2. 专业能力考核； 3. 综合面试。	×
			视觉传达设计与理论研究						
			数字媒体设计与理论研究						
			产品设计与理论研究						
			环境设计与理论研究						
			服装服饰设计与理论研究						
		135108艺术设计	主题环境设计	21	39	√	①101思想政治理论 ②204英语（二） ③622设计史论 ④505快题设计（6小时）	1. 外语听说能力测试； 2. 专业能力考核； 3. 综合面试。	×
			未来智能生活方式设计						
			视觉创新设计						
			数字媒体设计						
			通用无障碍服装设计						
			漆艺与当代手工艺						
		135107美术	雕塑视觉表达	12	12	√	①101思想政治理论 ②204英语（二） ③619美术史论 ④506专业创作（6小时）	1. 外语听说能力测试； 2. 专业能力考核； 3. 综合面试。	×
			中国画语言与表现						
			漆综合材料绘画						
	北京邮电大学	130500设计学	信息交互设计	8	10	√	①101思想政治理论 ②201英语（一） ③618设计理论与创作 ④821设计基础	1. 思想政治素质和道德品质考核； 2. 专业面试； 3. 心理测试。	×
			智能产品设计	4			①101思想政治理论 ②201英语（一） ③618设计理论与创作 ④821设计基础		

（续表）

2022年华北地区设计学高校考研信息									
地区	学校	专业	研究方向	招生人数	录取人数	同等学力	初试科目	复试要求	调剂
北京	北京邮电大学	130500设计学	数字媒体内容设计	3		√	①101思想政治理论 ②201英语（一） ③620数字媒体理论与创作 ④821设计基础	1. 思想政治素质和道德品质考核； 2. 专业面试； 3. 心理测试。	×
		135100艺术	交互体验	13	16	√	①101思想政治理论 ②201英语（一） ③618设计理论与创作 ④821设计基础	1. 思想政治素质和道德品质考核； 2. 专业面试； 3. 心理测试。	×
			产品创新	5					
			数字媒体艺术	6			①101思想政治理论 ②201英语（一） ③620数字媒体理论与创作 ④821设计基础	1. 思想政治素质和道德品质考核； 2. 专业面试； 3. 心理测试。	×
			（非全日制）艺术设计－交互设计与产品创新	27			①101思想政治理论 ②201英语（一） ③618设计理论与创作 ④821设计基础		
			（非全日制）艺术设计－数字媒体创作	8			①101思想政治理论 ②201英语（一） ③620数字媒体理论与创作 ④821设计基础		
天津	天津美术学院	130500设计学	视觉传达设计	9	9	×	①101思想政治理论 ②201英语（一） ③702设计理论 ④802专业设计	1. 专业基础； 2. 听力及口语测试； 3. 面试。	×
			工艺美术	2	2				
			室内设计	2	2				
			景观设计	1	1				
			公共艺术	0	0				
			染织设计	4	4				
			产品设计	4	4				
			设计基础	1	1				

（续表）

<table>
<tr><th colspan="10">2022 年华北地区设计学高校考研信息</th></tr>
<tr><th>地区</th><th>学校</th><th>专业</th><th>研究方向</th><th>招生人数</th><th>录取人数</th><th>同等学力</th><th>初试科目</th><th>复试要求</th><th>调剂</th></tr>
<tr><td rowspan="16">天津</td><td rowspan="10">天津美术学院</td><td rowspan="10">135108 艺术设计</td><td>视觉传达设计</td><td>24</td><td>24</td><td rowspan="5">×</td><td rowspan="5">① 101 思想政治理论
② 201 英语（一）
③ 702 设计理论
④ 802 专业设计</td><td rowspan="5">1. 专业基础；
2. 听力及口语测试；
3. 面试。</td><td rowspan="5">×</td></tr>
<tr><td>工艺美术</td><td>9</td><td>9</td></tr>
<tr><td>室内设计</td><td>11</td><td>11</td></tr>
<tr><td>景观设计</td><td>11</td><td>11</td></tr>
<tr><td>公共艺术</td><td>4</td><td>4</td></tr>
<tr><td>服装设计</td><td>2</td><td>2</td><td rowspan="5">×</td><td rowspan="5">① 101 思想政治理论
② 201 英语（一）
③ 702 设计理论
④ 802 专业设计</td><td rowspan="5">1. 专业基础；
2. 听力及口语测试；
3. 面试。</td><td rowspan="5">×</td></tr>
<tr><td>染织设计</td><td>13</td><td>13</td></tr>
<tr><td>产品设计</td><td>13</td><td>13</td></tr>
<tr><td>设计基础</td><td>4</td><td>4</td></tr>
<tr><td>数字媒体艺术</td><td>3</td><td>3</td></tr>
<tr><td rowspan="6">天津工业大学</td><td rowspan="5">130500 设计学</td><td>服装与服饰设计理论及应用</td><td rowspan="5">10</td><td rowspan="5">2</td><td rowspan="5">√</td><td rowspan="5">① 101 思想政治理论
② 201 英语（一）
③ 614 专业设计基础
④ 825 艺术设计史</td><td rowspan="5">1. 外语口语；
2. 专业素质和能力考核；
3. 综合素质和能力考核；
4. 思想政治素质和道德品质考核。</td><td rowspan="5">×</td></tr>
<tr><td>视觉传达设计理论及应用</td></tr>
<tr><td>环境设计理论及应用</td></tr>
<tr><td>数字化设计理论及应用</td></tr>
<tr><td>工艺美术设计理论及应用</td></tr>
<tr><td>080200 机械</td><td>工业设计工程</td><td>10</td><td>10</td><td>√</td><td>① 101 思想政治理论
② 201 英语（二）
③ 614 专业设计基础
④ 825 艺术设计史</td><td>1. 外语口语；
2. 专业素质和能力考核；
3. 综合素质和能力考核；
4. 思想政治素质和道德品质考核。</td><td>×</td></tr>
</table>

（续表）

2022 年华北地区设计学高校考研信息									
地区	学校	专业	研究方向	招生人数	录取人数	同等学力	初试科目	复试要求	调剂
天津	天津工业大学	135108 艺术设计	服装艺术设计	57	46	√	① 101 思想政治理论 ② 201 英语（二） ③ 614 专业设计基础 ④ 825 艺术设计史	1. 外语口语； 2. 专业素质和能力考核； 3. 综合素质和能力考核； 4. 思想政治素质和道德品质考核。	×
			视觉传达设计						
			环境艺术设计						
			数字化艺术设计						
			工艺美术设计						
	天津师范大学	130500 设计学	时尚文化与服装产业	2	0	√	① 101 思想政治理论 ② 201 英语（一）/202 俄语 /203 日语 ③ 669 设计艺术史 ④ 513 专业设计（时尚文化与服装产业方向）	1. 专业面试； 2. 专业手绘。	×
			视觉与数字媒体设计	2	0	√	① 101 思想政治理论 ② 201 英语（一）/202 俄语 /203 日语 ③ 669 设计艺术史 ④ 514 专业设计（视觉与数字媒体设计方向）	1. 专业面试； 2. 专业手绘。	×
			环境设计与城市艺术	1			① 101 思想政治理论 ② 201 英语（一）/202 俄语 /203 日语 ③ 669 设计艺术史 ④ 515 专业设计（环境设计与城市艺术方向）		
		135108 艺术设计	时尚设计与创意策划	35	3	√	① 101 思想政治理论 ② 202 俄语 /203 日语 /204 英语（二） ③ 721 工艺美术及设计史论 ④ 516 装饰画创作	1. 专业面试； 2. 专业手绘。	×
			视觉与数字媒体设计						
			环境艺术设计						

（续表）

2022年华北地区设计学高校考研信息									
地区	学校	专业	研究方向	招生人数	录取人数	同等学力	初试科目	复试要求	调剂
河北	河北工业大学	085507工业设计工程	工业设计研究及应用	17	13	√	①101思想政治理论 ②204英语（二） ③337工业设计工程 ④931设计理论（Ⅰ）	F2304专业设计（1）（2小时）（同等学力加试：J2307设计心理学、J2308创意设计及表现）	√
		130500设计学	工业设计与创新方法	5	11	√	①101思想政治理论 ②201英语（一） ③733设计理论（Ⅰ） ④503专业设计（6小时）	F2303专业设计（1）（2小时）（同等学力加试：J2305创意表现、J2306构成设计）	√
			人居环境设计及理论	3					
			文化与视觉设计及理论	6					
		135108艺术设计	产品创新设计	7	31	√	①101思想政治理论 ②204英语（二） ③733设计理论（Ⅰ） ④503专业设计（6小时）	F2303专业设计（1）（2小时）（同等学力加试：J2305创意表现、J2306构成设计）	√
			人居环境可持续创新设计	23					
			文化与视觉形象创意设计	10					
山西	太原理工大学	135108艺术设计	*不区分研究方向	30（全日制） 2（非全日制）	10（全日制） 2（非全日制）	√	①101思想政治理论 ②204英语（二） ③703设计史论 ④504设计基础（3小时）	—	×

（续表）

2022 年华北地区设计学高校考研信息									
地区	学校	专业	研究方向	招生人数	录取人数	同等学力	初试科目	复试要求	调剂
山西	太原理工大学	1305L1 设计艺术学	人居环境与艺术遗产研究 视觉传达与媒体艺术研究 产品设计与手工艺研究	10	6	√	① 101 思想政治理论 ② 201 英语（一） ③ 703 设计史论 ④ 504 设计基础（3 小时）	专业手绘	×
	山西大学	130100 艺术学理论	艺术学理论 （艺术遗产、艺术史、艺术理论）	22	15	×	① 101 思想政治理论 ② 201 英语（一） ③ 630 艺术史 ④ 831 艺术概论	专业论文（命题考试）	×
	山西大学	135107 美术（专业学位）	美术 （中国画、书法、油画、版画、雕塑）	42	43	×	① 101 思想政治理论 ② 204 英语（二） ③ 630 艺术史计 ④ 501 专业创作（水彩纸或宣纸）	艺术概论	×
		135108 艺术设计（专业学位）	艺术设计 （室内设计、视觉传达设计、公共艺术设计、景观设计、数字媒体艺术）	42	38	×	① 101 思想政治理论 ② 204 英语（二） ③ 642 艺术设计概论 ④ 502 专业设计（水彩纸）	专业理论（中外工艺美术史）	×

2. 华东地区设计学高校考研信息（表 5.7）

表 5.7 2022 年华东地区设计学高校考研信息

2022 年华东地区设计学高校考研信息									
地区	学校	专业	研究方向	招生人数	录取人数	同等学力	初试科目	复试要求	调剂
上海	同济大学	130500 设计学	交互媒体艺术	4	—	×	① 101 思想政治理论 ② 201 英语（一） ③ 336 艺术基础 ④ 848 艺术创作	专业综合	×
			计算机动画与视觉特效		—				
			综合视觉艺术研究		—				
			设计历史与理论	1	—	×	① 101 思想政治理论 ② 201 英语（一） ③ 337 工业设计工程 ④ 801 专业设计快题		
		130500 设计学（国际）	设计战略与管理	6	2	×	① 101 思想政治理论 ② 201 英语（一） ③ 337 工业设计工程 ④ 801 专业设计快题	专业综合设计	×
		087200 设计学	人工智能与数据设计	1	2	×	① 101 思想政治理论 ② 201 英语（一） ③ 337 工业设计工程 ④ 801 专业设计快题	专业综合设计	×
		085500 机械	车辆整车设计及集成技术	23	—	×	① 101 思想政治理论 ② 201 英语（一）/202 俄语 /203 日语 /242 德语 ③ 301 数学（一） ④ 831 理论与材料力学	轨道交通学科综合	×
			交互设计		12		① 101 思想政治理论 ② 201 英语（一） ③ 337 工业设计工程 ④ 801 专业设计快题	专业综合设计	
			创新设计与创业		—				

（续表）

2022 年华东地区设计学高校考研信息									
地区	学校	专业	研究方向	招生人数	录取人数	同等学力	初试科目	复试要求	调剂
上海	同济大学	085500 机械（国际）	工业设计	9	—	×	① 101 思想政治理论 ② 201 英语（一） ③ 337 工业设计工程 ④ 801 专业设计快题	专业综合设计	×
			媒体与传达设计		5				
		135108 艺术设计	交互媒体艺术	4	—	×	① 101 思想政治理论 ② 201 英语（一） ③ 336 艺术基础 ④ 848 艺术创作	专业综合设计	×
			计算机动画与视觉特效		—				
			综合视觉艺术创作		—				
		135108 艺术设计（国际）	环境设计	6	—	×	① 101 思想政治理论 ② 201 英语（一） ③ 337 工业设计工程 ④ 801 专业设计快题	专业综合设计	×
			产品服务体系设计		—				
	华东师范大学	130500 设计学	视觉传达与多媒体设计	6	—	√	① 101 思想政治理论 ② 201 英语（一） ③ 615 中外设计史 ④ 510 命题设计	1. 命题写作（笔试）； 2. 综合能力测试（口试）； 3. 外语听力、口语测试。	×
			产品设计		—				
			环境与城市更新设计		—				
		135108 艺术设计	（全日制）视觉传达与多媒体设计	70	—	√	① 101 思想政治理论 ② 204 英语（二） ③ 615 中外设计史 ④ 510 命题设计	1. 命题写作（笔试）； 2. 综合能力测试（口试）； 3. 外语听力、口语测试。	×
			（全日制）产品设计		—				
			（全日制）环境与城市更新设计		—				
			（全日制）公共艺术与国际策展		—				

（续表）

<table>
<tr><th colspan="10">2022年华东地区设计学高校考研信息</th></tr>
<tr><th>地区</th><th>学校</th><th>专业</th><th>研究方向</th><th>招生人数</th><th>录取人数</th><th>同等学力</th><th>初试科目</th><th>复试要求</th><th>调剂</th></tr>
<tr><td rowspan="14">上海</td><td rowspan="4">华东师范大学</td><td rowspan="4">135108艺术设计</td><td>（全日制）动画与影像设计</td><td rowspan="3">70</td><td>—</td><td rowspan="4">√</td><td rowspan="4">①101思想政治理论
②204英语（二）
③615中外设计史
④510命题设计</td><td rowspan="4">1. 命题写作（笔试）；
2. 综合能力测试（口试）；
3. 外语听力、口语测试。</td><td rowspan="4">×</td></tr>
<tr><td>（全日制）时尚设计</td><td>—</td></tr>
<tr><td>（全日制）科学与艺术设计</td><td>—</td></tr>
<tr><td>（全日制）食品品牌与包装设计</td><td>8</td><td>—</td></tr>
<tr><td rowspan="10">华东理工大学</td><td rowspan="5">130500设计学</td><td>工业设计理论与方法</td><td rowspan="5">23</td><td rowspan="5">12</td><td rowspan="5">√</td><td rowspan="5">①101思想政治理论
②201英语（一）
③613设计史论
④827设计基础</td><td rowspan="5">1. 英语口语（包括英文自我介绍、综合性英文问答题、专业性英文问答题3~4个）；
2.面试（自己综合实力介绍、专业知识问答3~4个）。</td><td rowspan="5">×</td></tr>
<tr><td>环境艺术与规划设计</td></tr>
<tr><td>视觉传达设计</td></tr>
<tr><td>品牌塑造与设计管理</td></tr>
<tr><td>社会文化与设计发展</td></tr>
<tr><td>080500机械</td><td>工业设计工程</td><td>96</td><td>35</td><td>√</td><td>①101思想政治理论
②204英语（二）
③337工业设计工程
④827设计基础</td><td>1. 英语口语（包括英文自我介绍、综合性英文问答题、专业性英文问答题3~4个）；
2.面试（自己综合实力介绍、专业知识问答3~4个）。</td><td>×</td></tr>
<tr><td rowspan="4">135108艺术</td><td>设计艺术研究</td><td rowspan="4">23</td><td rowspan="4">—</td><td rowspan="4">√</td><td rowspan="4">①101思想政治理论
②204英语（二）
③613设计史论
④827设计基础</td><td rowspan="4">1. 英语口语（包括英文自我介绍、综合性英文问答题、专业性英文问答题3~4个）；
2.面试（自己综合实力介绍、专业知识问答3~4个）。</td><td rowspan="4">×</td></tr>
<tr><td>造型与景观艺术</td></tr>
<tr><td>文化产业策划</td></tr>
<tr><td>新媒体艺术研究</td></tr>
</table>

（续表）

2022年华东地区设计学高校考研信息									
地区	学校	专业	研究方向	招生人数	录取人数	同等学力	初试科目	复试要求	调剂
上海	东华大学	085500机械	工业设计工程	20	—	×	①101思想政治理论 ②204英语（二） ③337工业设计工程 ④852设计表达	—	×
		080200机械工程	工业设计	—	—	×	①101思想政治理论 ②201英语（一） ③301数学（一） ④873机械工程基础	—	×
		130500设计学	服装设计理论与应用	16	—	×	①101思想政治理论 ②201英语（一） ③619设计理论 ④871设计素描	—	×
			染织艺术设计理论与应用	2	—				
			环境艺术设计理论与应用	8	—		①101思想政治理论 ②201英语（一） ③619设计理论 ④871设计素描		
			视觉传达与数字媒体设计理论与应用	6	—				
			产品系统设计与研究	5	—				
		135108艺术设计	服装艺术设计	37	—	—	①101思想政治理论 ②204英语（二） ③619设计理论 ④871设计素描	—	×
			纺织品艺术设计	4	—				
			环境空间与展示设计	16	—				
			视觉传达与数字媒体设计	14	—		①101思想政治理论 ②204英语（二） ③619设计理论 ④871设计素描		
			产品系统设计	10	—				

（续表）

2022 年华东地区设计学高校考研信息									
地区	学校	专业	研究方向	招生人数	录取人数	同等学力	初试科目	复试要求	调剂
上海	上海大学	140300 设计学	公共视觉传达设计	11	8	√	① 101 思想政治理论 ② 201 英语（一）/203 日语 ③ 631 造型基础（二） ④ 864 专业基础（公共视觉传达设计）	1. 专业考试科目： 1）设计艺术理论与历史方向：专业写作； 2）除设计艺术理论与历史方向以外的其他方向：专业设计。 2. 专业面试。 3. 外语面试（英语或日语）。	×
			设计艺术理论与历史				① 101 思想政治理论 ② 201 英语（一）/203 日语 ③ 632 理论基础（一） ④ 865 写作基础（设计艺术理论与历史）		
			环境艺术设计				① 101 思想政治理论 ② 201 英语（一）/203 日语 ③ 633 理论基础（二） ④ 866 专业基础（环境艺术设计）		
			会展艺术与技术（上海美术学院）				① 101 思想政治理论 ② 201 英语（一）/203 日语 ③ 631 造型基础（二） ④ 868 专业基础（会展艺术与技术）		
			玻璃、陶瓷、首饰、织绣、漆艺、综合材料（上海美术学院）				① 101 思想政治理论 ② 201 英语（一）/203 日语 ③ 631 造型基础（二） ④ 869 专业基础（玻璃、陶瓷、首饰、织绣、漆艺、综合材料）		

（续表）

2022年华东地区设计学高校考研信息									
地区	学校	专业	研究方向	招生人数	录取人数	同等学力	初试科目	复试要求	调剂
上海	上海大学	140300 设计学	壁画艺术设计（上海美术学院）			√	① 101 思想政治理论 ② 201 英语（一）/203 日语 ③ 631 造型基础（二） ④ 864 专业基础（壁画艺术设计）	1. 专业考试科目： 1）设计艺术理论与历史方向：专业写作； 2）除设计艺术理论与历史方向以外的其他方向：专业设计。 2. 专业面试。 3. 外语面试（英语或日语）。	×
			数码交互艺术（上海美术学院）				① 101 思想政治理论 ② 201 英语（一）/203 日语 ③ 631 造型基础（二） ④ 867 创意文案		
							① 101 思想政治理论 ② 201 英语（一）/203 日语 ③ 635 逻辑演绎 ④ 867 创意文案		
	上海大学	135108 艺术设计	视觉传达艺术设计	44	62	√	① 101 思想政治理论 ② 204 英语（二） ③ 713 设计造型基础 ④ 952 设计专业基础（视觉传达艺术设计）	1. 专业设计； 2. 专业面试； 3. 外语面试（英语）。	×
			壁画、岩彩画设计				① 101 思想政治理论 ② 204 英语（二） ③ 713 设计造型基础 ④ 953 设计专业基础（壁画、岩彩画设计）		
			环境艺术设计				① 101 思想政治理论 ② 204 英语（二） ③ 713 设计造型基础 ④ 954 设计专业基础（环境艺术设计）		

（续表）

2022 年华东地区设计学高校考研信息									
地区	学校	专业	研究方向	招生人数	录取人数	同等学力	初试科目	复试要求	调剂
上海	上海大学	135108 艺术设计	会展艺术与技术设计			√	①101 思想政治理论 ②204 英语（二） ③713 设计造型基础 ④955 设计专业基础（会展艺术与技术设计）	1. 专业设计； 2. 专业面试； 3. 外语面试（英语）。	×
			玻璃、陶瓷、首饰、织绣、漆艺、综合材料设计				①101 思想政治理论 ②204 英语（二） ③713 设计造型基础 ④956 设计专业基础（玻璃、陶瓷、首饰、织绣、漆艺、综合材料设计）		
			数码交互技术与表现设计（非艺术类）				①101 思想政治理论 ②204 英语（二） ③635 逻辑演绎 ④957 设计专业基础［数码交互技术与表现设计（非艺术类）］		
			数字产品设计（艺术类）				①101 思想政治理论 ②204 英语（二） ③713 设计造型基础 ④958 设计专业基础［数字产品设计（艺术类）］	1. 专业设计； 2. 专业面试； 3. 外语面试（英语）。	×
			创新设计				①101 思想政治理论 ②204 英语（二） ③713 设计造型基础 ④959 设计专业基础（创新设计）		

（续表）

2022年华东地区设计学高校考研信息									
地区	学校	专业	研究方向	招生人数	录取人数	同等学力	初试科目	复试要求	调剂
江苏	东南大学	087200设计学（学术学位）	工业设计	3	3	—	①101思想政治理论 ②201英语（一） ③714人机工程学 ④905设计基础	专业设计（6小时）（需要自带图纸、绘图工具以及作品集）	—
			设计史	13	2	—	①101思想政治理论 ②201英语（一）/203日语 ③729设计学基础 ④913设计理论	美术创作	
			设计理论		1	—			
			设计创意与管理		10	—			
		135108艺术设计（专业学位）	视觉与信息设计	10	2	—	①101思想政治理论 ②201英语（一）/203日语 ③336艺术基础 ④913设计理论	设计表现	—
			环境与景观设计		1	—			
			产品与交互设计		7	—			
	江南大学	130500设计学	工业设计与产品战略	47	57	√	①101思想政治理论 ②201英语（一） ③705设计理论 ④504专业综合（3小时）	专业理论（同等学力加试：素描、色彩）	—
			交互与体验设计						
			视觉传达设计及理论						
			环境设计及理论						
			公共艺术及理论				①101思想政治理论 ②201英语（二） ③614专业设计基础 ④825艺术设计史	专业理论（同等学力加试：素描、色彩）	—
			设计历史与理论						
			紫砂艺术及理论						
			服装设计及理论	8	11		①101思想政治理论 ②201英语（一） ③706服装基础理论 ④505专业综合（服装）（3小时）	专业理论（服装）（同等学力加试：中外服装史、服装经营管理）	—

（续表）

2022年华东地区设计学高校考研信息

地区	学校	专业	研究方向	招生人数	录取人数	同等学力	初试科目	复试要求	调剂
江苏	江南大学	130500设计学	数字媒体艺术及理论	13	15	√	①101思想政治理论 ②201英语（一） ③714数字艺术设计理论基础 ④503专业综合（数媒）（3小时）	专业理论(数媒)（同等学力加试：素描、色彩）	—
		135108艺术设计	工业设计与产品战略	97	74	√	①101思想政治理论 ②204英语（二） ③705设计理论 ④502综合设计（3小时）	专业设计（同等学力加试：素描、色彩）	—
			交互与体验设计						
			视觉传达设计						
			环境艺术设计						
			公共艺术设计						
			紫砂设计						
			服装设计艺术	22	28		①101思想政治理论 ②204英语（二） ③706服装基础理论 ④506综合设计（服装）（3小时）	专业设计（服装）（同等学力加试：中外服装史、服装经营管理）	
		135108设计学专业学位	数字媒体艺术	24	29	√	①101思想政治理论 ②204英语（二） ③714数字艺术设计理论基础 ④507综合设计（数媒）（3小时）	专业设计(数媒)（同等学力加试：素描、色彩）	—

（续表）

2022年华东地区设计学高校考研信息									
地区	学校	专业	研究方向	招生人数	录取人数	同等学力	初试科目	复试要求	调剂
江苏	苏州大学	140300设计学（学术学位）	工艺美术研究（含纺织品艺术设计研究）	3	17	×	①101思想政治理论 ②201英语（一） ③612艺术史论 ④505设计基础（4小时）	1.008002专业设计； 2.综合（面试）。	—
			服装艺术设计研究						
			平面艺术设计研究						
			环境艺术设计研究						
			工业设计研究						
			设计史论研究						
		130100艺术学	美术与书法历史、理论和评论研究	2	—	×	①101思想政治理论 ②201英语（一） ③612艺术史论 ④503美术与书法基础/505设计基础	1.008001专业设计； 2.综合（面试）。	—
			设计历史、理论和评论研究	1					
		140300设计学（学术学位）	工艺美术（含纺织品艺术设计）	29	—	×	①101思想政治理论 ②204英语（二） ③612艺术史论 ④505设计基础（4小时）	1.各方向专业设计； 2.综合（面试）。	—
			服装艺术设计						
			平面艺术设计						
			环境艺术设计						
			工业设计						
		135700设计（专业学位）	工艺美术（含纺织品艺术设计）	36	82	—	①101思想政治理论 ②204英语（二） ③612艺术史论 ④505设计基础（4小时）	1.各方向专业设计； 2.综合（面试）。	—
			服装艺术设计						
			平面艺术设计						
			环境艺术设计						
			工业设计						

（续表）

2022 年华东地区设计学高校考研信息									
地区	学校	专业	研究方向	招生人数	录取人数	同等学力	初试科目	复试要求	调剂
江苏	苏州大学	135700 设计（专业学位）	风景园林规划与设计			—	① 101 思想政治理论 ② 204 英语（二） ③ 344 风景园林基础 ④ 502 快题设计与表现 Ⅱ（6 小时）	1. 各方向专业设计； 2. 综合（面试）。	
			风景园林遗产保护						
			风景园林工程与技术						
			城乡规划与城市设计						
			园林植物与应用						
	中国矿业大学	130500 设计学	设计历史与理论	—	23（含推免 11 个）	×	① 101 思想政治理论 ② 201 英语（一） ③ 655 设计理论 ④ 505 设计基础（4 小时）	534 专业设计	—
			环境设计研究	—	23（含推免 11 个）	×	—	—	×
			视觉传达设计研究	—					
			工业设计研究	—					
	南京艺术学院	130500 设计学	设计史研究	6	6	—	① 101 思想政治理论 ② 201 英语（一）/203 日语 ③ 741 设计原理 ④ 843 中外设计史	956 专业论文（设计批评研究）	—
			设计批评研究	3	3	—			
			设计教育研究	4	4	—	① 101 思想政治理论 ② 201 英语（一）/203 日语 ③ 741 设计原理 ④ 843 中外设计史	957 专业论文（设计教育研究）	
			传统器具设计研究	3	3	—	① 101 思想政治理论 ② 201 英语（一）/203 日语 ③ 741 设计原理 ④ 843 中外设计史	958 专业论文（传统器具设计研究）	

（续表）

2022 年华东地区设计学高校考研信息									
地区	学校	专业	研究方向	招生人数	录取人数	同等学力	初试科目	复试要求	调剂
江苏	南京艺术学院	130500 设计学	设计管理研究	2	3	—	① 101 思想政治理论 ② 201 英语（一）/203 日语 ③ 741 设计原理 ④ 843 中外设计史	961 专业论文（设计管理研究）	—
			图案学与图形文化研究	—	—	—	① 101 思想政治理论 ② 201 英语（一）/203 日语 ③ 741 设计原理 ④ 843 中外设计史	962 专业论文（图案学与图形文化研究）	
			设计人类学研究	—	—	—	① 101 思想政治理论 ② 201 英语（一）/203 日语 ③ 741 设计原理 ④ 843 中外设计史	963 专业论文（设计人学研究）	
			产品设计理论与方法研究	—	—	—	① 10 思想政治理论 ② 201 英语（一）/203 日语 ③ 741 设计原理 ④ 843 中外设计史	903 专业论文（产品设计理论与方法研究）	
浙江	浙江大学	085500 机械	建有机械工程 智能制造技术 机器人工程	40	—	—	① 101 思想政治理论 ② 201 英语（一） ③ 301 数学（一） ④ 832 机械设计基础	—	—
		130500 设计学	视觉传达设计 动画设计 展示设计 环境艺术设计 陶艺设计 交互设计、可视化研究	不限制人数	2	—	① 101 思想政治理论 ② 201 英语（一） ③ 736 专业基础 ④ 890 专业设计（3 小时）	—	—

（续表）

2022 年华东地区设计学高校考研信息									
地区	学校	专业	研究方向	招生人数	录取人数	同等学力	初试科目	复试要求	调剂
浙江	中国美术学院	130500 设计学	艺术设计学理论研究Ⅰ	12	12	√	①101 思想政治理论 ②201 英语（一）/203 日语 ③626 设计史 ④549 设计理论	1. 命题（创作，4 小时）； 2. 综合面试（10 分钟，含外语口语测试 2 分钟）。（同等力学加试美术史论知识、写作，每门 1.5 小时）	×
			视觉传达设计理论与实践	9	10	√			
			数字媒体艺术理论与实践	1	1				
			产品设计理论与研究	3	3				
			工业设计理论与研究	0	0				
			染织服装设计理论与实践	5	5				
			公共雕塑研究与创作	2	2				
			场所空间的艺术营造	1	1				
			景观装置艺术研究与创作	1	1				
			艺术工程与科技研究创作	1	1				
			中国当代陶瓷艺术创作与理论	4	4				
			中国当代陶瓷艺术设计与理论研究	2	2				
			工艺美术创作及理论研究	5	5				
			传统技艺与工艺理论（非物质文化遗产方向）	1	1				
			艺术设计学理论研究Ⅱ	8	8				

（续表）

<table>
<tr><th colspan="10">2022 年华东地区设计学高校考研信息</th></tr>
<tr><th>地区</th><th>学校</th><th>专业</th><th>研究方向</th><th>招生人数</th><th>录取人数</th><th>同等学力</th><th>初试科目</th><th>复试要求</th><th>调剂</th></tr>
<tr><td rowspan="14">浙江</td><td rowspan="14">中国美术学院</td><td rowspan="4"></td><td>艺术赋能与科技创新研究</td><td>4</td><td>4</td><td rowspan="4">√</td><td rowspan="2">① 101 思想政治理论
② 201 英语（一）/203 日语
③ 632 专业基础
④ 541 专业技法</td><td rowspan="4">1. 命题（创作，4 小时）；
2. 综合面试（10 分钟，含外语口语测试 2 分钟）。（同等力学加试美术史论知识、写作，每门 1.5 小时）</td><td rowspan="4">×</td></tr>
<tr><td>汉字传承与创新设计研究</td><td>2</td><td>2</td></tr>
<tr><td>产品创新设计</td><td>4</td><td>3</td><td rowspan="2">① 101 思想政治理论
② 201 英语（一）/203 日语
③ 629 设计思维
④ 541 专业技法</td></tr>
<tr><td>自主品牌实验</td><td>2</td><td>2</td></tr>
<tr><td rowspan="10">135108 艺术设计</td><td>视觉传达设计理论与实践（专业学位）</td><td>25</td><td>26</td><td rowspan="10">√</td><td rowspan="10">① 101 思想政治理论
② 204 英语（二）/203 日语
③ 632 专业基础
④ 541 专业技法</td><td rowspan="10">1. 命题（创作，4 小时）；
2. 综合面试（10 分钟，含外语口语测试 2 分钟）。（同等力学加试美术史论知识、写作，每门 1.5 小时）</td><td rowspan="10">×</td></tr>
<tr><td>数字媒体艺术理论与实践（专业学位）</td><td>1</td><td>1</td></tr>
<tr><td>产品设计理论与研究（专业学位）</td><td>6</td><td>6</td></tr>
<tr><td>工业设计理论与研究（专业学位）</td><td>7</td><td>8</td></tr>
<tr><td>染织服装设计理论与实践（专业学位）</td><td>12</td><td>13</td></tr>
<tr><td>科学艺术融合理论与实践研究（专业学位）</td><td>1</td><td>1</td></tr>
<tr><td>公共雕塑研究与创作（专业学位）</td><td>3</td><td>4</td></tr>
<tr><td>场所空间的艺术营造（专业学位）</td><td>3</td><td>3</td></tr>
<tr><td>景观装置艺术研究与创作（专业学位）</td><td>3</td><td>3</td></tr>
<tr><td>艺术工程与科技研究创作（专业学位）</td><td>3</td><td>3</td></tr>
</table>

（续表）

<table>
<tr><th colspan="10">2022 年华东地区设计学高校考研信息</th></tr>
<tr><th>地区</th><th>学校</th><th>专业</th><th>研究方向</th><th>招生人数</th><th>录取人数</th><th>同等学力</th><th>初试科目</th><th>复试要求</th><th>调剂</th></tr>
<tr><td rowspan="11">浙江</td><td rowspan="11">中国美术学院</td><td rowspan="11">135108 艺术设计</td><td>中国当代陶瓷艺术创作与理论（专业学位）</td><td>9</td><td>9</td><td rowspan="11">√</td><td rowspan="4">① 101 思想政治理论
② 204 英语（二）/203 日语
③ 632 专业基础
④ 541 专业技法</td><td rowspan="11">1. 命题（创作，4 小时）；
2. 综合面试（10 分钟，含外语口语测试 2 分钟）。（同等力学加试美术史论知识、写作，每门 1.5 小时）</td><td rowspan="11">×</td></tr>
<tr><td>中国当代陶瓷艺术设计与理论（专业学位）</td><td>5</td><td>5</td></tr>
<tr><td>工艺美术创作及理论研究（专业学位）</td><td>9</td><td>10</td></tr>
<tr><td>传统热成型造物与数字化设计</td><td>5</td><td>5</td></tr>
<tr><td>建筑设计与理论研究（专业学位）</td><td>10</td><td>8</td><td rowspan="3">① 101 思想政治理论
② 204 英语（二）/203 日语
③ 632 专业基础
④ 541 专业技法</td></tr>
<tr><td>城市设计与理论研究（专业学位）</td><td>3</td><td>4</td></tr>
<tr><td>环境与建筑更新设计及其理论研究（专业学位）</td><td>8</td><td>9</td></tr>
<tr><td>艺术赋能与科技创新研究（专业学位）</td><td>34</td><td>34</td><td rowspan="4">① 101 思想政治理论
② 204 英语（二）/203 日语
③ 629 设计思维
④ 541 专业技法</td></tr>
<tr><td>汉字传承与创新设计研究（专业学位）</td><td>2</td><td>2</td></tr>
<tr><td>服务设计与老龄化社会（专业学位）</td><td>6</td><td>7</td></tr>
<tr><td>城乡综合营造（专业学位）</td><td>5</td><td>5</td></tr>
</table>

（续表）

2022 年华东地区设计学高校考研信息									
地区	学校	专业	研究方向	招生人数	录取人数	同等学力	初试科目	复试要求	调剂
浙江	浙江工业大学	081200 建筑学	建筑设计及其理论（城乡人居环境、地域建筑设计、养老设施建设研究等）	—	16	—	① 101 思想政治理论 ② 201 英语（一） ③ 676 建筑专业基础（3 小时） ④ 506 建筑设计（6 小时）	综合面试	—
			城市设计及其理论（社区规划、城市形态、城市设计与更新）	—					
			建筑遗产保护及其理论（建成遗产保护研究、传统建筑营造技术研究等）	—					
			建筑历史与理论（近现代建筑历史与理论、地域建筑与城市研究等）	—					
			建筑技术科学（健康建筑技术、建筑节能技术、建筑色彩及材料表观评价等）	—					
		083300 城乡规划学	可持续城镇化与区域规划	—	16	—	① 101 思想政治理论 ② 201 英语（一） ③ 675 城乡规划原理 ④ 505 城乡规划设计	综合面试	—
			城乡规划技术与方法						
			美丽村镇规划与设计						
			城乡更新与遗产保护						

（续表）

2022 年华东地区设计学高校考研信息									
地区	学校	专业	研究方向	招生人数	录取人数	同等学力	初试科目	复试要求	调剂
浙江	浙江工业大学	130500 设计学	01 设计理论研究	29	27		① 101 思想政治理论 ② 201 英语（一） ③ 610 设计基础 ④ 507 设计综合（I）（限研究方向 01、02 选考）/508 设计综合（II）（限研究方向 03、04 选考）/509 设计综合（III）（限研究方向 05、06 选考）	综合面试	—
			02 工业设计研究						
			03 环境设计研究						
			04 公共空间艺术研究						
			05 视觉传达与媒体设计研究						
			06 动画与数字媒体艺术						
		135106 艺术设计	01 工业设计	83	80	—	① 101 思想政治理论 ② 204 英语（二） ③ 610 设计基础 ④ 507 设计综合（I）（限研究方向 01 选考）/508 设计综合（II）（限研究方向 02、03、06、07 选考）/509 设计综合（III）（限研究方向 04、05 选考）	综合面试	—
			02 环境设计						
			03 公共空间艺术设计						
			04 视觉传达与媒体设计						
			05 数字媒体艺术设计						
			06 建筑创意设计						
			07 城乡规划设计						
	浙江理工大学	095300 风景园林	园林植物应用与生态修复	24	24	×	① 101 思想政治理论 ② 204 英语（二） ③ 344 风景园林基础 ④ 501 园林设计（6 小时）	1. 专业素质和能力； 2. 综合素质和能力。	—
			园林与景观设计						
			风景园林历史理论与遗产保护						
			建筑设计						
		130508 艺术设计	工艺美术与时尚实际	83	68	×	① 101 思想政治理论 ② 204 英语（二）/203 日语 ③ 721 设计思维与创意 A ④ 913 设计艺术理论	1. 专业素质和能力； 2. 综合素质和能力。	—
			环境设计与时尚人居						
			工业设计与制造						
			视觉传达与时尚数媒						

（续表）

2022 年华东地区设计学高校考研信息									
地区	学校	专业	研究方向	招生人数	录取人数	同等学力	初试科目	复试要求	调剂
浙江	杭州师范大学	130500 设计学	设计艺术历史与理论研究 装饰艺术设计研究 环境艺术设计研究 视觉传达设计研究	5	5	×	① 101 思想政治理论 ② 201 英语（一）/203 日语 ③ 730 美术史论（一） ④ 833 艺术概论（二）	综合素质和能力	—
		135108 艺术设计	装饰艺术设计 环境艺术设计 视觉传达设计 公共空间设计	36	40	×	① 101 思想政治理论 ② 204 英语（二） ③ 730 美术史论（一） ④ 835 专业基础（二）	综合素质和能力	—
	浙江工商大学	130500 设计学	传播设计与理论研究 环境艺术设计与理论研究 产品设计与数字媒体理论研究	18	19	√	① 101 思想政治理论 ② 201 英语（一） ③ 617 艺术设计理论 ④ 821 专业设计	综合测试 （同等学力加试速写、图形创意）	—
		135700 设计	—	36	38	√	① 101 思想政治理论 ② 204 英语（二） ③ 617 艺术设计理论 ④ 821 专业设计	综合测试 （同等学力加试速写、图形创意）	—
山东	山东工艺美术	130100 艺术学	设计历史与理论 设计教育 中国传统造物艺术 民艺学 非物质文化遗产研究 工艺美术与产业研究	—	—	√	① 101 思想政治理论 ② 201 英语（一） ③ 611 中外设计史（一） ④ 811 设计概论	1. 专业论文写作； 2. 英语听说； 3. 专业面试。 （跨学科、同等学力加试艺术评论、艺术美学基础）	—

（续表）

2022 年华东地区设计学高校考研信息									
地区	学校	专业	研究方向	招生人数	录取人数	同等学力	初试科目	复试要求	调剂
山东	山东工艺美术学院	137000 设计学	美术历史与理论	—	—	√	① 101 思想政治理论 ② 201 英语（一） ③ 612 中外美术史（一） ④ 812 美术概论（一）	综合测试 （同等学力加试速写、图形创意）	—
			中国美术史学史						
			文化遗产与文物保护						
			艺术美学						
			艺术批评						
			当代艺术理论与思潮						
			美育理论与实践						
		137000 设计学	设计产业	—	—	√	① 101 思想政治理论 ② 201 英语（一） ③ 611 中外设计史（一） ④ 815 设计作品评析	1. 专业综合测试； 2. 英语听说； 3. 专业面试。 （跨学科、同等学力加试艺术评论、艺术美学基础）	—
			设计管理						
			传统工艺与设计创新研究						
			乡村人居环境研究						
			工业设计						
			可持续产品设计研究						
			智能交互设计						
			家具设计与工程						
			服装设计与工程						
		135700 设计	视觉传达设计	—	—	√	① 101 思想政治理论 ② 204 英语（二） ③ 615 艺术设计史（二） ④ 815 设计作品评析	1. 专业综合测试； 2. 英语听说； 3. 专业面试。 （跨学科、同等学力加试艺术概论、速写）	—

（续表）

2022 年华东地区设计学高校考研信息									
地区	学校	专业	研究方向	招生人数	录取人数	同等学力	初试科目	复试要求	调剂
山东	山东工艺美术学院	135700 设计	环境艺术设计 产品设计 公共艺术 工艺美术 摄影 数字媒体艺术 动画艺术 展示设计 家具设计 服装与服饰设计	—	—	√	① 101 思想政治理论 ② 204 英语（二） ③ 615 艺术设计史（二） ④ 815 设计作品评析	1. 专业综合测试； 2. 英语听说； 3. 专业面试。（跨学科、同等学力加试艺术概论、速写）	—
江西	南昌大学	130500 设计学	环境设计研究 产品设计研究 视觉传达设计研究 现代设计与文化研究 服务设计研究	32	—	×	① 101 思想政治理论 ② 201 英语（一） ③ 611 设计概论 ④ 503 设计基础	005006 设计评析（设计学）	—
江西	南昌大学	085507 工业设计工程	工业设计工程（产品设计） 工业设计工程（环境艺术设计） 工业设计工程（包装设计） 工业设计工程（服务设计） 工业设计工程（生态设计）	53	—	×	① 101 思想政治理论 ② 201 英语（二） ③ 337 工业设计工程 ④ 502 设计基础	005001 设计评析（工业设计工程）	—

（续表）

<table>
<tr><th colspan="10">2022 年华东地区设计学高校考研信息</th></tr>
<tr><th>地区</th><th>学校</th><th>专业</th><th>研究方向</th><th>招生人数</th><th>录取人数</th><th>同等学力</th><th>初试科目</th><th>复试要求</th><th>调剂</th></tr>
<tr><td rowspan="18">江西</td><td rowspan="5">南昌大学</td><td rowspan="5">135100 艺术</td><td>产品设计</td><td rowspan="5">30</td><td rowspan="5">—</td><td rowspan="5">√</td><td rowspan="5">① 101 思想政治理论
② 204 英语（二）
③ 336 艺术基础
④ 504 设计基础</td><td rowspan="5">005007 设计评析（艺术）
（同等学力加试：1005002 设计方法学、1005003 色彩）</td><td rowspan="5">—</td></tr>
<tr><td>环境艺术设计</td></tr>
<tr><td>平面设计</td></tr>
<tr><td>服务设计研究</td></tr>
<tr><td>生态设计</td></tr>
<tr><td rowspan="13">景德镇陶瓷大学</td><td rowspan="6">130500 设计学</td><td>设计艺术历史及理论研究</td><td>5</td><td rowspan="6">54</td><td rowspan="6">—</td><td>① 101 思想政治理论
② 201 英语（一）
③ 736 艺术理论（设计史论）
④ 829 世界设计现代史</td><td rowspan="6">—</td><td rowspan="6">—</td></tr>
<tr><td>陶瓷艺术设计与理论研究</td><td>33</td><td rowspan="5">① 101 思想政治理论
② 204 英语（二）
③ 736 艺术理论（设计史论）
④ 506 设计基础</td></tr>
<tr><td>产品设计与理论研究</td><td>5</td></tr>
<tr><td>环境设计与理论研究</td><td>2</td></tr>
<tr><td>动画设计与理论研究</td><td>3</td></tr>
<tr><td>视觉传达设计与理论研究</td><td>6</td></tr>
<tr><td rowspan="7">135108 艺术设计</td><td>陶瓷艺术设计（日用陶瓷设计研究方向）</td><td rowspan="2">81</td><td rowspan="7">157</td><td rowspan="7">—</td><td rowspan="7">① 101 思想政治理论
② 204 英语（二）
③ 736 艺术理论（设计史论）
④ 506 设计基础</td><td rowspan="7">—</td><td rowspan="7">—</td></tr>
<tr><td>陶瓷艺术设计（陶瓷装饰设计研究）</td></tr>
<tr><td>产品设计</td><td>20</td></tr>
<tr><td>环境设计</td><td>21</td></tr>
<tr><td>动画</td><td>6</td></tr>
<tr><td>视觉传达设计</td><td>1</td></tr>
<tr><td>公共艺术</td><td>2</td></tr>
</table>

（续表）

<table>
<tr><th colspan="10">2022年华东地区设计学高校考研信息</th></tr>
<tr><th>地区</th><th>学校</th><th>专业</th><th>研究方向</th><th>招生人数</th><th>录取人数</th><th>同等学力</th><th>初试科目</th><th>复试要求</th><th>调剂</th></tr>
<tr><td rowspan="5">福建</td><td rowspan="5">福建师范大学</td><td rowspan="2">130500设计学</td><td>设计历史与理论研究</td><td rowspan="2">—</td><td rowspan="2">10</td><td rowspan="2">×</td><td rowspan="2">① 101思想政治理论
② 201英语（一）/203日语
③ 625设计综合理论
④ 821设计经典文献与写作基础</td><td rowspan="2">1. 专业素质和能力；
2. 综合素质和能力；
3. 思想政治素质和品德考核。</td><td rowspan="2">—</td></tr>
<tr><td>视觉传达与媒体设计研究</td></tr>
<tr><td rowspan="3">130400艺术设计</td><td>环境艺术设计研究</td><td rowspan="3">—</td><td rowspan="3">11</td><td rowspan="3">×</td><td rowspan="3">① 101思想政治理论
② 204英语（二）/203日语
③ 625设计综合理论
④ 822设计基础</td><td rowspan="3">1. 专业素质和能力；
2. 综合素质和能力；
3. 思想政治素质和品德考核。</td><td rowspan="3">—</td></tr>
<tr><td>视觉传达艺术设计研究</td></tr>
<tr><td>服装艺术设计研究</td></tr>
</table>

3. 华中地区设计学高校考研信息（表5.8）

表5.8 华中地区设计学高校考研信息

<table>
<tr><th>地区</th><th>学校</th><th>专业</th><th>研究方向</th><th>招生人数</th><th>录取人数</th><th>同等学力</th><th>初试科目</th><th>复试要求</th><th>调剂</th></tr>
<tr><td rowspan="5">湖南</td><td rowspan="5">中南大学</td><td>135108艺术设计</td><td>艺术设计</td><td>32</td><td>—</td><td>—</td><td>① 101思想政治理论
② 201英语（一）
③ 749设计史与批判
④ 851设计基础（3小时）</td><td>1. 面试；
2. 作品集；
3. 英语口语。</td><td>—</td></tr>
<tr><td rowspan="4">130500设计学</td><td>视觉传达设计研究</td><td rowspan="4">33</td><td rowspan="4">—</td><td rowspan="4">—</td><td rowspan="4">① 101思想政治理论
② 201英语（一）
③ 749设计史与批判
④ 851设计基础（3小时）</td><td rowspan="4">1. 面试；
2. 作品集；
3. 英语口语。</td><td rowspan="4">—</td></tr>
<tr><td>产品创新设计研究</td></tr>
<tr><td>设计研究</td></tr>
<tr><td>数码设计研究</td></tr>
</table>

（续表）

地区	学校	专业	研究方向	招生人数	录取人数	同等学力	初试科目	复试要求	调剂
湖南	湖南大学	130500 设计学	设计理论与战略 智能产品与交互设计 文化科技融合与社会创新	48	—	—	① 101 思想政治理论 ② 201 英语（一） ③ 702 设计艺术史论 ④ 819 专业设计 A	F0801 专业设计 B	—
		135100 艺术硕士（艺术设计领域）	设计理论与战略 智能产品与交互设计 文化科技融合与社会创新	56	—	—	① 101 思想政治理论 ② 204 英语（二） ③ 336 艺术基础 ④ 819 专业设计 A	F0801 专业设计 B	—
		085500 机械	工业设计工程	0	—	—	① 101 思想政治理论 ② 204 英语（二） ③ 302 数学（二） ④ 819 专业设计 A	F0801 专业设计 B	—
	中南林业科技大学	135108 艺术设计	产品艺术设计 环境艺术设计 视觉传达艺术设计	35	—	×	① 101 思想政治理论 ② 204 英语（二） ③ 628 艺术设计概论 ④ 863 设计创意	f97 设计鉴赏	—
		130500 设计学	设计理论与设计教育 家居产品设计 室内环境设计 服务设计	20	—	×	① 101 思想政治理论 ② 204 英语（二） ③ 627 设计史及评论 ④ 870 设计思维及表达	f97 设计鉴赏	—

（续表）

地区	学校	专业	研究方向	招生人数	录取人数	同等学力	初试科目	复试要求	调剂
湖南	中南林业科技大学	085500 机械	工业设计工程	35	—	—	① 101 思想政治理论 ② 204 英语（二） ③ 337 工业设计工程 ④ 823 设计方案	f98 工业设计专业综合等；js12 设计制图、js13 材料与工艺	—
	南华大学	135108 艺术设计	产品艺术设计	36	—	—	① 101 思想政治理论 ② 204 英语（一） ③ 792 设计理论 ④ 991 艺术专题设计 A	1. 艺术设计专业方向综合理论； 2. 设计前沿。	—
			环境艺术设计						
			视觉传达艺术设计						
		130500 设计学	工业与产品设计及理论	5	—	—	① 101 思想政治理论 ② 204 英语（一） ③ 792 设计理论 ④ 991 艺术专题设计 A	1. 设计方向学综合理论； 2. 设计前沿。	—
			视觉传达设计及理论						
			环境设计及理论						
	湘潭大学	135108 艺术设计	视觉传达设计	14	—	—	① 101 思想政治理论 ② 204 英语（二） ③ 718 艺术概论 ④ 598 命题创作（二）	文化创意产业概论	—
			环境设计						
湖北	华中科技大学	130500 设计学	室内环境艺术设计与理论研究	8	—	×	① 101 思想政治理论 ② 204 英语（一） ③ 629 艺术设计史论 ④ 501 艺术设计（6 小时）	1.3 小时快题； 2. 专业面试； 3. 英语听说。	—
			城市环境艺术设计与理论研究						
			传统建筑装饰艺术与理论研究						
			信息艺术设计与理论研究						
			数字媒体艺术设计与理论研究						
			会展空间与展示设计理论研究						

（续表）

地区	学校	专业	研究方向	招生人数	录取人数	同等学力	初试科目	复试要求	调剂
湖北		135108 艺术设计	不区分方向	27	—	×	① 101 思想政治理论 ② 204 英语（一） ③ 629 艺术设计史论 ④ 501 艺术设计（6 小时）	1.3 小时快题； 2. 专业面试； 3. 英语听说。	—
湖北	武汉理工大学	130500 设计学	工业设计研究 环境设计研究 视觉传达设计研究 信息与交互设计研究 动画与数字媒体研究 设计历史与理论	21	30	—	① 101 思想政治理论 ② 201 英语（一）/202 俄语 /203 日语 ③ 656 设计基础理论 ④ 513 专业设计综合	1. 笔试； 2. 面试； 3. 英语口语。	—
湖北	武汉理工大学	085507 工业设计工程	不区分方向	11	22	—	① 101 思想政治理论 ② 201 英语（一）/202 俄语 /203 日语 ③ 337 工业设计史论 ④ 506 工业产品命题设计	1. 笔试； 2. 面试； 3. 英语口语。	—
湖北	武汉理工大学	135108 艺术设计	工业设计研究 视觉传达设计 动画与数字媒体艺术 环境设计	25	15	—	① 101 思想政治理论 ② 201 英语（一）/202 俄语 /203 日语 ③ 337 工业设计史论 ④ 506 工业产品命题设计	1. 笔试； 2. 面试； 3. 英语口语。	—
湖北	湖北美术学院	130500 设计学	视觉传达设计研究 科技图像研究 摄影艺术研究	14	—	—	① 101 思想政治理论 ② 204 英语（二）/202 俄语 /203 日语 ③ 650 设计造型基础 ④ 550 专业设计	1. 设计史论； 2. 综合面试。	—

（续表）

地区	学校	专业	研究方向	招生人数	录取人数	同等学力	初试科目	复试要求	调剂
湖北	湖北美术学院	135108艺术设计（全日制/非全日制）	视觉传达设计研究 科技图像研究 摄影艺术研究	36	—	—	①101思想政治理论 ②204英语（二）/202俄语/203日语 ③650设计造型基础 ④550专业设计	1. 设计史论； 2. 综合面试。	—
		130500设计学	环境艺术设计研究	11	—	—	①101思想政治理论 ②204英语（二）/202俄语/203日语 ③650设计造型基础 ④553专业设计	1. 设计史论； 2. 综合面试。	—
		135108艺术设计（全日制/非全日制）	环境艺术设计研究	29	—	—	①101思想政治理论 ②204英语（二）/202俄语/203日语 ③650设计造型基础 ④553专业设计	1. 设计史论； 2. 综合面试。	—
		130500设计学	工业产品设计研究 展示设计研究	7	—	—	①101思想政治理论 ②204英语（二）/202俄语/203日语 ③650设计造型基础 ④555/554专业设计	1. 设计史论； 2. 综合面试。	—

（续表）

地区	学校	专业	研究方向	招生人数	录取人数	同等学力	初试科目	复试要求	调剂
湖北	湖北美术学院	135108 艺术设计（全日制/非全日制）	工业产品设计研究 展示设计研究	18	—	—	① 101 思想政治理论 ② 204 英语（二）/202 俄语 /203 日语 ③ 650 设计造型基础 ④ 555/554 专业设计	1. 设计史论； 2. 综合面试。	—
		130500 设计学	服装服饰设计研究 纤维艺术设计研究 中国少数民族艺术研究	6	—	—	① 101 思想政治理论 ② 204 英语（二）/202 俄语 /203 日语 ③ 650 设计造型基础 ④ 558 专业设计	1. 设计史论； 2. 综合面试。	—
		135108 艺术设计（全日制/非全日制）	服装服饰设计研究 纤维艺术设计研究 中国少数民族艺术研究	14	—	—	① 101 思想政治理论 ② 204 英语（二）/202 俄语 /203 日语 ③ 650 设计造型基础 ④ 558 专业设计	1. 设计史论； 2. 综合面试。	—
	中国地质大学（武汉）	130500 设计学	环境设计研究 信息与交互设计研究 视觉与插画设计研究 设计历史与理论	17	—	—	① 101 思想政治理论 ② 201 英语（一） ③ 654 设计历史及理论 ④ 501 设计基础（5 小时）	1. 专业面试； 2. 英语面试； 3. 专业笔试。	—

（续表）

地区	学校	专业	研究方向	招生人数	录取人数	同等学力	初试科目	复试要求	调剂
湖北	中国地质大学（武汉）	135108 艺术设计（全日制/非全日制）	环境设计 交互媒体设计 视觉传达设计	63	—	—	①101 思想政治理论 ②201 英语（一） ③654 设计历史及理论 ④501 设计基础（5 小时）	1. 专业面试； 2. 英语面试； 3. 专业笔试。	—
	华中师范大学	130500 设计学	视觉传达设计 数字媒体设计 环境艺术设计	13	—	—	①101 思想政治理论 ②201 英语（一） ③727 世界设计史与中国工艺美术史 ④856 设计创作理论	1. 理论； 2. 手绘。	—
	武汉科技大学	130500 设计学	产品设计研究 环境设计研究 视觉传达设计研究 公共艺术研究	10	—	—	①101 思想政治理论 ②201 英语（一） ③619 设计学专业理论 ④903 综合设计	快题设计（3 小时）	—
		135108 艺术设计	产品设计研究 环境设计研究 视觉传达设计研究 公共艺术研究	46			①101 思想政治理论 ②201 英语（一） ③336 艺术基础 ④903 综合设计（3 小时）	快题设计（3 小时）	
	湖北工程大学	1204Z2 设计管理	不区分方向	10	—	×	①101 思想政治理论 ②201 英语（一） ③709 公共管理学 ④852 艺术管理理论	设计管理	—

（续表）

地区	学校	专业	研究方向	招生人数	录取人数	同等学力	初试科目	复试要求	调剂
湖北	湖北工程大学	130500 设计学	可持续产品与生态环境设计 数字媒体与生态视觉设计 设计创新与生态设计学理论研究	10	—	×	① 101 思想政治理论 ② 201 英语（一） ③ 711 设计史论 ④ 502 专业设计 A	快题设计 A	—
		135108 艺术设计（全日制 / 非全日制）	产品设计 环境设计 视觉传达设计 数字媒体艺术设计	95	—	×	① 101 思想政治理论 ② 201 英语（一） ③ 712 公艺术设计史论 ④ 501 专业设计 B	快题设计 B	—
		085507 工业设计工程（全日制 / 非全日制）	智能产品与装备设计 产品交互与服务设计	20	—	×	① 101 思想政治理论 ② 201 英语（一） ③ 337 工业设计工程 ④ 503 专业设计（6 小时）	快题设计	—

（续表）

地区	学校	专业	研究方向	招生人数	录取人数	同等学力	初试科目	复试要求	调剂
湖北	武汉纺织大学	135108 艺术设计	环境设计与理论研究 公共艺术设计与理论研究 视觉传达艺术设计与理论研究 纤维艺术与非物质文化遗产研究 工业设计与理论研究 服装艺术设计与数字化技术研究 数字媒体与艺术研究及理论 动画艺术研究	20	21	—	① 101 思想政治理论 ② 201 英语（一） ③ 636 设计史论 /637 服装史论 /640 数字媒体艺术理论基础 ④ 866 服装设计 /866 设计基础	1. 英语听力； 2. 英语口语； 3. 专业设计。	—
		130500 设计学	环境设计与理论研究 公共艺术设计与理论研究 视觉传达艺术设计与理论研究 纤维艺术与非物质文化遗产研究 工业设计与理论研究 服装设计与品牌管理研究 服饰文化与设计艺术研究 服装结构设计与理论研究 数字媒体与艺术研究及理论 动画艺术研究	25	—	—	① 101 思想政治理论 ② 201 英语（一） ③ 636 设计史论 /637 服装史论 /640 数字媒体艺术理论基础 ④ 866 服装设计 /867 设计基础	1. 服装综合设计； 2. 英语。	—

（续表）

地区	学校	专业	研究方向	招生人数	录取人数	同等学力	初试科目	复试要求	调剂
河南	河南大学	130100 艺术学理论	艺术理论与批评 艺术史 艺术管理	9	—	—	① 101 思想政治理论 ② 204 英语（一） ③ 624 艺术概论 ④ 818 艺术美学	1. 专业命题写作； 2. 面试。	—
		130500 设计学	设计历史与理论研究 工艺美术研究 数字媒体艺术研究	9	—	—	① 101 思想政治理论 ② 204 英语（一） ③ 627 设计史论 ④ 821 设计原理	1. 专业命题写作； 2. 面试； 3. 专业设计。	—

4. 华南地区设计学高校考研信息（表 5.9）

表 5.9　华南地区设计学高校考研信息

华南地区设计学高校考研信息									
地区	学校	专业	研究方向	招生人数	录取人数	同等学力	初试科目	复试要求	调剂
广东	汕头大学	130500 设计学	设计应用研究	7（含推免 2）	7（含推免 2）	√	① 101 思想政治理论 ② 201 英语（一）/ 203 日语 ③ 629 艺术史论综合 ④ 847 设计创作	1.01 综合素质面试； 2.33 设计创作（笔试）。	√
			设计理论研究					1.01 综合素质面试； 2.33 设计创作（笔试）。	
			设计管理研究					1.01 综合素质面试； 2.33 设计创作（笔试）。	

（续表）

华南地区设计学高校考研信息									
地区	学校	专业	研究方向	招生人数	录取人数	同等学力	初试科目	复试要求	调剂
广东	汕头大学	135108 艺术设计	视觉传达设计	10（含推免2）	34（含推免2）	√	① 101 思想政治理论 ② 204 英语（二）/ 203 日语 ③ 629 艺术史论综合 ④ 847 设计创作	1.01 综合素质面试； 2.33 设计创作（笔试）。	√
			产品设计	8（含推免2）				1.01 综合素质面试； 2.33 设计创作（笔试）。	
			环境艺术设计	7（含推免1）				1.01 综合素质面试； 2.33 设计创作（笔试）。	
			综合应用设计	8（含推免2）				1.01 综合素质面试； 2.33 设计创作（笔试）。	
	华南理工大学	135108 艺术设计	公共艺术与设计	15	16（含推免6）	√	① 101 思想政治理论 ② 201 英语（一） ③ 630 设计艺术理论 ⑤ 504 命题设计（6 小时作图）	990 专业设计（6 小时）	—
			环境设计						
			设计与创新						
		130500 设计学	信息与交互设计	9	9（含推免4）	√	① 101 思想政治理论 ② 201 英语（一） ③ 632 设计综合 ④ 837 设计理论	991 设计表达（计算机实操）	—
			工业设计						

（续表）

华南地区设计学高校考研信息									
地区	学校	专业	研究方向	招生人数	录取人数	同等学力	初试科目	复试要求	调剂
		0802Z2 工业设计与工程	工业设计工程	50	50（含推免 34）	√	① 101 思想政治理论 ② 201 英语（一） ③ 301 数学（一） ④ 837 设计理论	991 设计表达（计算机实操）	—
广东	广州美术学院	130500 设计学	环境设计与理论研究	9	9	√	① 101 思想政治理论 ②201 英语（一）/ 203 日语 ③ 712 专业基础 ④ 503 专业设计（环艺）	1. 外语综合能力测试； 2. 专业面试； 3. 设计综合理论。（同等学历需加试：创意设计、设计史）	√
			设计历史与理论	2	5		① 101 思想政治理论 ② 201 英语（一）/ 203 日语 ③ 712 专业基础 ④ 804 设计历史与理论		
			工业设计与理论研究（产品）	14	14		① 101 思想政治理论 ② 201 英语（一）/ 203 日语 ③ 712 专业基础 ④ 505 专业设计（产品）		
			工业设计与理论研究（染服）	4	4		① 101 思想政治理论 ② 201 英语（一）/ 203 日语 ③ 712 专业基础 ④ 505 专业设计（染服）		

（续表）

华南地区设计学高校考研信息									
地区	学校	专业	研究方向	招生人数	录取人数	同等学力	初试科目	复试要求	调剂
广东	广州美术学院	130500 设计学	信息与交互设计理论研究	4	4	√	① 101 思想政治理论 ② 201 英语（一）/ 203 日语 ③ 712 专业基础 ④ 507 专业设计（信息）	1. 外语综合能力测试； 2. 专业面试； 3. 设计综合理论。（同等学历需加试：创意设计、设计史）	√
			视觉传达设计理论研究	8	8		① 101 思想政治理论 ② 201 英语（一）/ 203 日语 ③ 712 专业基础 ④ 508 专业设计（视觉）		
			数字媒体与影视动画设计理论研究（数媒）	4	4		① 101 思想政治理论 ② 201 英语（一）/ 203 日语 ③ 712 专业基础 ④ 509 专业设计（数媒）		
			数字媒体与影视动画设计理论研究（动画）	3	3		① 101 思想政治理论 ② 201 英语（一）/ 203 日语 ③ 712 专业基础 ④ 509 专业设计（动画）		
		135108 艺术设计	环境设计	35	35	√	① 101 思想政治理论 ② 203 日语 /204 英语（二） ③ 712 专业基础 ④ 503 专业设计（环艺）	1. 外语综合能力测试； 2. 专业面试； 3. 设计综合理论。（同等学历需加试：创意设计、设计史）	√

（续表）

华南地区设计学高校考研信息									
地区	学校	专业	研究方向	招生人数	录取人数	同等学力	初试科目	复试要求	调剂
广东	广州美术学院	135108 艺术设计	产品设计	26	26	√	①101 思想政治理论 ②203 日语 /204 英语（二） ③712 专业基础 ④505 专业设计（产品）	1. 外语综合能力测试； 2. 专业面试； 3. 设计综合理论。（同等学历需加试：创意设计、设计史）	√
			染织与服装设计	7	7		①101 思想政治理论 ②203 日语 /204 英语（二） ③712 专业基础 ④506 专业设计（染服）		
			信息与交互设计	4	4		①101 思想政治理论 ②203 日语 /204 英语（二） ③712 专业基础 ④507 专业设计（信息）		
			视觉艺术设计	8	8		①101 思想政治理论 ②203 日语 /204 英语（二） ③712 专业基础 ④508 专业设计（视觉）		
			数字媒体与影视动画设计理论研究（数媒）	4	4		①101 思想政治理论 ②203 日语 /204 英语（二） ③712 专业基础 ④510 专业设计（数媒）		

（续表）

华南地区设计学高校考研信息									
地区	学校	专业	研究方向	招生人数	录取人数	同等学力	初试科目	复试要求	调剂
广东	广州美术学院	135108 艺术设计	数字媒体与影视动画设计理论研究（动画）	3	3	√	① 101 思想政治理论 ② 203 日语 /204 英语（二） ③ 712 专业基础 ④ 510 专业设计（动	1. 外语综合能力测试； 2. 专业面试； 3. 设计综合理论。（同等学历需加试：创意设计、设计史）-	√
			展示设计	5	5		① 101 思想政治理论 ② 203 日语 /204 英语（二） ③ 712 专业基础 ④ 511 专业设计（展示）		
	深圳大学	130102T 艺术学理论	艺术理论与文化创新	7	11（含推免5）	√	① 101 思想政治理论 ② 201 英语（一） ③ 714 艺术概论 ④ 940 艺术评论写作	FS87 文化产业概论	×
			艺术史与文化传承						
			艺术批评与文化传播						
			艺术管理与文化创意						
		135108 艺术设计	产品设计研究	17	21（含推免13）	√	① 101 思想政治理论 ② 201 英语（一） ③ 718 设计专业基础 ④ 944 专业设计	FS91 设计专业综合能力测试	√
			环境设计研究						
			服装设计研究						
			数字媒体与动画设计研究						
			视觉传达设计研究						
			设计学理论研究						
		130500 设计学	产品设计研究	60	72（含推免36）	√	① 101 思想政治理论 ② 201 英语（一） ③ 718 设计专业基础 ④ 944 专业设计	FS91 设计专业综合能力测试	×
			环境设计研究						
			服装设计研究						
			数字媒体与动画设计研究						
			视觉传达设计研究						

（续表）

华南地区设计学高校考研信息									
地区	学校	专业	研究方向	招生人数	录取人数	同等学力	初试科目	复试要求	调剂
广东	广东工业大学	135108 艺术设计	工业设计集成创新研究 数字创意设计研究 城乡可持续设计研究 设计文化与生活美学研究	44	22	√	① 101 思想政治理论 ② 201 英语（一） ③ 621 设计历史与理论 ④ 850 专业设计（一）	1. 专业英语； 2. 构成基础。 （同等学力加试：专业英语、构成基础）	√
		0802Z2 工业设计工程	产品设计工程 体验设计工程 服务设计工程	45	50	√	① 101 思想政治理论 ② 204 英语（二） ③ 337 工业设计工程 ④ 863 专业设计（二）	1. 专业英语； 2. 构成基础。 （同等学力加试：专业英语、构成基础）	√
		130500 设计学	时尚与生活设计艺术 环境设计与装饰艺术 媒体与视觉设计艺术	35	26	√	① 101 思想政治理论 ② 204 英语（二） ③ 621 设计历史与理论 ④ 850 专业设计（一）	1. 专业英语； 2. 构成基础。 （同等学力加试：专业英语、构成基础）	×
	华南农业大学	130500 设计学	不区分研究方向	13（含推免6）	13（统考9，推免4）	√	① 101 思想政治理论 ② 201 英语（一） ③ 710 设计基础 ④ 879 命题设计（3小时）	1. 外语水平测试； 2. 专业素质及能力考核； 3. 综合素质及能力考核。	×
		135108 艺术设计	服装与服饰设计 环境设计 产品设计 视觉传达设计	42（含推免20）	49（统考38，推免11）	√	① 101 思想政治理论 ② 204 英语（二） ③ 710 设计基础 ④ 868 专业设计（3小时）	1. 外语水平测试； 2. 专业素质及能力考核； 3. 综合素质及能力考核。	×

（续表）

华南地区设计学高校考研信息									
地区	学校	专业	研究方向	招生人数	录取人数	同等学力	初试科目	复试要求	调剂
广西	广西师范大学	130500设计学	不区分研究方向	21（含推免36）	统考17	√	①101思想政治理论 ②201英语（一） ③702设计理论 ④820专业设计	D01命题设计A	√
			不区分研究方向	31（含推免5）	—		①101思想政治理论 ②204英语（二） ③336艺术基础 ④906设计创作	D02命题设计B	
			设计历史与理论	5	—		①101思想政治理论 ②201英语（一） ③632设计史 ④842艺术原理	1. 论文写作； 2. 设计艺术理论。	
		135108艺术设计	视觉传达与数字媒体艺术研究	6	—	√	①101思想政治理论 ②201英语（一） ③632设计史 ④841命题设计	1. 快题设计； 2. 设计艺术理论。 （同等学力加试：设计基础、专业创作）	√
			环境空间设计研究	7					
			产品设计与区域文化创意研究（含服饰设计方向）	7					
			不区分研究方向	50			①101思想政治理论 ②204英语（二） ③632设计史 ④841命题设计	1. 快题设计； 2. 设计艺术理论。	

（续表）

<table>
<tr><th colspan="10">华南地区设计学高校考研信息</th></tr>
<tr><th>地区</th><th>学校</th><th>专业</th><th>研究方向</th><th>招生人数</th><th>录取人数</th><th>同等学力</th><th>初试科目</th><th>复试要求</th><th>调剂</th></tr>
<tr><td rowspan="6">广西</td><td rowspan="6">广西艺术学院</td><td rowspan="6">130500 设计学</td><td>服装设计研究</td><td rowspan="6">—</td><td rowspan="6">—</td><td rowspan="6">√</td><td rowspan="6">① 101 思想政治理论
② 201 英语（一）
③ 710 设计史
④ 816 专业基础</td><td rowspan="3">1. 英语听说能力测试；
2. 面试；
3.319 设计基础；
4.410 专业论文写作。</td><td rowspan="6">—</td></tr>
<tr><td>视觉传达设计研究</td></tr>
<tr><td>民族装饰艺术研究</td></tr>
<tr><td>设计艺术理论研究</td><td>1. 英语听说能力测试；
2. 面试；
3.337 设计批评；
4.410 专业论文写作。</td></tr>
<tr><td>现代广告设计</td><td>1. 英语听说能力测试；
2. 面试；
3.328 人物动态速写；
4.464 招贴广告设计。</td></tr>
<tr><td>公共艺术设计研究</td><td>1. 英语听说能力测试；
2. 面试；
3.328 人物动态速写；
4.501 命题装饰绘画。</td></tr>
</table>

（续表）

华南地区设计学高校考研信息									
地区	学校	专业	研究方向	招生人数	录取人数	同等学力	初试科目	复试要求	调剂
广西	广西艺术学院	130500 设计学	建筑与环境设计研究	—	—	√	① 101 思想政治理论 ② 201 英语（一） ③ 710 设计史 ④ 817 专业快题设计	1. 英语听说能力测试； 2. 面试； 3.354 专业论文写作； 4.478 景观快题设计 /462 室内快题设计。	—
			文化遗产应用设计研究					1. 英语听说能力测试； 2. 面试； 3.354 专业论文写作； 4.457 文化遗产学。	
		135108 艺术设计	服装设计	—	—	√	① 101 思想政治理论 ② 204 英语（二） ③ 710 设计史 ④ 816 专业基础	1. 英语听说能力测试； 2. 面试； 3.319 设计基础； 4.461 专业设计。	—
			视觉传达设计						
			动画艺术语言						
			民族装饰艺术						
			出版传媒艺术设计						
			文化创意产品设计						
			数字媒体艺术						
			现代广告艺术						
			公共艺术设计						

（续表）

<table>
<tr><th colspan="10">华南地区设计学高校考研信息</th></tr>
<tr><th>地区</th><th>学校</th><th>专业</th><th>研究方向</th><th>招生人数</th><th>录取人数</th><th>同等学力</th><th>初试科目</th><th>复试要求</th><th>调剂</th></tr>
<tr><td rowspan="3">广西</td><td rowspan="3">广西艺术学院</td><td rowspan="3">135108 艺术设计</td><td>建筑与环境设计</td><td rowspan="3">—</td><td rowspan="3">—</td><td rowspan="3">√</td><td rowspan="3">① 101 思想政治理论
② 204 英语（二）
③ 710 设计史
④ 817 专业快题设计</td><td rowspan="3">1. 英语听说能力测试；
2. 面试；
3.336 建筑速写；
4.478 景观快题设计。</td><td rowspan="3">—</td></tr>
<tr><td>展示艺术与科技</td></tr>
<tr><td>室内设计</td></tr>
<tr><td rowspan="2">海南</td><td rowspan="2">海南大学</td><td rowspan="2">135108 艺术设计</td><td>视觉传达设计</td><td>17（含推免 3）</td><td>统考 26</td><td rowspan="2">√</td><td rowspan="2">① 101 思想政治理论
② 204 英语（二）
③ 648 艺术基础（艺术设计领域）
④ 528 设计基础（命题设计、手绘，考生自备画笔、画板、颜料、4K 水彩纸等）</td><td rowspan="2">1.1022 专业设计；
2. 面试：专业理论知识、外语综合能力。</td><td rowspan="2">×</td></tr>
<tr><td>环境设计</td><td>8（含推免 2）</td><td>统考 10（艺术设计共推免 4）</td></tr>
</table>

5. 西南地区设计学高校考研信息（表 5.10）

表 5.10 2022 年西南地区设计学高校考研信息

地区	学校	专业	研究方向	招生人数	录取人数	同等学力	初试科目	复试要求	调剂
四川	四川大学	130500 设计学	设计艺术史论研究	23	—	—	① 101 思想政治理论 ② 201 英语（一）/203 日语 ③ 674 中外设计史（含工艺美术史） ④ 932 理论设计与批评	1. 专业论文写作； 2. 专业设计。	—
			视觉传达设计研究						
			环境艺术设计研究						
		135108 艺术设计	包装设计	12	—	—	① 101 思想政治理论 ② 201 英语（一）/203 日语 ③ 674 中外设计史（含工艺美术史） ④ 928 设计创意与表现	专业设计	—
			广告设计						
			环境艺术设计						
	西南交通大学	085500 机械	工业设计	22	—	—	① 101 思想政治理论 ② 201 英语（二） ③ 337 工业设计工程 ④ 520 工业设计命题设计	1. 专业素养； 2. 外语听说； 3. 既往学业。	—
			交互设计						
		0802Z2 工业设计与工程	工业设计与人因工程	97	—	—	① 101 思想政治理论 ② 201 英语（一） ③ 301 数学（一） ④ 520 工业设计命题设计	1. 专业素养； 2. 外语听说； 3. 既往学业。	—
			智能产品与交互设计						

（续表）

地区	学校	专业	研究方向	招生人数	录取人数	同等学力	初试科目	复试要求	调剂
四川	西南交通大学	135100 艺术	艺术设计	23	—	—	① 101 思想政治理论 ② 201 英语（一） ③ 642 世界现代设计史 ④ 519 命题设计与专业综合能力	1. 专业素养； 2. 外语听说； 3. 既往学业。	—
		130500 设计学	交通装备设计理论与应用	19	—	—	① 101 思想政治理论 ② 201 英语（一） ③ 642 世界现代设计史 ④ 519 命题设计与专业综合能力	1. 专业素养； 2. 外语听说； 3. 既往学业。	—
			智能产品交互设计						
			视觉传达与媒体设计						
			互动媒体设计						
			环境设计						
	四川师范大学	130500 设计学	丝绸之路与民族服饰设计	11	—	—	① 101 思想政治理论 ② 201 英语（一） ③ 648 艺术设计概论 ④ 843 速写	专业技法表现与创作	—
			视觉创意设计						
			设计历史与理论						
		135108 艺术设计	服装设计	50	—	—	① 101 思想政治理论 ② 201 英语（一） ③ 648 艺术设计概论 ④ 843 速写	1. 专业技法表现与创作； 2. 创意设计； 3. 设计效果图。	—
			产品设计						
			环境设计						
			视觉传达艺术设计						
			新媒体艺术设计						

（续表）

<table>
<tr><th>地区</th><th>学校</th><th>专业</th><th>研究方向</th><th>招生人数</th><th>录取人数</th><th>同等学力</th><th>初试科目</th><th>复试要求</th><th>调剂</th></tr>
<tr><td rowspan="8">四川</td><td rowspan="8">西华大学</td><td rowspan="5">130500 设计学</td><td>工业设计及理论研究</td><td rowspan="5">52</td><td rowspan="5">—</td><td rowspan="5">—</td><td rowspan="5">① 101 思想政治理论
② 201 英语（一）
③ 617 设计理论
④ 834 专业基础</td><td rowspan="5">专业笔试</td><td rowspan="5">—</td></tr>
<tr><td>信息交互与体验设计研究</td></tr>
<tr><td>地域文化与创意设计研究</td></tr>
<tr><td>人居环境设计研究</td></tr>
<tr><td>动画与数字媒体艺术研究</td></tr>
<tr><td rowspan="3">135108 艺术设计</td><td>产品设计</td><td rowspan="3">—</td><td rowspan="3">—</td><td rowspan="3">—</td><td rowspan="3">① 101 思想政治理论
② 201 英语（一）
③ 617 设计理论
④ 834 专业基础</td><td rowspan="3">专业笔试</td><td rowspan="3">—</td></tr>
<tr><td>文化创意设计</td></tr>
<tr><td>动画与数字媒体艺术设计</td></tr>
<tr><td rowspan="8">重庆</td><td rowspan="8">重庆大学</td><td rowspan="3">135108 艺术设计</td><td>工业设计</td><td rowspan="3">18</td><td rowspan="3">—</td><td rowspan="3">—</td><td rowspan="3">① 101 思想政治理论
② 201 英语（二）
③ 617 艺术概论
④ 819 设计师与作品分析</td><td rowspan="3">1. 外语听力；
2. 专业笔试。</td><td rowspan="3">—</td></tr>
<tr><td>环境艺术设计</td></tr>
<tr><td>视觉传达设计</td></tr>
<tr><td rowspan="5">130500 设计学</td><td>景观建筑学与环境设计研究</td><td rowspan="5">20</td><td rowspan="5">—</td><td rowspan="5">—</td><td rowspan="5">① 101 思想政治理论
② 201 英语（二）
③ 617 艺术概论
④ 819 设计师与作品分析</td><td rowspan="5">1. 外语听力；
2. 专业笔试。</td><td rowspan="5">—</td></tr>
<tr><td>工业设计与信息交互设计研究</td></tr>
<tr><td>数字设计与艺术传播</td></tr>
<tr><td>设计历史与理论</td></tr>
<tr><td>视觉传达与图形图像设计研究</td></tr>
</table>

（续表）

地区	学校	专业	研究方向	招生人数	录取人数	同等学力	初试科目	复试要求	调剂
重庆	西南大学	130500 设计学	不区分方向	6	—	—	① 101 思想政治理论 ② 201 英语（一）/203 日语 ③ 662 设计理论 ④ 864 专业设计	1. 笔试（设计思维与方法）； 2. 面试。	—
	四川美术学院	130500 设计学	设计历史与理论	—	23	—	① 101 思想政治理论 ② 201 英语（一） ③ 613 中外设计史 ④ 803 设计理论	1. 面试； 2. 英语口语； 3. 专业设计。	—
			产品设计理论研究						
			视觉传达设计理论研究						
			手工艺术理论研究						
		135108 艺术设计	艺术与科技	—	104	—	① 101 思想政治理论 ② 201 英语（一） ③ 614 中外设计史论 ④ 503 表现与创意	1. 面试； 2. 英语口语； 3. 专业设计。	—
			产品设计						
			时尚设计						
			信息与交互设计						
			文化创意设计						
			手工艺术实践						
	重庆师范大学	135108 艺术设计	设计历史与理论研究	5	—	—	① 101 思想政治理论 ② 201 英语（一） ③ 637 中外设计史 ④ 512 快题设计	1. 手绘、手绘讲解； 2. 提问。	—
			视觉艺术设计研究						
		130500 设计学	视觉艺术设计	20	—	—	① 101 思想政治理论 ② 201 英语（二） ③ 631 设计概论 ④ 511 设计素描	1. 手绘、手绘讲解； 2. 提问。	—
			环境设计						

（续表）

地区	学校	专业	研究方向	招生人数	录取人数	同等学力	初试科目	复试要求	调剂
云南	昆明理工大学	135108 艺术设计	艺术产品设计 环境艺术设计 视觉与交互	—	—	—	① 101 思想政治理论 ② 201 英语（二） ③ 615 设计基础 ④ 501 专业命题设计（3 小时）	1.F002 命题快速设计； 2. 外语。	—
云南	昆明理工大学	130500 设计学	产品开发与设计理论 环境设计及理论 视觉设计及理论	—	—	—	① 101 思想政治理论 ② 201 英语（二） ③ 615 设计基础 ④ 501 专业命题设计（3 小时）	1.F002 命题快速设计； 2. 英语。	—
云南	云南艺术学院	130500 设计学	民族艺术与设计研究 视觉传达设计研究 地域文化与环境设计研究	—	18	—	① 101 思想政治理论 ② 201 英语（一）/203 日语 ③ 770 设计史论 ④ 870 命题写作	1. 设计基础； 2. 专业设计； 3. 面试。	—
云南	云南艺术学院	135108 艺术设计	环境艺术设计 视觉传达设计 数字媒体艺术 民族艺术与设计	—	104	—	① 101 思想政治理论 ② 204 英语（二）/203 日语 ③ 770 设计史论 ④ 871 命题写作	1. 设计基础； 2. 专业设计； 3. 面试。	—
贵州	贵州大学	087200 设计学	不区分研究方向	5	—	—	① 101 思想政治理论 ② 201 英语（一） ③ 630 设计基础及理论 ④ 848 设计创作	1. 面试； 2. 口语。	—
贵州	贵州大学	085500 机械	工业设计工程	5	—	—	① 101 思想政治理论 ② 204 英语（二） ③ 337 工业设计工程 ④ 838 机械设计基础综合	1. 面试； 2. 口语。	—

（续表）

地区	学校	专业	研究方向	招生人数	录取人数	同等学力	初试科目	复试要求	调剂
贵州	贵州民族大学	135108 艺术设计	视觉传达与数字设计 环境设计 工艺美术	12	—	—	① 101 思想政治理论 ② 204 英语（二） ③ 627 世界现代设计史 ④ 907 设计概论	综合面试	—

6. 东北地区设计学高校考研信息（表 5.11）

表 5.11 2022 年东北地区设计学高校考研信息

2022 年东北地区设计学高校考研信息									
地区	学校	专业	研究方向	招生人数	录取人数	同等学力	初试科目	复试要求	调剂
黑龙江	哈尔滨工业大学	087200 设计学	数字媒体设计	3	0	√	① 101 思想政治理论 ② 201 英语（一）/202 俄语 /203 日语 ③ 302 数学（二） ④ 838 设计技术与方法	1. 专业综合测试； 2. 综合素质测试。	×
			艺术设计	1	1		① 101 思想政治理论 ② 201 英语（一）/202 俄语 /203 日语 ③ 636 设计概论与造型基础 ④ 505 艺术设计（3 小时快速设计）		

（续表）

2022 年东北地区设计学高校考研信息									
地区	学校	专业	研究方向	招生人数	录取人数	同等学力	初试科目	复试要求	调剂
黑龙江	哈尔滨工业大学	087200 设计学	数字媒体艺术方向	16	3	√	① 101 思想政治理论 ② 201 英语（一）/202 俄语 /203 日语 ③ 625 设计学基础理论 ④ 838 设计技术与方法	1. 专业综合测试； 2. 综合素质测试。	×
			数字媒体艺术		3		① 101 思想政治理论 ② 201 英语（一）/202 俄语 /203 日语 ③ 625 设计学基础理论 ④ 838 设计技术与方法		
			数字媒体艺术（中外合办）		2				
吉林	吉林大学	130500 设计学	工业设计研究	6	6	√	① 101 思想政治理论 ② 201 英语（一）/202 俄语 /203 日语 ③ 630 设计理论 ④ 502 专业技法	—	×
			视觉传达设计研究						
			工艺美术设计研究	4	4				
辽宁	辽宁大学	135108 艺术设计	不区分研究方向	10	—	√	① 101 思想政治理论 ② 204 英语（二）/202 俄语 /203 日语 ③ 619 平面设计原理 ④ 833 美术与摄影理论	1. 外语口语和听力测试； 2. 专业课及综合素质测试； 3. 思想政治素质和品德考核、思想政治理论考试。	×

（续表）

2022 年东北地区设计学高校考研信息									
地区	学校	专业	研究方向	招生人数	录取人数	同等学力	初试科目	复试要求	调剂
辽宁	东北大学	430102 机械工程	工业设计	—	—	√	① 101 思想政治理论 ② 201 英语（一）/203 日语 ③ 301 数学（一） ④ 824 机械工程理论基础（含机械原理和机械设计）	1. 外语口语和听力测试； 2. 专业课及综合素质测试； 3. 思想政治素质和品德考核、思想政治理论考试。	×
	鲁迅美术学院	1403 设计学	产品设计研究	—	—	√	① 101 思想政治理论 ② 201 英语（一）/203 日语	1.624 专业设计； 2.817 计算机辅助设计。	×
	沈阳航空航天大学	130500 设计学	不区分研究方向	25	—	√	① 101 思想政治理论 ② 201 英语（一） ③ 711 设计理论	1. 思想政治素质和品德考核； 2. 英语听力和口语测试； 3. 综合面试。	—
	沈阳理工大学	140300 设计学	工业设计 视觉传达与媒体设计 手工艺设计	41	—	√	① 101 思想政治理论 ② 201 英语（一）/202 俄语 /203 日语 ③ 611 综合设计理论 ④ 501 设计	综合设计	—
	大连工业大学	130500 设计学	视觉传达设计研究		—	√	① 101 思想政治理论 ② 201 英语（一）/202 俄语 /203 日语 ③ 710 设计学概论 ④ 502 专业设计（视传、新媒体）（4 小时）	专业综合（视传、新媒体）	×

（续表）

2022 年东北地区设计学高校考研信息									
地区	学校	专业	研究方向	招生人数	录取人数	同等学力	初试科目	复试要求	调剂
辽宁	大连工业大学	130500 设计学	环境艺术设计理论与应用研究（室内）	42	—	√	①101 思想政治理论 ②201 英语（一）/202 俄语 /203 日语 ③710 设计学概论 ④503 专业设计（室内）（4 小时）	专业综合（室内）	×
			环境艺术设计理论与应用研究（景观）		—		①101 思想政治理论 ②201 英语（一）/202 俄语 /203 日语 ③710 设计学概论 ④504 专业设计（4 小时）	专业综合（景观）	
			产品系统开发设计与理论研究		—		①101 思想政治理论 ②201 英语（一）/202 俄语 /203 日语 ③710 设计学概论 ④505 专业设计（产品设计）（4 小时）	专业综合（产品）	
			新媒体与交互艺术设计及理论		—		①101 思想政治理论 ②201 英语（一）/202 俄语 /203 日语 ③710 设计学概论 ④502 专业设计（视传、新媒体）（4 小时）	专业综合（视传、新媒体）	
			设计历史与理论		—		①101 思想政治理论 ②201 英语（一）/202 俄语 /203 日语 ③710 设计学概论 ④812 设计艺术史	专业综合（史论）	

（续表）

2022 年东北地区设计学高校考研信息									
地区	学校	专业	研究方向	招生人数	录取人数	同等学力	初试科目	复试要求	调剂
辽宁	大连工业大学	135108 艺术设计	视觉传达设计研究	68	—	√	① 101 思想政治理论 ② 204 英语（二）/202 俄语 /203 日语 ③ 710 设计学概论 ④ 502 专业设计（视传、新媒体）（4 小时）	专业综合（视传、新媒体）	×
			产品系统开发设计与实践研究				① 101 思想政治理论 ② 204 英语（二）/202 俄语 /203 日语 ③ 710 设计学概论 ④ 505 专业设计（产品设计）（4 小时）	专业综合（产品）	
			新媒体与交互艺术设计及理论				① 101 思想政治理论 ② 202 俄语 /203 日语 /204 英语（二） ③ 710 设计学概论 ④ 502 专业设计（视传、新媒体）（4 小时）	专业综合（视传、新媒体）	
	沈阳建筑大学	130500 设计学	环境艺术设计理论及理论	—	—	√	① 101 思想政治理论 ② 201 英语（一） ③ 702 设计艺术综合理论 ④ 504 环境艺术快题设计（6 小时）	环境艺术设计理论及理论（同等学力加试：素描、色彩）	×
			产品设计及理论	—	—		① 101 思想政治理论 ② 201 英语（一） ③ 702 设计艺术综合理论 ④ 505 产品快速设计（6 小时）	产品设计及理论	

（续表）

2022年东北地区设计学高校考研信息									
地区	学校	专业	研究方向	招生人数	录取人数	同等学力	初试科目	复试要求	调剂
辽宁		130500设计学	视觉传达设计及理论	—	—	√	①101思想政治理论 ②201英语（一） ③702设计艺术综合理论 ④506平面招贴创意设计（6小时）	视觉传达设计及理论	×
辽宁	大连大学	135108艺术设计	品牌服装设计 产品与服务设计 艺术与科技创新实践	—	—	×	①101思想政治理论 ②204英语（二）/203日语 ③720设计理论 ④833设计创意	1. 外语口语和听力测试； 2. 专业课及综合素质测试； 3. 思想政治素质和品德考核、思想政治理论考试。	×

7. 西北地区设计学高校考研信息（表5.12）

表5.12 2022年西北地区设计学高校考研信息

西北地区设计学高校考研信息									
地区	学校	专业	研究方向	招生人数	录取人数	同等学力	初试科目	复试要求	调剂
陕西	西安交通大学	085500机械	工业设计工程	—	—	—	①101思想政治理论 ②204英语（二） ③337工业设计工程 ④921设计能力与经验测试	设计测试	×

（续表）

西北地区设计学高校考研信息									
地区	学校	专业	研究方向	招生人数	录取人数	同等学力	初试科目	复试要求	调剂
陕西	西安交通大学	135100 艺术设计	环境景观设计	—	—	—	① 101 思想政治理论 ② 204 英语（二） ③ 336 艺术基础 ④ 501 专业设计（创作）（环境景观 6 小时）	创作或艺术设计草图	×
			室内空间设计	—	—	—	① 101 思想政治理论 ② 204 英语（二） ③ 336 艺术基础 ④ 502 专业设计（创作）（室内空间 6 小时）		
			视觉传达设计	—	—	—	① 101 思想政治理论 ② 204 英语（二） ③ 336 艺术基础 ④ 503 专业设计（创作）（视觉传达 6 小时）		
	西北工业大学	080221 工业设计	创新设计理论 数字化工业设计 人机工程与设计仿真 多学科优化设计	4	—	√	① 101 思想政治理论 ② 201 英语（一） ③ 301 数学（一） ④ 806 工业设计	947 设计艺术学	×
		130500 设计学	设计艺术理论 工业设计与人机工效 用户体验与服务设计 艺术审美与文化设计	5	—	—	① 101 思想政治理论 ② 201 英语（一） ③ 741 设计理论 ④ 806 工业设计	947 设计艺术学	×
		085500 机械	工业设计工程	14	—	—	① 101 思想政治理论 ② 204 英语（二） ③ 337 工业设计工程 ④ 806 工业设计	947 设计艺术学	×

（续表）

西北地区设计学高校考研信息									
地区	学校	专业	研究方向	招生人数	录取人数	同等学力	初试科目	复试要求	调剂
陕西	西北工业大学	085500 机械	工业设计（中德合作办学）	15	—	—	① 101 思想政治理论 ② 204 英语（二） ③ 337 工业设计工程 ④ 806 工业设计	947 设计艺术学	×
	西安理工大学	140300 设计学	产品设计创新理论与方法	19（不含推免）	—	—	① 101 思想政治理论 ② 201 英语（一） ③ 610 设计史论 ④ 501 创意设计	750 计算机辅助设计（产品设计）	—
			城市规划与环境艺术设计			—		751 计算机辅助设计（环艺设计）	
			视觉传达与多媒体设计			—		752 计算机辅助设计（视觉传达）	
			影像与数字媒体艺术			—		753 计算机辅助设计（影像设计）	
		085500 机械	造型设计与工程应用	36（不含推免）	—	—	① 101 思想政治理论 ② 204 英语（二） ③ 337 工业设计工程 ④ 501 创意设计	750 计算机辅助设计（产品设计）	—
			环境设计与工程应用					751 计算机辅助设计（环艺设计）	
			视觉信息设计与工程应用					752 计算机辅助设计（视觉传达）	
			数字媒体设计与工程应用					753 计算机辅助设计（影像设计）	—

（续表）

<table>
<tr><th colspan="10">西北地区设计学高校考研信息</th></tr>
<tr><th>地区</th><th>学校</th><th>专业</th><th>研究方向</th><th>招生人数</th><th>录取人数</th><th>同等学力</th><th>初试科目</th><th>复试要求</th><th>调剂</th></tr>
<tr><td rowspan="13">陕西</td><td rowspan="5">西安理工大学</td><td rowspan="4">085500 机械</td><td>（非全日制）造型设计与工程应用</td><td rowspan="4">8（不含推免）</td><td rowspan="4">—</td><td rowspan="4">—</td><td rowspan="4">① 101 思想政治理论
② 204 英语（二）
③ 337 工业设计工程
④ 501 创意设计</td><td>750 计算机辅助设计（产品设计）</td><td rowspan="4">—</td></tr>
<tr><td>（非全日制）环境设计与工程应用</td><td>751 计算机辅助设计（环艺设计）</td></tr>
<tr><td>（非全日制）视觉信息设计与工程应用</td><td>752 计算机辅助设计（视觉传达）</td></tr>
<tr><td>（非全日制）数字媒体设计与工程应用</td><td>753 计算机辅助设计（影像设计）</td></tr>
<tr><td>085507 工业设计工程</td><td>计算机辅助工业设计</td><td>1</td><td>—</td><td>√</td><td>① 101 思想政治理论
② 201 英语（一）
③ 301 数学（一）
④ 802 机械原理</td><td>在本学科门类范围内选定考试科目一门，并在专业课考核题库中随机选取 2 道题目进行回答，由面试组教师根据考生答题情况打分。</td><td>√</td></tr>
<tr><td rowspan="8">西安建筑科技大学</td><td rowspan="8">130500 设计学</td><td>环境景观设计</td><td rowspan="8">43（含推免8）</td><td rowspan="8">—</td><td rowspan="8">√</td><td rowspan="8">① 101 政治理论
② 201 英语（一）
③ 614 专业理论
④ 550 专业基础（3 小时素描与色彩）</td><td rowspan="7">专业创作（6 小时）</td><td rowspan="8">√</td></tr>
<tr><td>视觉传达与媒体设计</td></tr>
<tr><td>会展设计</td></tr>
<tr><td>艺术史论</td></tr>
<tr><td>室内设计</td></tr>
<tr><td>文化遗产保护</td></tr>
<tr><td>产品设计</td></tr>
<tr><td>艺术心理学</td><td>专业考试（3 小时）</td></tr>
</table>

（续表）

西北地区设计学高校考研信息									
地区	学校	专业	研究方向	招生人数	录取人数	同等学力	初试科目	复试要求	调剂
陕西	西安建筑科技大学	135108 艺术设计	不区分研究方向	50	—	—	① 101 政治理论 ② 204 英语（二） ③ 614 专业理论 ④ 5463 小时专业设计Ⅱ	专业创作（6 小时）	×
		085500 机械	工业设计工程	15			① 101 政治理论 ② 204 英语（二） ③ 337 工业设计工程 ④ 5483 小时专业设计Ⅲ	专业创作（6 小时）	×
	陕西科技大学	130100 艺术理论学	丝路文化与民族艺术	300	—	√	① 101 思想政治理论 ② 201 英语（一） ③ 366 艺术基础 ④ 616 艺术概论 /617 美术史 /612 设计史	1. 综合面试； 2. 专业课考核。	—
			艺术传播与叙事修辞 文化产业与艺术管理 非物质文化遗产活化传承		—	√	① 101 思想政治理论 ② 201 英语（一） ③ 366 艺术基础 ④ 616 艺术概论 /617 美术史 /612 设计史	1. 综合面试； 2. 专业课考核。	—
		140300 设计学	丝路民族文化与民间艺术文创 汉唐历史文化遗产数字化保护 西部乡村振兴与可持续生态设计 延安精神和红色基因传承创新 服务设计与智能产品开发		√	√	① 101 思想政治理论 ② 201 英语（一） ③ 366 艺术基础 ④ 616 艺术概论 /617 美术史 /612 设计史	1. 综合面试； 2. 专业课考核。	—

（续表）

西北地区设计学高校考研信息									
地区	学校	专业	研究方向	招生人数	录取人数	同等学力	初试科目	复试要求	调剂
陕西	陕西科技大学	085500 机械	服装设计与工程		—	√	① 101 思想政治理论 ② 201 英语（二） ③ 366 艺术基础 ④ 616 艺术概论 /617 美术史 /612 设计史 /337 工业设计工程	1. 综合面试； 2. 专业课考核。	—
			包装工程						
			数字媒体工程						
		135108 艺术设计	产品创新与交互设计				① 101 思想政治理论 ② 201 英语（二） ③ 366 艺术基础 ④ 616 艺术概论 /617 美术史 /612 设计史 /337 工业设计工程		
			品牌形象与信息设计						
			遗址保护与环境设计						
			动画与数字媒体						
			服装与服饰设计						
	西安工程大学	130500 设计学	服装与服饰设计研究	15	15	√	① 101 思想政治理论 ② 201 英语（一） ③ 624 设计理论 ④ 501 设计基础 /910 色彩实践	—	√
			产品设计研究						
			设计理论及传统文化艺术研究						
			视觉传达与环境空间设计研究						
		135108 艺术设计	服饰与形象设计	70	70	√	① 101 思想政治理论 ② 204 英语（二） ③ 624 设计理论 ④ 505 设计实践 /951 创意设计实践	—	√
			产品设计与研发						
			视觉传达与数字媒体设计						
			环境空间设计						
			服装科学与艺术						

（续表）

西北地区设计学高校考研信息									
地区	学校	专业	研究方向	招生人数	录取人数	同等学力	初试科目	复试要求	调剂
陕西	西安美术学院	130500 设计学	影视艺术研究	—	—	√	① 101 思想政治理论 ② 201 英语（一）/203 日语 ③ 611 理论基础（通识部分＋学科部分） ④ 501 专业基础（色彩创意、速写）	1. 外语测试； 2. 综合面试； 3. 专业创作。	√
			数字媒体艺术研究	—	—				
			公共艺术	1	1				
			陶瓷艺术	—	—				
			当代手工艺	—	—				
			视觉传达艺术	1	1				
			展示设计艺术	—	—				
			产品设计研究	—	—				
			艺术与科技研究	1	1				
			环境设计研究	1	1				
			服装设计艺术	3	0				
			首饰艺术研究	—	—				
		135108 艺术设计	影视艺术研究	4	1	√	① 101 思想政治理论 ② 204 英语（二）/203 日语 ③ 611 理论基础（通识部分＋学科部分） ④ 501 专业基础（色彩创意、速写）	1. 外语测试； 2. 综合面试； 3. 专业创作。	√
			数字媒体艺术研究	2	2				
			公共艺术	5	5				
			陶瓷艺术	5	5				
			当代手工艺	8	8				
			视觉传达艺术	37	37				
			展示设计艺术	3	3				
			产品设计研究	4	2				
			艺术与科技研究	2	2				
			环境设计研究	27	27				
			服装设计艺术	9	9				
			首饰艺术研究	—	—				

（续表）

西北地区设计学高校考研信息									
地区	学校	专业	研究方向	招生人数	录取人数	同等学力	初试科目	复试要求	调剂
甘肃	兰州理工大学	130500 设计学	工业设计及理论研究 产品设计及理论研究 环境设计及理论研究 视觉传达设计及理论研究	25	19	×	① 101 思想政治理论 ② 201 英语（一） ③ 783 设计理论 ④ 569 专业设计（3.5 小时快题）	1. 快题考试（画笔自带，画板和纸张不需要带）； 2. 面试环节（综合素质、外语知识、专业测试）。	√
		0802Z2 工业设计	工业设计及理论研究 产品设计及理论研究	5	1	—	① 101 思想政治理论 ② 201 英语（一） ③ 301 数学（一） ④ 817 机械原理	1. 快题考试（画笔自带，画板和纸张不需要带）； 2. 面试环节（综合素质、外语知识、专业测试）。	√
		135108 艺术设计	产品设计 环境设计 视觉传达设计	80	81	—	① 101 思想政治理论 ② 204 英语（二） ③ 768 设计史 ④ 569 专业设计（3.5 小时快题）	1. 快题考试（画笔自带，画板和纸张不需要带）； 2. 面试环节（综合素质、外语知识、专业测试）。	√
新疆	新疆艺术学院	130500 设计学	设计理论与设计教育	3	—	—	① 101 思想政治理论 ② 201 英语（一） ③ 721 中外设计史 ④ 921 设计概论	命题专业论文写作（线上笔试）	√
			设计历史与民间工艺研究	2	—		① 101 思想政治理论 ② 201 英语（一） ③ 721 中外设计史 ④ 921 设计概论	命题专业论文写作（线上笔试）	
		135108 艺术设计	环境设计	8	—	—	① 101 思想政治理论 ② 204 英语（二） ③ 654 中外设计简史 ④ 852 中外设计基础	环境设计创意表达（在线绘图）	×
			视觉传达设计	4	—			命题创作一图形创意（在线绘图）	√